变频器控制技术

（第2版）

钱海月　李俊涛　主　编
王海浩　袁钰琪　董　括　赵芳谊　副主编

電子工業出版社
Publishing House of Electronics Industry
北京·BEIJING

内 容 简 介

本书从变频器的实际应用角度出发，涵盖变频器的基本原理、简单操作及实际应用等多个方面的内容，由浅入深地阐述了变频器的基础知识、基本构成、主电路的检测方法，以及变频器的控制方法、变频调速系统主要器件的选用。本书还详细介绍了变频器的主要功能、参数设置方法，以及变频器的操作、运行、安装、使用维护、应用实例等。

本书注重实际、强调应用，可作为高职高专院校电气工程及自动化、机电一体化、过程控制及其相关专业的教材，也可供相关领域的专业技术人员参考。

图书在版编目(CIP)数据

变频器控制技术/钱海月等主编．—2版．—北京：电子工业出版社，2022.7
ISBN 978-7-121-43620-8

Ⅰ.①变…　Ⅱ.①钱…　Ⅲ.①变频器-高等职业教育-教材　Ⅳ.①TN773

中国版本图书馆CIP数据核字(2022)第094453号

责任编辑：张　楠　　文字编辑：靳　平
印　　刷：北京天宇星印刷厂
装　　订：北京天宇星印刷厂
出版发行：电子工业出版社
　　　　　北京市海淀区万寿路173信箱　邮编：100036
开　　本：787×1092　1/16　印张：12.25　字数：329.5千字
版　　次：2013年8月第1版
　　　　　2022年7月第2版
印　　次：2023年4月第3次印刷
定　　价：56.00元

凡所购买电子工业出版社图书有缺损问题，请向购买书店调换。若书店售缺，请与本社发行部联系，联系及邮购电话：(010)88254888，88258888。

质量投诉请发邮件至zlts@phei.com.cn，盗版侵权举报请发邮件至dbqq@phei.com.cn。

本书咨询服务方式：(010) 88254579。

前　言

自20世纪80年代，变频器引入中国之后，以其调速精度高、性能好、内部软件齐全、价格低、应用方便等优点替代了直流调速和电磁调速装置，占据了调速领域的主导地位。因此，变频器广泛应用于制造、冶金、矿山、轻工等各个领域，有力推进了生产力的发展，并已成为工业控制的标准设备。

本书是根据高等职业教育“淡化理论，突出实践应用”的原则，按照高职高专培养生产一线高技能人才的要求，采用“原理—操作—应用”循序渐进的结构进行编写的，本书内容全面、语言简洁、重点突出、图文并茂，符合学生的认知规律。

本书从实用的角度出发，介绍了变频器中常用电力电子器件的结构、原理、参数及其检测方法，变频器的基本结构、工作过程及控制方法，西门子 MM440 变频器的外部端子功能、常用控制功能及操作方法，三菱 FR-D700 变频器的外部端子功能、常用控制功能及操作方法，变频调速系统的设计、安装与维护。根据不同院校的实验、实训条件，具体讲解第5章和第6章中的一章，而另一章节可作为学生自学章节，以适应市场的需求。

西门子变频器是欧系变频器代表产品，功能强大，价格高，市场占有率也高。三菱变频器是日系变频器代表产品，也是较早进入中国市场的产品，性价比较高，在中国也有一定的市场份额。本书重点修订了第1版中关于变频器的内容，从变频器的端子接线入手，介绍变频器在不同控制模式下的运行与操作，使学生逐步掌握变频器的操作技能。

本书既可以作为高职高专院校自动化、机电一体化及其他相关专业的教学用书，也可作为企业培训人员和工程技术人员的参考书。

本书由吉林电子信息职业技术学院钱海月、李俊涛担任主编，王海浩、袁钰琪、董括、赵芳谊担任副主编，梁玉文、田军、梁亮、刘伟、马莹莹、高岩、高艳春、单丽清、许瑶、李婉珍、王留洋、冯志鹏、崔景淼、徐昕等参编。

由于编者水平有限，书中难免存在疏漏之处，敬请广大读者批评指正。

编　者

2021年12月

目　　录

第1章　概　　述

【知识目标】

(1) 掌握异步电动机的调速方式及特性。

(2) 熟悉变频调速的基本原理及优点。

(3) 掌握各类变频器的性能比较。

(4) 了解变频器的发展过程，认识变频器在现代化建设中的作用。

(5) 了解变频器的应用领域。

【能力目标】

(1) 能够分析比较不同厂家变频器的优缺点。

(2) 会查阅变频器的相关文献。

电动机是电力拖动系统中的原动机。它将电能转化为机械能，去拖动各类型生产机械的工作机构运动，以实现各种生产工艺的要求。随着社会化大生产的不断发展，生产制造技术越来越复杂，对生产工艺要求也进一步提高。电动机作为电力拖动系统中的原动机则是实现这些生产工艺要求的主体。因此，提高电动机的调速技术对于整个电力拖动系统的性能具有十分重要的意义。

长期以来，在电动机调速领域里，直流电动机由于控制简单、调速性能好，所以一直占据统治地位，但也具有下述缺点。

(1) 直流电动机结构复杂、成本高、故障多、维护困难，且经常因火花大而影响生产。

(2) 换向器的换向能力限制了电动机的容量和速度。直流电动机的极限容量和速度之积约为 10^6kW · r/min。许多大型机械的传动电动机已接近或超过该值，且设计制造困难，甚至根本造不出来。

(3) 为改善换向器的换向能力，要求直流电动机的电枢漏感小、转子短粗，这样导致直流电动机转动惯量增大，影响电力拖动系统动态性能。在动态性能要求高的场合，不得不采用双电枢或三电枢的直流电动机，从而带来直流电动机造价高、占地面积大、易共振等一系列问题。

(4) 直流电动机的输入功率（除励磁功率外）都通过换向器流入电枢，因此直流电动机效率低。直流电动机由于转子散热条件差，因而冷却费用高。

相对于直流电动机，异步电动机并无上述缺点，而且具有结构简单、坚固耐用、使用寿命长、易于维修、价格低廉的优点。因此，在整个电力拖动领域中，异步电动机独占鳌头。

1.1　异步电动机的调速方式

当异步电动机定子绕组通入三相交流电源后，定子绕组会产生旋转磁场。旋转磁场的转速 n_0、三相交流电源的频率 f 和异步电动机的磁极对数 p 有以下关系：

$$n_0 = 60f/p \tag{1-1}$$

异步电动机转子的旋转速度 n（即电动机的转速）略低于旋转磁场的转速 n_0（又称同步转速），而两者的转速差称为转差率 s。电动机的转速 n 与转差率 s 有以下关系：

$$n=(1-s)60f/p \tag{1-2}$$

由上式可知，若要改变异步电动机的转速 n，有以下 3 种方式。

（1）变极调速：改变异步电动机绕组的磁极对数 p。

（2）变转差率调速：改变异步电动机的转差率 s。

（3）变频调速：改变异步电动机供电电源的频率 f。

目前，常见的异步电动机的调速方式主要有变极调速、降电压调速、转子串电阻调速、串级调速、变频调速。其中，降电压调速、转子串电阻调速、串级调速均属于变转差率调速。

1. 变极调速

变极调速是通过改变定子绕组的磁极对数来改变旋转磁场的同步转速进行调速的，是无附加转差损耗的高效调速方式。由于磁极对数 p 是整数，因此变极调速不能实现平滑调速，只能实现有级调速。在 $f=50$Hz 的电网中，如果 p 为 1、2、3、4，则旋转磁场相应的同步转速 n_0 为 3000r/min、1500r/min、1000r/min、750r/min。变极调速只适用于变极电动机。现在，我国生产的变极电动机有双、三、四速等几类。

变极调速的优点是在每个转速等级下都具有较硬的机械特性，且稳定性好、控制线路简单、容易维护。其缺点是有级调速，调速平滑性差，从而限制了它的使用范围。

2. 降电压调速

降电压调速是用改变定子电压的方法来改变电动机的转速的。在降电压调速过程中，电动机的转差功率以发热形式损耗在转子绕组中，属于低效调速方式。由于电磁转矩与定子电压的平方成正比，因此改变定子电压就可以改变电动机的机械特性。当电动机的机械特性与某个负载特性相匹配时，电动机就可以稳定在相应的转速上，从而实现调速功能。使用晶闸管是实现交流调压调速的主要手段，即通过改变电动机定子侧三相反并联晶闸管的移相角来调节电动机转速，并可以做到无级调速，如图 1-1 所示。

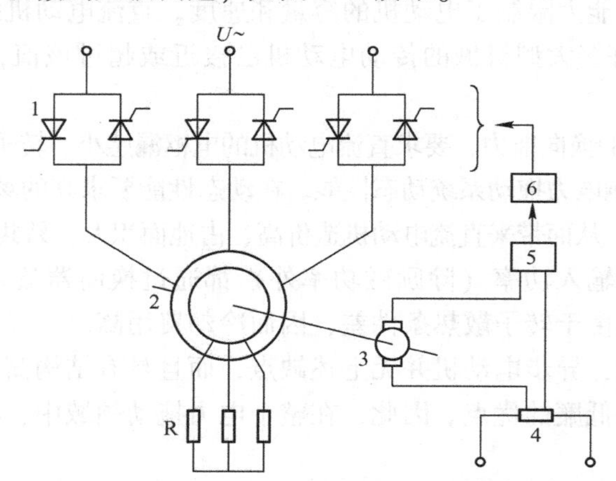

1—晶闸管装置；2—异步电动机；3—测速发电机；4—电压给定器；5—放大器；6—触发器

图 1-1　晶闸管调压调速电路

降电压调速的主要优点是控制设备比较简单、可无级调速、初始投资低、使用维护比较方便。其缺点是机械特性软、调速范围窄、调速效率比较低。降电压调速适用于调速要求不高、高速运行时间较长的中、小容量的异步电动机。

3. 转子串电阻调速

转子串电阻调速适用于绕线式异步电动机，通过在电动机的转子电路中串入不同电阻值的电阻人为地改变转子电流，从而改变电动机的转速，如图 1–2 所示。

转子串电阻调速的优点是设备简单、维护方便，控制方法简单、易于实现。其缺点是只能有级调速，平滑性差；低速时机械特性软，故静差率大；低速时转差大，转子铜损高，运行效率低。这种调速方式适于调速范围不太大和调速特性要求不高的场合。

4. 串级调速

串级调速是改进的转子串电阻调速。其基本工作方式是通过改变转子电路的等效阻抗来改变电动机的工作特性，从而达到调速的目的。其实现方式是在转子电路中串入一个可变的电动势，从而改变转子电路的电流，进而改变电动机转速。

串级调速的优点是可以通过某种控制方式使转子电路的能量回馈给电网，还可以实现无级调速。其缺点是对电网干扰大、调速范围窄。

5. 变频调速

变频调速是通过改变异步电动机供电电源的频率 f 来实现无级调速的。从实现原理上考虑，变频调速是一个简捷的调速方法。从调速特性上看，变频调速的任何一个速度段的硬度均接近自然机械特性的，调速特性好。如果能有一个可变频率的交流电源，则可实现连续调速，且平滑性好。变频器就是一种可以实现变频、变压的变流电源的专业装置。变频调速电路如图 1–3所示。

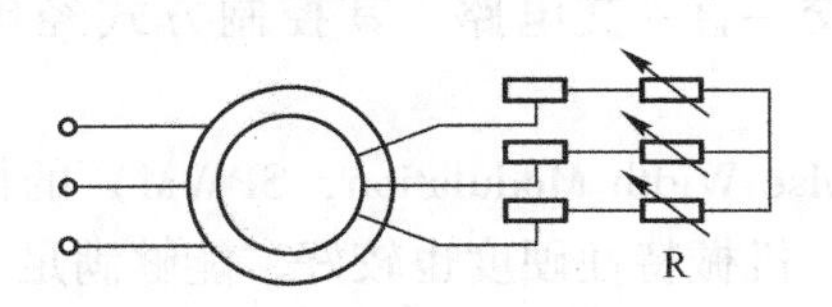

图 1–2　转子串电阻调速电路

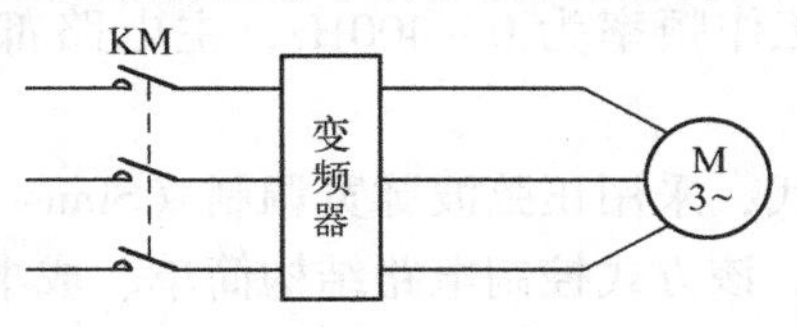

图 1–3　变频调速电路

6. 比较几种调速方式

根据实际应用效果，将异步电动机的各种调速方式的一般特性和特点汇总于表 1–1 之中。

表 1–1　调速方式的一般特性和特点

调速方式		变极调速	变转差率调速			变频调速
			转子串电阻调速	串级调速	降电压调速	
是否改变同步转速		变	不变	不变	不变	变
调速指标	静差率	小（好）	大（差）	小（好）	开环时大 闭环时小	小（好）
	在一般静差率要求下的调速范围 D	较小（D=2~4）	小（D=2）	较小（D=2~4）	闭环时较大（D=10）	较大（D=10）
	调速平滑性	差（有级调速）	差（有级调速）	好（无级调速）	好（无级调速）	好（无级调速）
	适应负载类型	恒转矩 恒功率	恒转矩	恒转矩	恒转矩 恒功率	恒转矩 恒功率
	设备投资	少	少	较多	较少	多
	电能损耗	小	大	较小	大	较小
运用电动机类型		多速电动机（笼型异步电动机）	绕线转子异步电动机	绕线转子异步电动机	绕线转子异步电动机、笼型异步电动机	笼型电动机

1.2 变频器的发展与现状

由于变频器具有体积小、质量小、精度高、工艺先进、功能丰富、保护齐全、可靠性高、操作简便、通用性强、易形成闭环控制等优点，并优于以往的任何调速装置，因而深受钢铁、有色金属、石油、石化、化工、化纤、纺织、机械、电力、建材、煤炭、医药、造纸、卷烟、城市供水及污水处理等行业的欢迎。

当今变频器产业得到了飞速发展，变频器产业规模日趋壮大。交流变频器自20世纪60年代问世，到20世纪80年代在主要工业化国家已得到了广泛使用。20世纪90年代以来，随着人们节能环保意识的加强，变频器的应用越来越普及。

1. 变频器控制方式的发展与现状

变频技术是应交流电动机无级调速的需要而诞生的。20世纪80年代，作为变频技术核心的脉宽调制（Pulse Width Modulation，PWM）模式优化问题引起了业内人士的浓厚科研兴趣，并因此得出了诸多优化模式，如鞍形波PWM模式、电压空间相量PWM模式等。从20世纪80年代后半期开始，欧美发达国家的VVVF（Variable Voltage Variable Frequency）变频器已投入市场并得到了广泛应用。

对于低压通用变频器，输出电压分为380V级和660V级两种，输出功率为0.75～400kW，工作频率为0～400Hz，主电路都采用交—直—交电路。其控制方式经历了以下四代。

第一代，采用正弦波脉宽调制（Sinusoidal Pulse Width Modulation，SPWM）的恒压频比控制方式。该方式控制电路结构简单、成本较低，机械特性硬度也较好，能够满足一般传动的平滑调速要求，已在各个领域得到了广泛应用。这种控制方式在低频时，因输出电压较小，受定子电阻压降的影响比较显著，故造成输出最大转矩减小。但是，其机械特性终究没有直流电动机硬，动态转矩能力和静态调速性能都还不尽如人意。而且，其系统性能不佳，控制曲线会随负载的变化而变化，转矩响应慢，电动机转矩利用率不高，低速时因定子电阻和逆变器死区效应的存在而性能下降，稳定性会变差。

第二代，电压空间矢量（磁通轨迹法）控制方式，又称SVPWM（Space Vector Pulse Width Modulation）控制方式。它是以三相波形整体生成效果为前提，以逼近电动机气隙的理想圆形旋转磁场轨迹为目的，一次生成三相调制波形，以内切多边形逼近圆的方式而进行控制的。经实践使用后又有所改进：引入频率补偿，能消除速度控制的误差；通过反馈估算磁链幅值，消除低速时定子电阻的影响；将输出电压、电流构成闭环，以提高动态的精度和稳定度。但这种方式下的控制电路环节较多，并且没有引入对转矩的调节，所以系统性能没有得到根本改善。

第三代，矢量控制（磁场定向法）方式，又称VC（Vector Control）控制方式。矢量控制方式是将异步电动机在三相坐标系下的定子交流电流I_a、I_b、I_c通过三相—二相变换，等效成两相静止坐标系下的交流电流I_α、I_β，再通过按转子磁场定向旋转变换，等效成同步旋转坐标系下的直流电流I_m、I_t（I_m相当于直流电动机的励磁电流；I_t相当于与转矩成正比的电枢电流），然后模仿直流电动机的控制方法，求得直流电动机的控制量，再经过相应的坐标反变换，从而实现对异步电动机控制的。

然而在实际应用中，转子磁链难以被准确观测，系统特性受电动机参数的影响较大，并且在等效直流电动机控制过程中所用矢量旋转变换较为复杂，使得实际的控制效果难以达到理想分析的结果。

第四代，直接转矩控制（Direct Torque Control，DTC）方式。1985 年，德国鲁尔大学的 Depenbrock 教授首先提出直接转矩控制理论。直接转矩控制方式与矢量控制方式不同，它不是通过控制电流、磁链等量来间接控制转矩的，而是把转矩直接作为被控量来控制的。

直接转矩控制是控制定子磁链的，在本质上并不需要转速信息；在控制效果上，除定子电阻外的所有电动机参数变化的鲁棒性良好；所引入的定子磁链观测器能很容易地估算出同步速度信息，从而能方便地实现无速度传感器化。因此，这种控制也称为无速度传感器直接转矩控制。这种控制方式被应用于通用变频器的设计之中是很自然的事。然而，这种控制方式是依赖于精确的电动机数学模型和对电动机参数的自动识别，通过 I_D 运行自动确立电动机实际的定子阻抗互感、饱和因数、电动机惯量等重要参数，然后根据精确的电动机模型估算出电动机的实际转矩、定子磁链和转子速度，并由磁链和转矩的 Band-Band 控制产生 PWM 信号对逆变器的开关状态进行控制的。这种系统可以实现很快的转矩响应速度，以及很高的速度、转矩控制精度。

2. 电力电子器件的发展与现状

到了 20 世纪 60 年代，随着晶闸管功率的不断增大，使变频器调速具有了现实可能性。而使变频器调速达到普及应用的阶段（欧美国家），则是在 20 世纪 70 年代大功率晶体管问世之后。20 世纪 90 年代，场效应管、绝缘栅双极型晶体管（IGBT）的出现及其性能不断提高，又使变频器调速在各个方面前进了一步。可见，变频器的产生、成长和发展，是和电力电子功率器件的进步密不可分的。

电力电子技术是高新技术产业发展的基础技术之一，是传统产业改造的重要手段。自 1957 年第一个普通晶闸管诞生以来，电力电子器件产品的发展主要经历了以下四代。

第一代产品主要标志是器件本身没有关断能力，如普通晶闸管。

第二代产品主要标志是器件本身有关断能力，如大功率晶体管、可关断晶闸管等。

第三代产品主要标志是一些性能优异的复合型器件和功率集成电路，如绝缘栅双极型晶体管等。

第四代产品主要标志是集性能优异的复合型集成电路及智能型的综合功能功率器件，如智能化模块 IPM 等。

3. 国产变频器的发展与现状

目前，国产变频器市场正处于一个高速增长的时期。国产变频器在空调、电梯、冶金、机械等行业得到了广泛应用。经统计，在过去的几年内，国产变频器市场保持着 12%~15% 的增长率。这个增长率已经远远超过了近几年的 GDP 增长率，而且至少在未来的 5 年内可保持在 10%以上。

目前，中国市场上变频器安装容量（功率）的增长率实际上在 20%左右。按照这样的发展速度和中国市场的需求计算，至少在 10 年以后国产变频器市场才能饱和并逐渐成熟。因此，国产变频器市场具有广阔的发展空间。

4. 变频器发展的总趋势

变频器是运动控制系统中的功率变换器。当今的运动控制系统包含了多种学科的技术领域。变频器发展的总趋势是：驱动的交流化，功率变换的高频化，控制的数字化、智能化和网络化。变频器的发展使可控的高性能变压变频的交流电源也得到迅猛发展。

1.3 变频器的分类

变频器是将固定频率的交流电变换为频率连续可调的交流电的电气装置。目前，变频器的类型多种多样，可以按照频率的变换方式、直流电源的性质、输出电压的调节方式及用途进行分类。

1.3.1 按照变换方式分类

变频器按照工作时频率的变换方式主要分为两类，即交—直—交变频器和交—交变频器。

1. 交—直—交变频器

交—直—交变频器先将工频交流电通过整流电路转换成脉动的直流电，再把直流电逆变成频率任意可调的三相交流电，然后将其供给负载。

交—直—交变频器又称间接式变频器，由于把直流电逆变成交流电的环节比较容易控制，因此在频率的调节范围及改善频率后电动机的特性等方面都有明显的优势。目前，此种变频器的结构广泛用于通用型变频器中。图 1-4 所示为交—直—交变频器的结构。

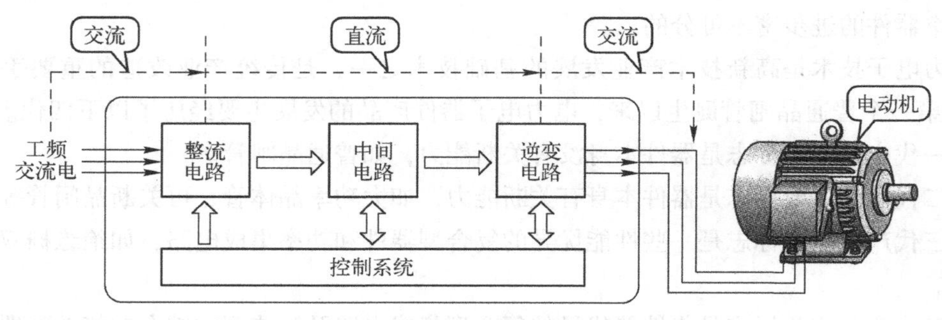

图 1-4 交—直—交变频器的结构

2. 交—交变频器

交—交变频器将工频交流电直接转换成频率和电压均可调的交流电，然后将其供给负载。

交—交变频器又称直接式变频器，由于没有中间环节，故变换效率高、过载能力强。由于此种变频器连续可调的频率范围窄，其频率一般在额定频率的 1/2 以下，故它主要用于低速大容量的拖动系统中。图 1-5 所示为交—交变频器的结构。交—直—交变频器和交—交变频器的特点比较见表 1-2。

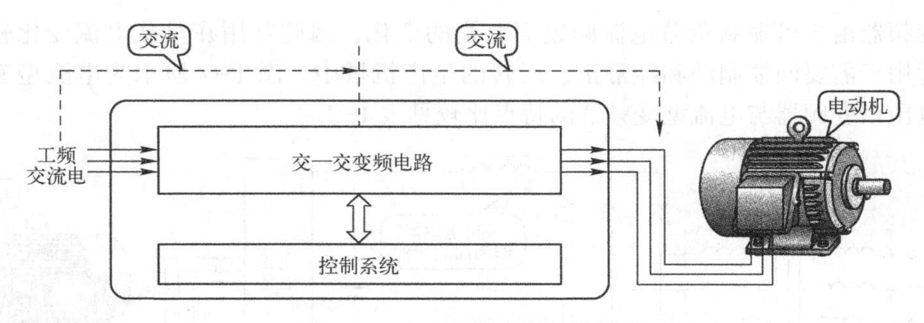

图 1-5　交—交变频器的结构

表 1-2　交—直—交变频器和交—交变频器的特点比较

变频器类型	交—交变频器	交—直—交变频器
换能形式	一次换能，效率较高	两次换能，效率较低
换流方式	电源电压换流	强迫换流或负载换流
调频范围	最高频率为电源频率的 1/2	调频范围宽，不受电源频率限制
装置元器件数量	元器件较多，利用率较低	元器件较少，利用率高
电网功率因数	较低	移相调压、低频调压时功率因数低；斩波 PWM 调压时功率因数高
适用场合	特别适用于低速大功率拖动系统	可用于各种电力拖动装置，并作为稳频、稳压电源和不停电电源

1.3.2　按照直流环节的电源性质分类

在交—直—交变频器中，根据直流环节的电源性质不同，又可以将其分为两大类，即电压型变频器和电流型变频器。

1. 电压型变频器

电压型变频器的特点：直流环节采用电容器作为直流储能元器件，从而缓冲负载的无功功率，并使直流电压比较平稳；直流环节的电源内阻较小，相当于电压源。电压型变频器常用在负载电压变化较大的场合。图 1-6 所示为电压型变频器的结构。

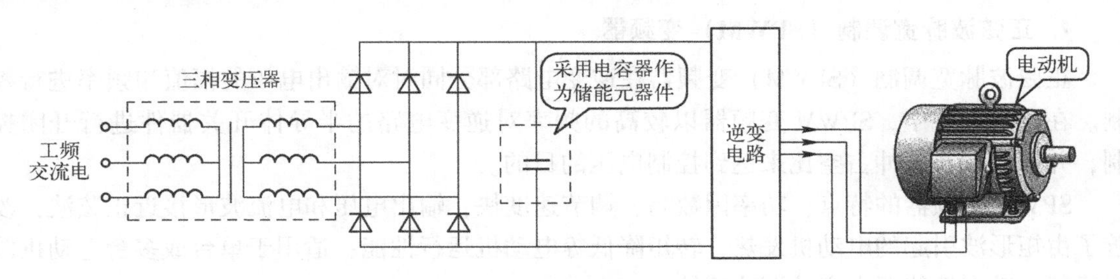

图 1-6　电压型变频器的结构

2. 电流型变频器

电流型变频器的特点：直流环节采用电感器作为直流储能元器件，从而缓冲负载的无功功率，即扼制电流的变化，使电压接近正弦波；直流环节的电源内阻较大，相当于电流源。

电流型变频器由于可扼制负载电流频繁而急剧的变化，因此常用在负载电流变化较大的场合，并适用于需要回馈制动和经常正、反转的生产机械中。图 1-7 所示为电流型变频器的结构。电压型变频器与电流型变频器的特点比较见表 1-3。

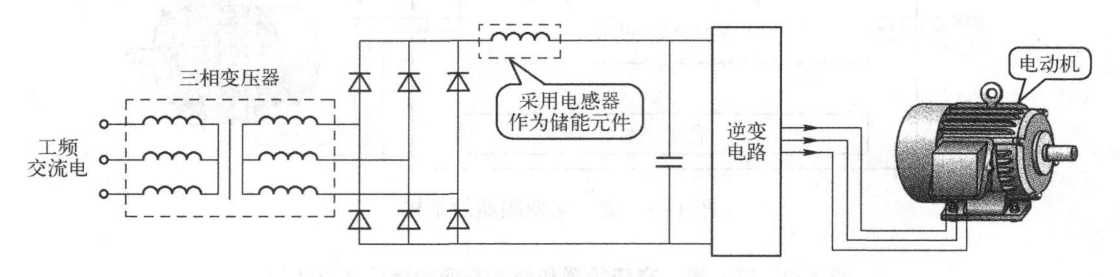

图 1-7　电流型变频器的结构

表 1-3　电压型变频器与电流型变频器的特点比较

变频器类型	电压型变频器	电流型变频器
直流环节的电源	采用电容器	采用电感器
负载无功功率	通过反馈二极管返还	用换流电容处理
输出电压波形	矩形波或阶梯波	取决于负载，当负载为异步电动机时近似正弦波
输出电流波形	取决于逆变器电压与负载电动机的电势，近似正弦波	矩形波
电源阻抗	小	大
再生制动	要附加制动电路	方便，不用附加设备
对晶闸管的要求	一般耐压较低，关断时间要求短	耐压高，对关断时间无严格要求
适用场合	适用于向多台电动机供电、不可逆拖动、稳速工作、快速性要求不高的场合	适用于电动机拖动，频繁加、减速情况下运行，以及需要经常反向的场合

1.3.3　按照输出电压的调制方式分类

按照输出电压的调制方式，可以将变频器分为正弦波脉宽调制（SPWM）变频器和脉幅调制（Pulse Amplitude Modulation，PAM）变频器。

1. 正弦波脉宽调制（SPWM）变频器

正弦波脉宽调制（SPWM）变频器在逆变电路部分同时对输出电压的幅值和频率进行控制。在这种方式中，SPWM 变频器以较高的频率对逆变电路的半导体开关器件进行开闭控制，并通过调节脉冲占空比来达到控制电压的目的。

SPWM 变频器的特点：功率因数高，调节速度快；输出电压和电流波形接近正弦波，改善了由矩形波引起的电动机发热、转矩降低等电动机运行性能；适用于单台或多台电动机并联运行、动态性能要求高的调速系统。

2. 脉幅调制（PAM）变频器

脉幅调制（PAM）变频器将“变压”和“变频”分开完成，即在整流电路部分对输出电压的幅值进行控制，而在逆变电路部分对输出频率进行控制。因为在 PAM 变频器中逆变电路换流器件的开关频率即为该变频器的输出频率，所以这是一种同步调速方式。在这种方式下，当系统低速运行时，谐波和噪声都比较大。

这两种变频器的区别在于：PAM 变频器调速要采用可控整流器，并要对可控整流器进行导通角控制；而 SPWM 变频器调速则采用不可控整流器，工作时无须对整流器进行控制。

1.3.4 按照用途分类

变频器按照用途可以分为通用变频器和专业变频器两大类。

1. 通用变频器

通用变频器是指在很多方面具有很强通用性的变频器。该类变频器简化了一些系统功能，并以节能为主要目的，多为中、小容量变频器，一般应用在水泵、风扇、鼓风机等对于系统调速性能要求不高的场合。

2. 专业变频器

专业变频器是指专门针对某一方面或某一领域而设计研发的变频器。该类型变频器针对性较强，具有适用于所针对领域独有的功能和优势，从而能够更好地发挥变频调速的作用。目前，较常见的专用变频器主要有风型专用变频器、恒压供水专用变频器、机床类专用变频器、重载专用变频器、注塑机专用变频器、纺织类专用变频器等。

本章小结

(1) 变频调速的理论依据：$n=(1-s)60f/p$。

(2) 异步电动机的调速方式如下：

异步电动机的调速方式
- 变极调速
- 变转差率调速
  - 降电压调速
  - 转子串电阻调速
  - 串级调速（转差电压）
- 变频调速

(3) 变频器按照工作时频率变换的方式主要分为交—直—交变频器和交—交变频器。目前，交—直—交变频器广泛用于通用型变频器。

(4) 交—直—交变频器根据直流环节的电源性质不同，可以分为两大类，即电压型变频器和电流型变频器。电压型变频器直流环节采用并联电容器，输出电压波形为矩形波或阶梯波，输出电流波形近似正弦波；电流型变频器直流环节采用串联电感，输出电流波形为矩形波，输出电压波形近似正弦波。

(5) 变频器按照输出电压的调制方式可以分为正弦波脉宽调制（SPWM）变频器和脉幅调制（PAM）变频器。

练 习 题

1. 填空题

(1) 交流异步电动机调速的理论依据是（　　　　　　）。

(2) 交流电动机调速方式有（　　　　　　）、（　　　　　　）、（　　　　　　）、（　　　　　　）和（　　　　　　）等。

(3) 变频器按变换方式可分为（　　　　）变频器和（　　　　）变频器。

(4) 变频器根据直流环节的电源性质不同可以分为（　　　　）变频器和（　　　　）变频器。

(5) 变频器按输出电压的调制方式可以分为（　　　　）变频器和（　　　　）变频器。

2. 简答题

(1) 简述变频调速的优缺点。

(2) 从不同角度比较电压型变频器和电流型变频器。

(3) 从不同角度比较交—直—交变频器和交—交变频器。

第2章　变频器中常用的电力电子器件

【知识目标】

(1) 掌握常用电力电子器件的结构和工作原理。
(2) 掌握常用电力电子器件的驱动方法。
(3) 掌握常用电力电子器件的测试方法。
(4) 掌握常用电力电子器件的基本特性及在使用中应注意的问题。
(5) 掌握电力电子器件的分类方法。

【能力目标】

(1) 能够使用万用表判别常用电力电子器件的好坏。
(2) 能够使用万用表区分常用电力电子器件的极性。
(3) 能够对常用电力电子器件的触发能力进行检测。
(4) 能够使用常用的电力电子器件设计简单的电路。

电力电子器件是变频器主电路的核心器件，是能实现电能变换与控制的半导体器件。电力电子器件的特点主要如下。

(1) 能承受的电压高，允许通过的电流大。
(2) 通常工作在开关状态。
(3) 功耗大、温度高，一般需要安装散热片。
(4) 所处理的电功率大，工作时需要驱动电路为其提供足够的控制信号。

2.1　晶　闸　管

晶闸管（Silicon Controlled Rectifier，SCR）是硅晶体闸流管的简称，俗称可控硅，常用SCR表示，国际通用名称为Thyristor，简称T。晶闸管包括普通晶闸管、双向晶闸管、可关断晶闸管、逆导晶闸管和快速晶闸管等。

2.1.1　晶闸管的外形、结构与图形符号

晶闸管的种类很多，从外形上看主要有螺栓形和平板形，如图2-1（a）所示。在电路中，晶闸管的文字符号通常用“VT”表示；其图形符号有3个电极，分别为阳极（用A表示）、阴极（用K表示）和门极（用G表示），其中门极又称控制极。图2-1所示为晶闸管的实物外形、图形符号及文字标识。

晶闸管是4层（P_1、N_1、P_2、N_2）3端器件，有J_1、J_2、J_3 3个PN结，如果把中间的N_1和P_2分为两部分，就构成了一个NPN型晶体管和一个PNP型晶体管的复合管，如图2-2所示。

（a）实物外形　　　　（b）图形符号及文字标识

图 2-1　晶闸管的实物外形、图形符号及文字标识

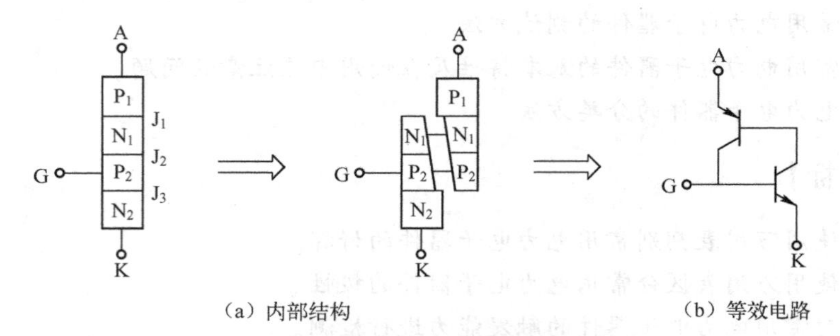

（a）内部结构　　　　（b）等效电路

图 2-2　晶闸管的内部结构及等效电路

2.1.2　晶闸管的工作原理

图 2-3 所示为晶闸管的导通与关断实验电路。阳极电源 E_a 经双刀双掷开关 S_1、白炽灯、晶闸管的阳极 A 和阴极 K 组成晶闸管的主电路。流过晶闸管阳极的电流称为阳极电流 I_a。晶闸管阳极、阴极间的电压称为阳极电压 U_a。门极电源 E_g 经双刀双掷开关 S_2 连接门极 G 与阴极 K，组成晶闸管的控制电路，又称触发电路。流过晶闸管门极的电流称为门极电流 I_g。晶闸管门极、阴极间的电压称为门极电压 U_g。通过此电路对晶闸管进行导通与关断实验，其结果见表 2-1。

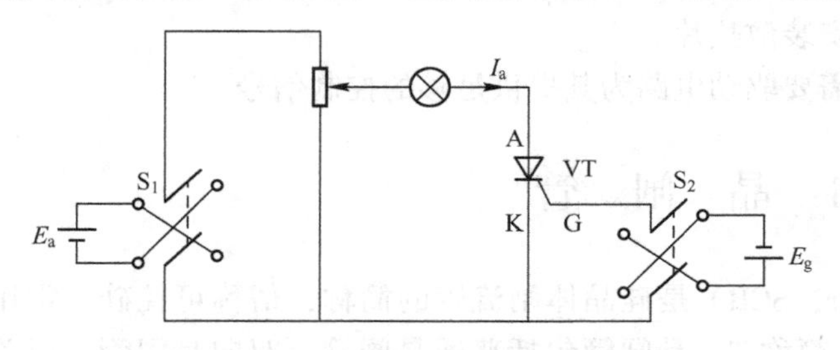

图 2-3　晶闸管的导通与关断实验电路

表 2-1　晶闸管的导通和关断实验结果

实验类别及序号		实验前白炽灯的情况	实验时晶闸管条件		实验后白炽灯的情况	结　论
			阳极电压	门极电压		
导通实验	1	暗	反向	反向	暗	当晶闸管承受反向阳极电压时，无论门极承受何种电压，晶闸管都处于关断状态
	2	暗	反向	零	暗	
	3	暗	反向	正向	暗	
	4	暗	正向	反向	暗	当晶闸管承受正向阳极电压，仅在门极承受正向电压时，晶闸管才能导通
	5	暗	正向	零	暗	
	6	暗	正向	正向	亮	

续表

实验类别及序号		实验前白炽灯的情况	实验时晶闸管条件		实验后白炽灯的情况	结论
			阳极电压	门极电压		
关断实验	1 2 3	亮 亮 亮	正向 正向 正向	正向 零 反向	亮 亮 亮	晶闸管在导通的情况下，只要承受阳极电压，无论门极电压如何，晶闸管仍然导通，即晶闸管导通后，门极就失去控制作用
	4	亮	正向（逐渐减小到接近于零）	任意	暗	晶闸管在导通的情况下，当主电路电压（或电流）减小到接近于零时，晶闸管关断

由表2-1可见，晶闸管具有闸流特性，以及单向导电的性质，即电流I_a只能从阳极流向阴极。其导通和关断条件如下。

导通条件：A极电位高于K极电位；G极有足够的正向电压和电流；这两个条件缺一不可。

维持导通条件：A极电位高于K极电位；A极电流大于维持电流I_H；这两个条件缺一不可。

关断条件：A极电位低于或等于K极电位；A极电流小于维持电流I_H；任意一个条件满足即可。

晶闸管为何具有上述导通与关断特性呢？这就要从晶闸管的内部结构来分析，如图2-4所示。每个晶体管的集电极电流是另一个晶体管的基极电流，两个晶体管相互复合，当有足够的门极电流I_g时，就会形成强烈的正反馈，即

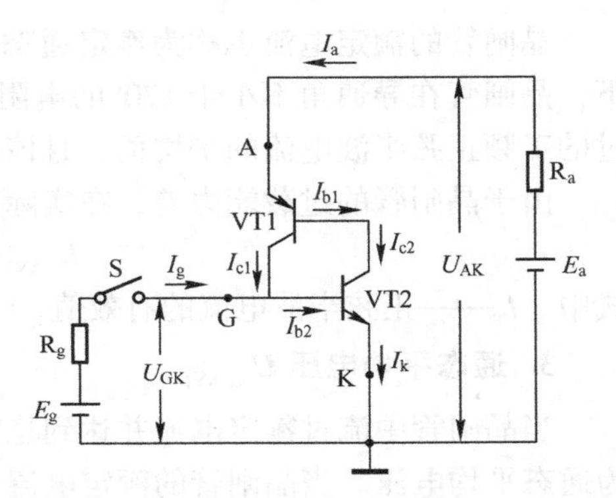

图2-4　晶闸管的工作原理说明图

$$I_g \uparrow \rightarrow I_{b2} \uparrow \rightarrow I_{c2} \uparrow = I_{b1} \uparrow \rightarrow I_{c1} \uparrow$$

2.1.3　晶闸管的参数

为了正确选择和使用晶闸管，须要理解和掌握晶闸管的主要参数。

1. 额定电压 U_{TN}

由图2-5可见，当门极开路，晶闸管处于额定结温时，将所测定的正向转折电压U_{B0}和反向击穿电压U_{R0}按制造厂家的规定分别减去某一数值（通常为100V），即可得到正向不可重复峰值电压U_{DSM}和反向不可重复峰值电压U_{RSM}，再将其分别乘以0.9，即可得到正向断态重复峰值电压U_{DRM}和反向阻断重复峰值电压U_{RRM}。将U_{DRM}和U_{RRM}中较小的那个值取整后作为该晶闸管的额定电压。

在使用晶闸管时，若其外加电压超过反向击穿电压，则会造成晶闸管永久性损坏；若其外加电压超过正向转折电压，晶闸管就会误导通，经数次这种导通后，也会造成晶闸管损坏。此外，晶闸管的耐压值还会因散热条件恶化和结温升高而降低。因此，在选择晶闸管时，应注意给其额定电压留有充分的裕量，一般应按工作电路中可承受到的最大瞬时值电压U_{TM}的2~3倍来选择晶闸管的额定电压U_{TN}，即

$$U_{TN} = (2 \sim 3) U_{TM} \tag{2-1}$$

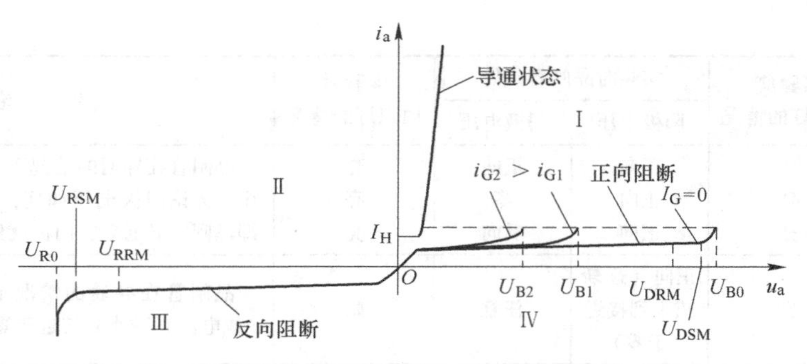

图 2-5　晶闸管的阳极伏安特性曲线

2. 额定电流 $I_{T(AV)}$

晶闸管的额定电流也称为额定通态平均电流，即在环境温度为 40℃ 和规定的冷却条件下，晶闸管在导通角不小于 170°的电阻性负载电路中不超过额定结温且稳定时，所允许通过的工频正弦半波电流的平均值，且该电流是按晶闸管标准电流系列取值的。

由于晶闸管的过载能力差，在实际应用时额定电流一般取 1.5~2 倍的安全裕量，即

$$I_{T(AV)} = (1.5 \sim 2) I_T / 1.57 \tag{2-2}$$

式中　I_T——正弦半波电流的有效值。

3. 通态平均电压 $U_{T(AV)}$

当晶闸管中流过额定电流并达到稳定的额定结温时，阳极与阴极之间电压的平均值，称为通态平均电压。当晶闸管的额定电流一定时，如果其通态平均电压越小，则其耗散功率越小，从而说明该晶闸管的质量较好。

4. 门极主要参数

1）门极不触发电压 U_{GD} 和门极不触发电流 I_{GD}

不能使晶闸管从断态转入通态的最大门极电压，称为门极不触发电压 U_{GD}，而相应的最大门极电流称为门极不触发电流 I_{GD}。显然，当晶闸管的门极电压小于 U_{GD} 时，处于断态的晶闸管不可能被触发导通，当然干扰信号电压应限制在 U_{GD} 以下。

2）门极触发电压 U_{GT} 和门极触发电流 I_{GT}

在室温下，对晶闸管加上一定的正向阳极电压时，使其由断态转入通态所需的最小门极电流称为门极触发电流 I_{GT}，而相应的门极电压称为门极触发电压 U_{GT}。

需要说明的是，为了保证晶闸管触发的灵敏度，各生产厂家的 U_{GT} 和 I_{GT} 的值不得超过标准规定的数值。但对用户而言，设计的实用触发电路提供给门极的电压和电流应适当大于标准规定的数值，才能使晶闸管可靠触发导通。

3）门极正向峰值电压 U_{GM}、门极正向峰值电流 I_{GM} 和门极峰值功率 P_{GM}

在晶闸管的触发过程中，不至于造成门极损坏的最大门极电压、最大门极电流和最大瞬时功率分别称为门极正向峰值电压 U_{GM}、门极正向峰值电流 I_{GM} 和门极峰值功率 P_{GM}。

5. 其他参数

1）维持电流 I_H

在室温和门极断开的条件下，晶闸管从较大的通态电流降至维持通态所需的最小电流称为维持电流 I_H，一般为几毫安到几百毫安。

晶闸管的维持电流与其容量、结温有关。晶闸管的额定电流越大，则其维持电流也越大；晶闸管的结温越低，则其维持电流越大。

2）擎住电流 I_L

在晶闸管刚从断态转入通态就去掉触发信号的情况下，能使晶闸管保持导通所需要的最小阳极电流，称为擎住电流 I_L。一般擎住电流 I_L 为维持电流 I_H 的几倍。

3）通态浪涌电流 I_{TSM}

由电路异常情况引起的、并使晶闸管结温超过额定值的不重复性最大正向通态过载电流，称为通态浪涌电流 I_{TSM}，且用峰值表示。

4）断态电压临界上升率 du/dt

在额定结温和门极开路的情况下，不使晶闸管从断态到通态转换的阳极电压最大上升率，称为断态电压临界上升率。

5）通态电流临界上升率 du/dt

在规定条件下，晶闸管在门极触发导通时所能承受的不使其损坏的最大通态电流上升率，称为通态电流临界上升率。

2.1.4 晶闸管的检测

1. 极性检测

根据晶闸管的内部结构可知，晶闸管 G、K 极之间有一个 PN 结。这个 PN 结具有单向导电性（正向电阻小，反向电阻大），而晶闸管 A、K 极与 A、G 极之间的正、反向电阻都很大。根据这个原则，可采用下面的方法来判别晶闸管的电极。

将万用表拨至"×100Ω"或"×1kΩ"挡，测量任意两个电极之间的电阻值，如图 2-6（a）所示；当出现小电阻值时，则以这次测量为准，黑表笔接的电极为 G 极，红表笔接的电极为 K 极，剩下的一个电极为 A 极。

2. 好坏检测

正常的晶闸管除了 G、K 极之间的正向电阻小、反向电阻大外，其他各极之间的正、反向电阻均接近于无穷大。

在判别晶闸管好坏时，可将万用表拨至"×1kΩ"挡，测量晶闸管任意两电极之间的正、反向电阻；若出现两次或两次以上小电阻值，说明晶闸管内部有短路故障；若晶闸管 G、K 级之间的正、反向电阻均为无穷大，说明晶闸管 G、K 极之间开路；若测量时只出现一次小阻值且不能确定晶闸管一定正常（如晶闸管 G、K 极之间正常，A、K 极之间出现开路），在这种情况下，则要进一步测量晶闸管的触发能力。

3. 触发能力检测

检测晶闸管的触发能力实际上就是检测晶闸管 G 极控制 A、K 极之间导通的能力。检测晶闸管触发能力如图 2-6（b）所示。

将万用表拨至"×1Ω"挡，测量晶闸管 A、K 极之间的正向电阻（黑表笔接 A 极，红表笔接 K 极）。晶闸管 A、K 极之间的电阻值正常应接近无穷大。然后用一根导线将晶闸管 A、G 极短路，即为 G 极提供触发电压，如果晶闸管良好，A、K 极之间应导通，A、K 极之间的电阻值马上变小；再将这根导线移开，让 G 极失去了触发电压，此时晶闸管还应处于导通状态，A、K 极之间的电阻值仍很小。

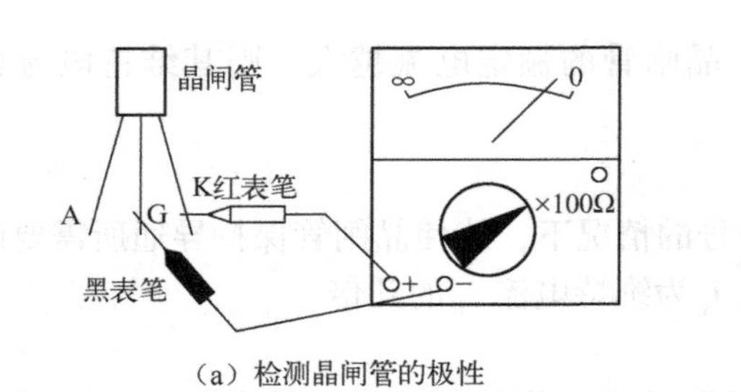

（a）检测晶闸管的极性

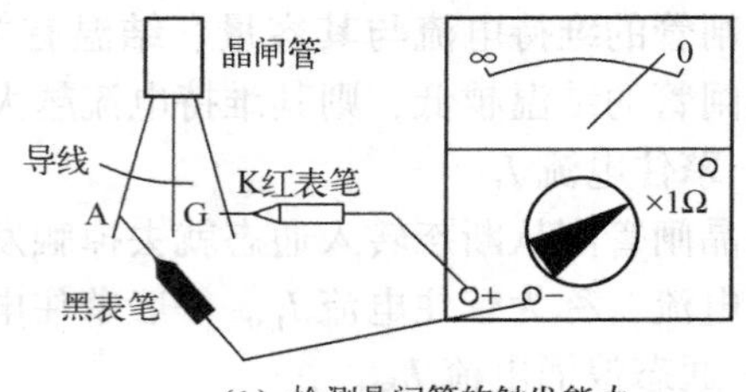

（b）检测晶闸管的触发能力

图 2-6　晶闸管的检测

在上面的检测中，若导线短路晶闸管 A、G 极前后，A、K 极之间的电阻值变化不大，说明 G 极失去了触发能力，晶闸管损坏；若移开导线后，晶闸管 A、K 极之间的电阻值变大，则说明晶闸管开路（注：即使晶闸管正常，如果用万用表高阻挡测量，由于在高阻挡时万用表提供给晶闸管的维持电流比较小，有可能不足以维持晶闸管继续导通，也会出现移开导线后 A、K 极之间电阻值变大的情况；为了避免检测判断错误，应采用万用表的“×1Ω”挡测量）。

2.1.5　晶闸管的驱动电路

在电力电子设备中，电力电子器件通常工作在开关状态。为了让这些器件能工作在开关状态，需要给它们提供足够幅度的控制脉冲。如图 2-7 所示，控制电路产生的脉冲信号幅度很小，不足以驱动晶闸管工作。控制电路产生的脉冲信号必须经过驱动电路放大，再输出幅度很大的脉冲信号送到晶闸管的控制极，以控制其工作在开关状态。

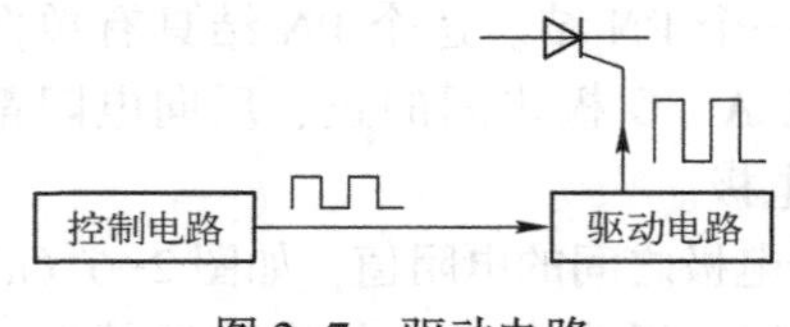

图 2-7　驱动电路

1. 电气隔离电路

电力电子设备中的控制电路属于微电子电路，其电压低、电流小，而电力电子器件通常与高电压、大电流直接接触。为了避免高电压、大电流损坏控制电路，驱动电路除了要放大控制电路送到的控制信号外，还要对控制电路进行电气隔离。电气隔离的方式主要有光电隔离和电磁隔离。光电隔离主要采用光耦合器，如图 2-8 所示为常见的光耦合器隔离电路。电磁隔离一般采用变压器。这两种方式各有优缺点。光耦合器隔离时电磁干扰小，但光耦合器需要承受主电路高压，有时在晶闸管侧还需要一个电源和一个脉冲电流放大器。普通型光耦合器的响应时间为 10μs 左右；高速光耦合器的响应时间可小于 1.5μs。当采用脉冲变频器进行电磁隔离时，晶闸管侧不用另加电源；如果脉宽较大，则常采用高频调制的触发脉

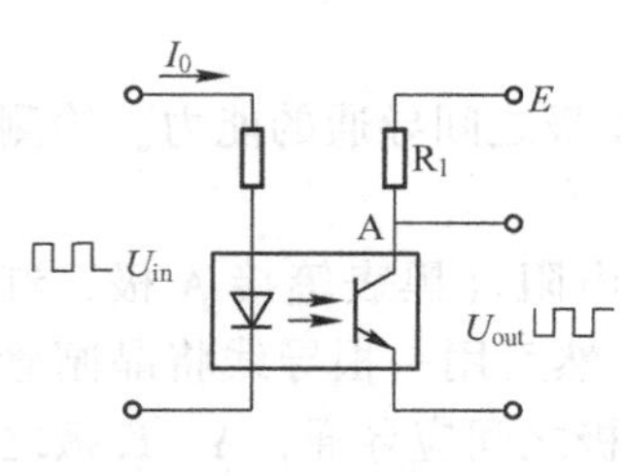

（a）普通光耦合器隔离电路

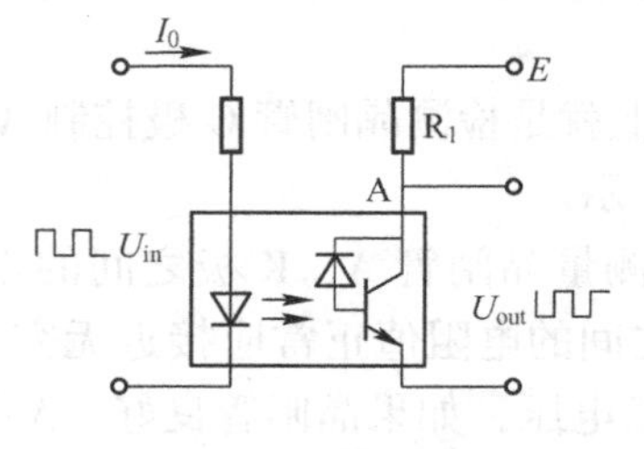

（b）高速光耦合器隔离电路

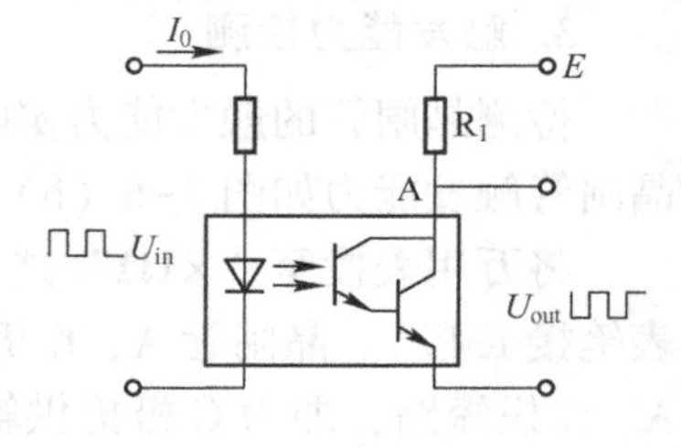

（c）高传速比光耦合器隔离电路

图 2-8　常见的光耦合器隔离电路

冲，以减小脉冲变压器体积，防止脉冲变压器磁芯饱和。

如图 2-8（a）所示，当控制电路送来的脉冲信号 U_{in} 为高电平时，有电流流过光耦合器的发光二极管，发光二极管发光，光耦合器内部的光敏晶体管导通，有电流流过 R_1，R_1 产生电压降，A 点电位下降，输出信号 U_{out} 为低电平；当 U_{in} 为低电平时，发光二极管关断，光敏晶体管也关断，A 点电位升高，U_{out} 为高电平。这种电路将信号传输到输出端时，信号同时也被倒相。光耦合器在内部将电信号转换成光信号进行传送，而光耦合器不导电，故将输出端与输入端从电气连接上隔离开。

2. 驱动电路

采用脉冲变压器和晶体管放大器的驱动电路如图 2-9 所示。当控制系统发出的驱动信号至晶体管放大器后，脉冲变压器的输出电压经 VD_2 输出晶闸管的触发脉冲电流 i_G。晶体管放大器的输入信号为零后，脉冲变压器一次电流经齐纳二极管 VD_Z 和二极管 VD_1 续流并迅速衰减至零。二极管 VD_2 使变压器二次侧对晶闸管门极只提供正向驱动电流 i_G。

晶闸管的光电隔离驱动电路如图 2-10 所示。光耦合器由发光二极管和光敏晶体管组成。驱动电路的能量直接由主电路获得。当发光二极管触发光敏晶体管时，光敏晶体管的串联电阻 R_2 上的电压用来产生开通晶闸管所需的门极触发电流 i_G。显然，这时光敏晶体管必须承受能驱动晶体管的高电压。

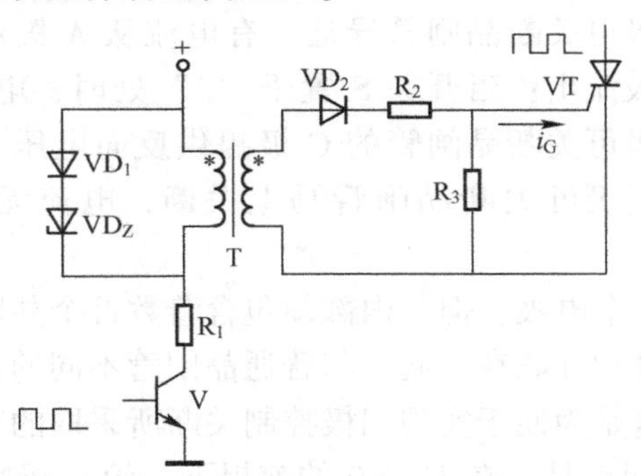

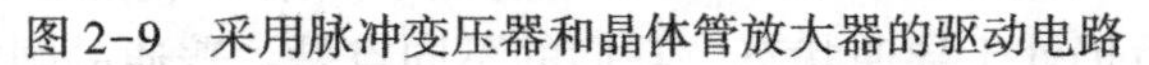

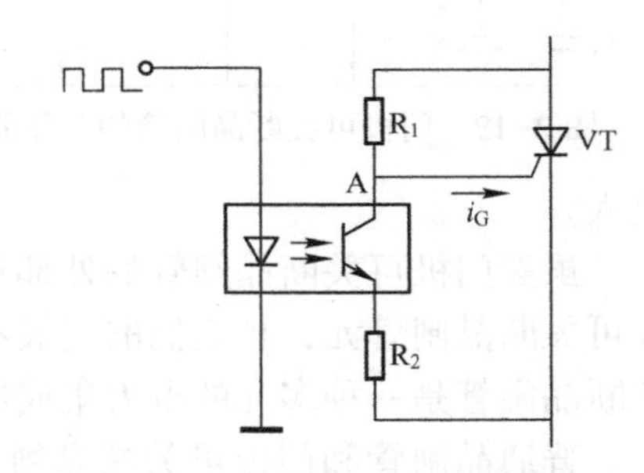

图 2-9　采用脉冲变压器和晶体管放大器的驱动电路　　图 2-10　晶闸管的光电隔离驱动电路

2.2　门极可关断晶闸管

门极可关断（Gate Turn-Off，GTO）晶闸管是晶闸管的一种派生器件，除了具有普通晶闸管的全部优点外，还具有自关断能力，属于全控器件。门极可关断晶闸管在质量、效率及可靠性方面有着明显的优势，成为广泛应用的自关断器件之一。

2.2.1　门极可关断晶闸管的外形、结构与图形符号

门极可关断晶闸管在电路中的文字符号通常为“VT”，其结构与普通晶闸管的结构相似，也为 PNPN 4 层半导体结构，同样具有 3 个电极，分别为阳极（用 A 表示）、阴极（用 K 表示）和门极（用 G 表示）。其实物外形、内部结构、等效电路及图形符号如图 2-11 所示。为了实现门极可关断晶闸管的自关断能力，门极可关断晶闸管的两个等效晶体管的放大倍数比普通晶闸管的小，另外在制造工艺上也有所改进。

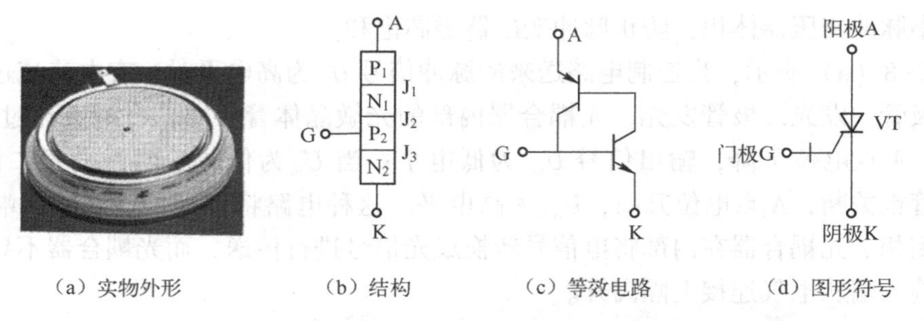

（a）实物外形（b）结构（c）等效电路（d）图形符号

图 2-11 门极可关断晶闸管的实物外形、内部结构、等效电路及图形符号

2.2.2 门极可关断晶闸管的工作原理

门极可关断晶闸管的工作原理如图 2-12 所示。

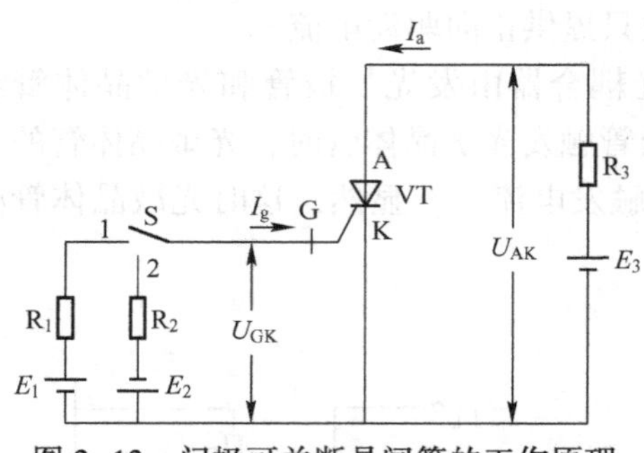

图 2-12 门极可关断晶闸管的工作原理

电源 E_3通过 R_3为门极可关断晶闸管的 A、K 极之间提供正向电压 U_{AK}；电源 E_1、E_2通过开关 S 为门极可关断晶闸管的 G 极提供正向电压或反向电压。当开关 S 置于“1”处时，电源 E_1为门极可关断晶闸管的 G 极提供正向电压（$U_{GK}>0$），门极可关断晶闸管导通，有电流从 A 极流入，从 K 极流出；当开关 S 置于“2”处时，电源 E_2为门极可关断晶闸管的 G 极提供反向电压（$U_{GK}<0$），门极可关断晶闸管马上关断，电流无法从 A 极流入。

虽然门极可关断晶闸管的外部只引出 3 个电极，但其内部却包含着数百个共阳极的小门极可关断晶闸管元，且它们的门极和阴极分别并联在一起。与普通晶闸管不同的是，门极可关断晶闸管是一种多元的电力集成器件，这是为便于实现门极控制关断所采取的特殊设计。

普通晶闸管和门极可关断晶闸管的共同点是：在 $U_{AK}>0$ 的前提下，给 G 极加正向电压后都会触发导通，撤去 G 极正向电压后仍处于导通状态。它们的不同点是：普通晶闸管的 G 极加反向电压仍会导通，而门极可关断晶闸管的 G 极加反向电压时会关断，也就是具有自关断能力。

2.2.3 门极可关断晶闸管的主要参数

门极可关断晶闸管的大多数参数与普通晶闸管的相同。本节仅讨论一些与普通晶闸管参数意义不同的相应门极可关断晶闸管参数。

1. 最大可关断阳极电流 I_{ATO}

门极可关断晶闸管的最大可关断阳极电流 I_{ATO}受两个方面的限制：一是额定工作结温；二是门极反向脉冲电流。这是由门极可关断晶闸管只能工作在临界饱和（导通）状态所决定的。如果门极可关断晶闸管的阳极电流过大，它便处于较深的饱和（导通）状态，而其门极反向脉冲电流不可能将其关断。通常将最大可关断阳极电流 I_{ATO}作为门极可关断晶闸管的额定电流。在应用中，最大可关断阳极电流 I_{ATO}还与工作频率、门极反向电流的波形、工作温度及电路参数等因素有关，不是一个固定不变的数值。

2. 关断增益 β_{off}

关断增益 β_{off} 为最大可关断阳极电流 I_{ATO} 与门极反向电流最大值 I_{GM} 之比，其表达式为

$$\beta_{off}=\frac{I_{ATO}}{|I_{GM}|} \tag{2-3}$$

关断增益 β_{off} 比晶体管的电流放大系数 β 小得多，一般只有 5 左右。关断增益 β_{off} 低是门极可关断晶闸管的一个主要缺点。

3. 阳极尖峰电压 U_p

阳极尖峰电压 U_p 是在下降时间末尾出现的极值电压，几乎随可关断阳极电流线性增加。U_p 过高可能导致门极可关断晶闸管失效。U_p 的产生是由缓冲电路中的引线电感、二极管正向恢复电压和电路中的电感造成的。

4. 维持电流

门极可关断晶闸管的维持电流是指其阳极电流减小到开始出现门极可关断晶闸管元不能再维持导通的数值。

由此可见，当门极可关断晶闸管的阳极电流略小于维持电流时，仍有部分门极可关断晶闸管元继续维持导通。这时，若门极可关断晶闸管的阳极电流恢复到较高数值，已关断的门极可关断晶闸管元不能再导电，就会引起维持导通的门极可关断晶闸管元的电流密度增加，从而出现不正常的门极可关断晶闸管工作状态。

5. 擎住电流

擎住电流是指门极可关断晶闸管经其门极触发后，其阳极电流上升到保持所有门极可关断晶闸管元导通的最低值。

由此可见，擎住电流最大的门极可关断晶闸管元对整个门极可关断晶闸管的擎住电流影响最大。若该门极可关断晶闸管元刚达到其擎住电流时，遇到门极正向脉冲电流极陡的下降沿，则内部载流子增生的正反馈过程受阻而返回到关断状态。因此，必须增加门极脉宽，使所有的门极可关断晶闸管元都达到可靠导通状态。

2.2.4 门极可关断晶闸管的检测

1. 极性检测

由于门极可关断晶闸管的结构与普通晶闸管的相似，其 G、K 极之间也有一个 PN 结，因此其极性的检测方法与普通晶闸管的相同。在检测门极可关断晶闸管极性时，选择万用表“×100Ω”挡，测量门极可关断晶闸管各引脚之间的正、反向电阻；当出现小电阻值时，则以此次测量为准，黑表笔接的引脚是门极 G，红表笔接的引脚是阴极 K，剩下的一只引脚为阳极 A。

2. 好坏检测

门极可关断晶闸管的好坏检测可按下面的步骤进行。

第一步，检测门极可关断晶闸管的各引脚间的电阻值。用万用表“×1kΩ”挡检测门极可关断晶闸管各引脚之间的正、反向电阻，正常只会出现一次小电阻值；若出现两次或两次以上小电阻值，可确定门极可关断晶闸管损坏；若出现一次小电阻值，则不能确定门极可关断晶闸管正常，还要进行触发能力和关断能力的检测。

第二步，检测门极可关断晶闸管的触发能力和关断能力。将万用表拨至“×1Ω”挡，黑表笔接门极可关断晶闸管的 A 极，红表笔接门极可关断晶闸管的 K 极，此时表针指示的电阻值为无穷大；然后用导线瞬间将 A、G 极短接，让万用表的黑表笔为 G 极提供正向触发电压，如果表针指示的电阻值马上由大变小，则表明门极可关断晶闸管被触发导通，门极可关断晶闸管触发能力正常；然后按图 2-13 所示的方法将一节 1.5V 的电池与 50Ω 的电阻串联，再反接在门极可关断晶闸管的 G、K 极之间，给门极可关断晶闸管的 G 极提供反向电压，如果表针指示的电阻值马上由小变大（无穷大），则表明门极可关断晶闸管被关断，门极可关断晶闸管的关断能力正常。

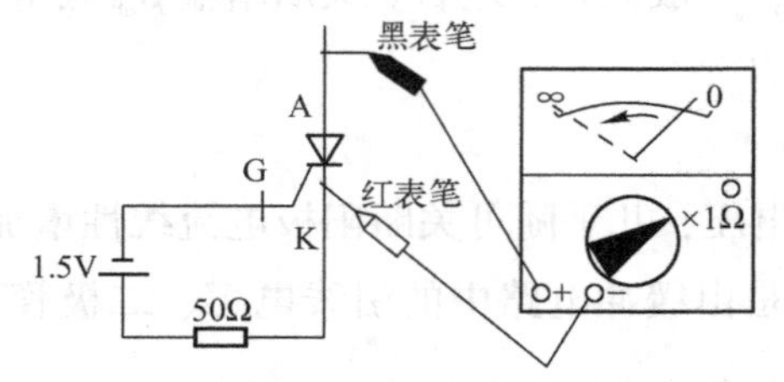

图 2-13　检测门极可关断晶闸管的关断能力

在检测门极可关断晶闸管的触发能力和关断能力时，如果测量结果与上述不符，则表明门极可关断晶闸管损坏或性能不良。

2.2.5　门极可关断晶闸管的驱动电路

门极可关断晶闸管的导通和普通晶闸管的类似，即要求在其门极施加正向的导通脉冲电流，但由于其关断时要求在其门极施加很大幅值的负向脉冲电流，因此门极可关断晶闸管的驱动要比普通晶闸管的复杂得多。

1. 正向触发电流 i_G

正向触发电流前沿要陡；正向触发电流幅值为静态门极电流的 15~20 倍，并在门极可关断晶闸管导通期间维持较小的恒定电流。

2. 反向触发电流 $-i_G$

反向触发电流上升率 $-di_G/dt$ 应与门极可关断晶闸管的阳极电流转移到缓冲电路的速度匹配。反向触发电流峰值由门极可关断晶闸管的最大可关断阳极电流和关断增益确定，一般是最大可关断阳极电流的 1/3~1/2，而且持续时间要超过 30μs，以保证其可靠关断。

典型的直接耦合式门极可关断晶闸管驱动电路如图 2-14 所示。该电路的电源由高频电源经二极管整流后提供。其中，VD_1 和 C_1 提供+5V 电压；由 VD_2、VD_3、C_2、C_3 构成的倍压整流电路提供+15V电压；VD_4 和 C_4 提供-15V 电压。当 VT_1 导通时，输出正向触发电流；当 VT_2 导通时，输出正向触发电流平顶部分；当 VT_2 关断而 VT_3 导通时，输出反向触发电流；当 VT_3 关断后，R_3 和 R_4 提供门极反向偏压。

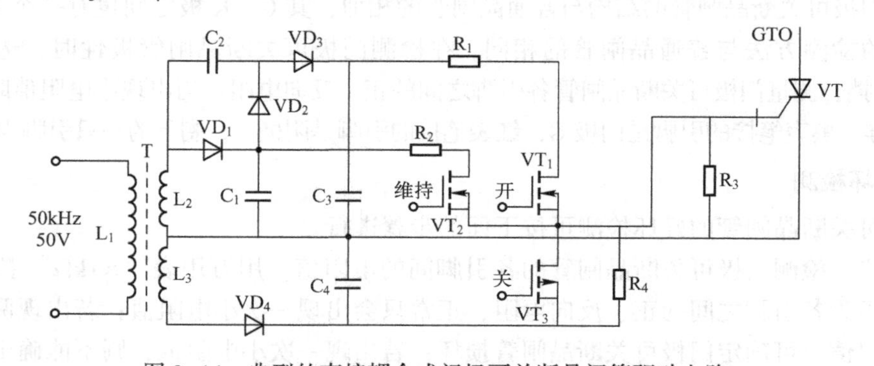

图 2-14　典型的直接耦合式门极可关断晶闸管驱动电路

2.3　电力场效应管

场效应晶体管（简称场效应管）可分为结型场效应管和金属-氧化物半导体场效应管（Metal-Oxide Semiconductor Field Effect Transistor，MOSFET）。电力场效应管通常是指金属-氧化物半导体场效应管，简称 MOS 管，而结型场效应管一般称为静电感应晶体管（Static Induction Transistor，SIT）。

电力场效应管是对小功率 MOS 管的工艺结构进行改进，在功率上有所突破的电极性半导体器件，属于电压控制型，具有驱动功率小、控制线路简单、工作频率高的特点。

2.3.1　电力场效应管的外形、结构与图形符号

由电子技术基础可知，功率较小的 MOS 管的栅极 G、源极 S 和漏极 D 位于芯片的同一侧，导电沟道平行于芯片表面，是横向导电器件，这种结构限制了它的电流容量。电力场效应管采取了两次扩散工艺，并将漏极 D 移到芯片另一侧的表面上，使从漏极到源极的电流垂直于芯片表面流过，这样有利于减小芯片面积和提高电流密度。这种采用垂直导电方式的电力场效应管称为 VMOSFET。电力场效应管的实物外形、结构、等效电路和图形符号如图 2-15 所示。

电力场效应管的内部都含有一个寄生晶体管，所以电力场效应管无反向阻断能力，而当在其两端加反向电压时电力场效应管导通。

（a）电力场效应管的实物外形

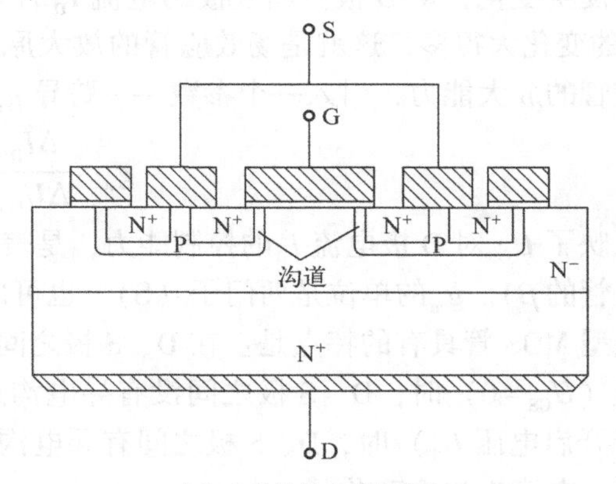

（b）电力场效应管的结构

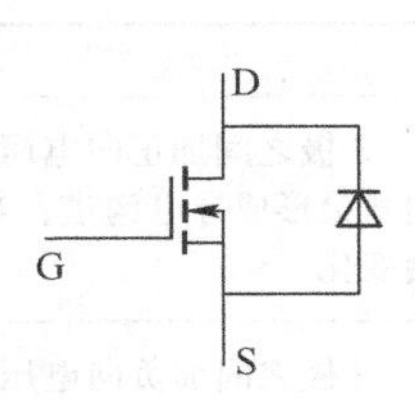

（c）电力场效应管的等效电路

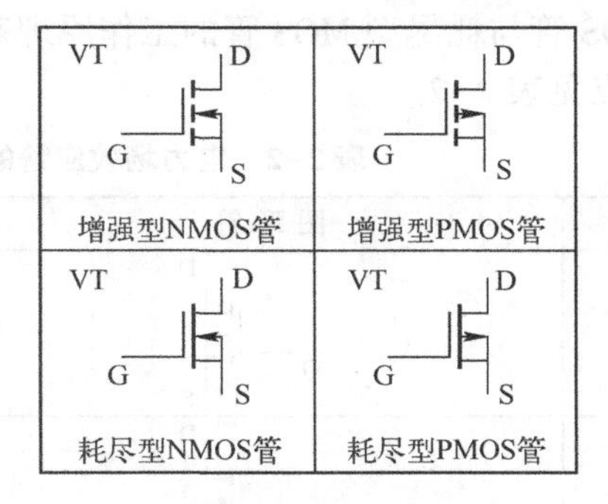

（d）电力场效应管的图形符号

图 2-15　电力场效应管的实物外形、结构、等效电路和图形符号

电力场效应管分为耗尽型和增强型，且每种类型又分为 P 沟道和 N 沟道，分别称为 NMOS 管和 PMOS 管。

NMOS 管和 PMOS 管的结构与工作原理基本相似，在实际中增强型 NMOS 管更为常用。下面以增强型 NMOS 为例，来说明电力场效应管的工作原理。

2.3.2　电力场效应管的工作原理

增强型 NMOS 管的工作原理如图 2-16 所示。

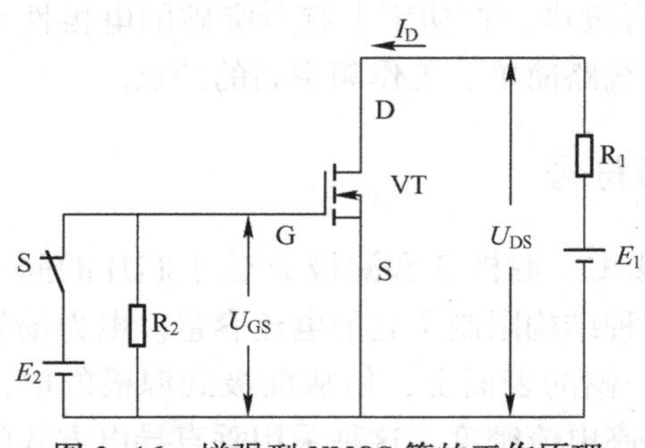

图 2-16　增强型 NMOS 管的工作原理

当开关 S 断开时，增强型 NMOS 管的 G 极无施加电压，D、S 极所接的两个 N 区之间没有导电沟道，所以两个 N 区不能导通，电流 I_D为 0。

当开关 S 闭合时，因为栅极是绝缘的，所以并不会有电流流过增强型 NMOS 管。但栅极的正向电压会将其下面 P 区中的空穴推开，而将 P 区中的少数载流子电子吸引到栅极下面的 P 区表面。当 U_{GS}大于某个电压 U_T时，栅极下 P 区表面的电子浓度将超过空穴浓度，从而使 P 型半导体反型成 N 型半导体而成为反型层，沟通了 D 极和 S 极。此时 D、S 极之间加上了正向电压，于是有电流 I_D从 D 极流入，再经导电沟道从 S 极流出。电压 U_T称为开启电压。

如果改变 E_2的大小，即可改变 G、S 极之间的电压 U_{GS}的大小，D、S 极之间的导电沟道宽窄就会发生变化，从 D 极流向 S 极的电流 I_D的大小也就发生变化，并且电流 I_D的变化比电压 U_{GS}的变化大得多，这就是场效应管的放大原理（即电压控制电流变化原理）。为了表示场效应管的放大能力，引入一个参数——跨导 g_m。g_m用下面的公式计算，即

$$g_m=\frac{\Delta I_D}{\Delta U_{GS}} \tag{2-4}$$

g_m反映了 U_{GS}对 D 极电流 I_D的控制能力，是表述场效应管放大能力的一个重要参数（相当于三极管的β）。g_m的单位是西门子（S），也可以用 A/V 表示。

增强型 MOS 管具有的特点是：在 D、S 极之间加上正向电压的前提下，当 G、S 极之间未加电压（$U_{GS}=0$）时，D、S 极之间没有导电沟道，$I_D=0$；当 G、S 极之间加上合适的电压（大于开启电压 U_T）时，D、S 极之间有导电沟道形成；当 U_{GS}变化时，导电沟道宽窄会发生变化，电流 I_D也会变化。

增强型 MOS 管与耗尽型 MOS 管的工作原理基本相似，在此不再赘述。电力场效应管的图形符号及特点见表 2-2。

表 2-2　电力场效应管的图形符号及特点

种　类	图形符号	特　点
增强型 NMOS 管	D G S	G、S 极之间加正向电压，即 $U_G>U_S$，D、S 极之间才会形成导电沟道；当 U_{GS}变化时，电流 I_D也会变化
增强型 PMOS 管	D G S	G、S 极之间加负向电压，即 $U_G<U_S$，D、S 极之间才会形成导电沟道；当 U_{GS}变化时，电流 I_D也会变化

续表

种　类	图形符号	特　点
耗尽型 NMOS 管	D G S	G、S 极之间加负向电压，即 $U_G<U_S$，D、S 极之间才会形成导电沟道；当 U_{GS}变化时，电流 I_D 也会变化
耗尽型 PMOS 管	D G S	G、S 极之间加正向电压，即 $U_G>U_S$，D、S 极之间才会形成导电沟道；当 U_{GS}变化时，电流 I_D 也会变化

注：以上特点的总结对于增强型电力场效应管均是在 D、S 极之间加上正向电压的前提下，而对于耗尽型电力场效应管均是在 D、S 极之间加上负向电压的前提下做出的。

2.3.3　电力场效应管的主要参数

除前面已涉及的跨导 g_m、开启电压 U_T之外，电力场效应管还有以下主要参数。

1. 漏源击穿电压 BU_{DS}

漏源击穿电压 BU_{DS}决定了电力场效应管的最高工作电压，且在使用时应注意结温的影响。结温每升高 100℃，BU_{DS}就增加 10%。这与双极型器件晶闸管及电力晶体管等随结温升高而耐压值降低的特性恰好相反。

2. 漏极连续电流 I_D和漏极峰值电流 I_{DM}

电力场效应管在其内部温度不超过最高工作温度时，允许通过的最大漏极连续电流和脉冲电流称为漏极连续电流 I_D和漏极峰值电流 I_{DM}。它们是电力场效应管的电流额定参数。

3. 栅源击穿电压 BU_{GS}

造成 G、S 极之间绝缘层被击穿的电压称为栅源击穿电压 BU_{GS}。G、S 极之间的绝缘层很薄。当 U_{GS}>20V 时，就将发生电力场效应管的栅、源极之间绝缘层被击穿现象。

4. 极间电容

电力场效应管的 3 个电极之间分别存在极间电容 C_{GS}、C_{GD}和 C_{DS}。一般生产厂家提供的是 D、S 极之间短路时的输入电容 C_{iss}、共源极输出电容 C_{OSS}和反馈电容 C_{rss}。它们之间有以下关系，即

$$C_{iss}=C_{GS}+C_{GD} \tag{2-5}$$

$$C_{OSS}=C_{DS}+C_{GD} \tag{2-6}$$

$$C_{rss}=C_{GD} \tag{2-7}$$

电力场效应管不存在二次击穿问题，这是它的一个优点。D、S 极之间的耐压值、漏极最大允许电流和最大耗散功率决定了电力场效应管的安全工作区。在实际使用中，应注意给电力场效应管的安全工作区留有适当的裕量。

2.3.4　电力场效应管的检测

1. 极性检测

正常的增强型 NMOS 管的 G、S 极的正、反向之间均无法导通，它们之间的正、反向电阻均为无穷大。在 G 极无施加电压时，增强型 NMOS 管 D、S 极之间无导电沟道形成，故

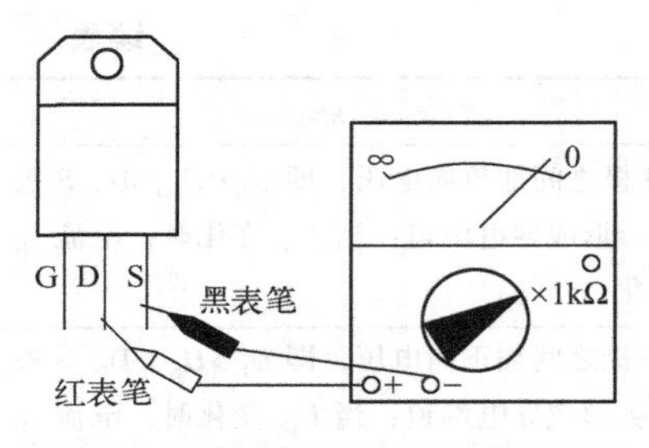

图 2-17　检测增强型 NMOS 管的极性

D、S 极之间也无法导通，但由于 D、S 极之间存在一个反向寄生二极管，如图 2-15（c）所示，因此 D、S 极之间的反向电阻较小。

在检测增强型 NMOS 管的极性时，选择万用表“×1kΩ”挡，测量 NMOS 管各引脚之间的正、反向电阻，当出现一次小电阻值（为寄生二极管正向电阻）时，红表笔接的引脚为 D 极，黑表笔接的引脚为 S 极，余下的引脚为 G 极，如图 2-17 所示。

2. 好坏检测

检测增强型 NMOS 管的好坏可按下面的步骤进行。

第一步，用万用表“×1kΩ”挡测量增强型 NMOS 管各引脚之间的正、反向电阻，正常时只会出现一次小电阻值；若出现两次或两次以上小电阻值的情况，则表明增强型 NMOS 管损坏；若只出现一次小电阻值，不能确定增强型 NMOS 管一定正常，还要进行第二步的检测。

第二步，先用导线将增强型 NMOS 管的 G、S 极短接，释放 G 极上的电荷，再将万用表拨至“×10kΩ”挡（该挡内接 9V 电源），红表笔接增强型 NMOS 管的 S 极，黑表笔接增强型 NMOS 管的 D 极，此时表针指示的电阻值为无穷大或接近无穷大；然后用导线瞬间将 D、G 极短接，这样万用表内电池的正向电压经黑表笔和导线加给 G 极，如果增强型 NMOS 管正常，在 G 极有正向电压时内部会形成导电沟道，表针指示的电阻值马上由大变小，如图 2-18（a）所示；再用导线将 G、S 极短路，释放 G 极上的电荷来消除 G 极电压，如果增强型 NMOS 管正常，内部导电沟道会消失，表针指示的电阻值马上由小变为无穷大，如图 2-18（b）所示。

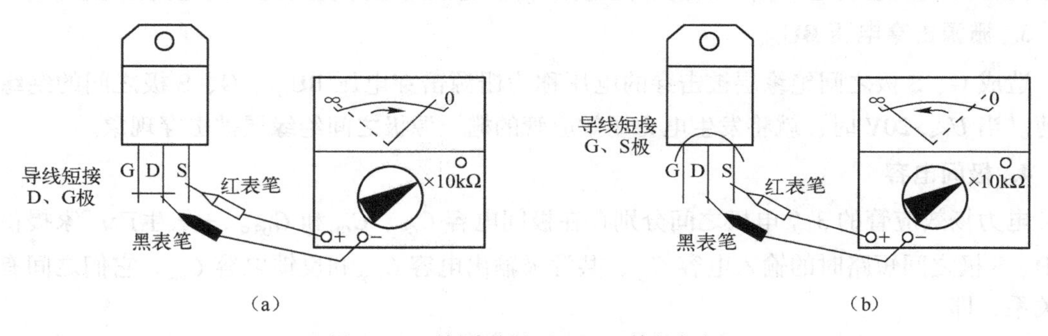

图 2-18　检测增强型 NMOS 管的好坏

2.3.5　电力场效应管的驱动电路

电力场效应管导通的 G、S 极之间的正向驱动电压一般取 10～15V，而关断时施加的反向驱动电压一般取-5～-15V。在 G 极串入一只低值电阻（数十欧姆）可以减小寄生振荡，该电阻值应随被驱动器件电流额定值的增大而减小。

典型的电力场效应管的驱动电路如图 2-19 所示。它包括电气隔离电路和晶体管放大电路两部分。当无输入信号时，高速放大器 A 输出负电平，VT_2 导通，$-V_{CC}$ 电源电压经 VT_2、R_G 为电力场效应管的 G 极提供反向驱动电压，电力场效应管 VT_3 截止；当有输入信号时，A 输出正电平，VT_1 导通，$+V_{CC}$ 电源电压经 VT_1、R_G 为电力场效应管的 G 极提供正向驱动电压，电力场效应管 VT_3 导通。

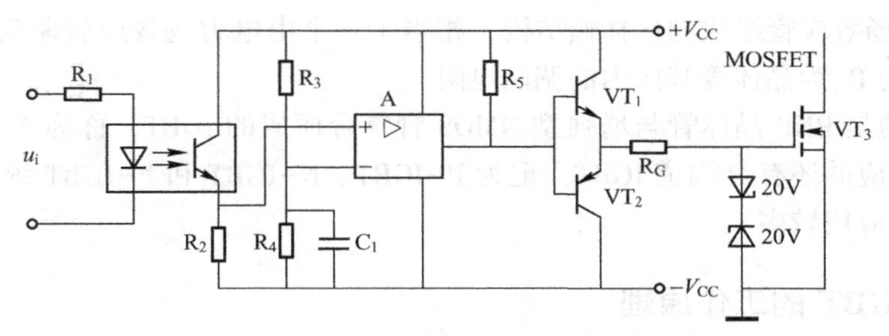

图 2-19　典型的电力场效应管驱动电路

2.4　绝缘栅双极型晶体管

绝缘栅双极型晶体管（Insulated Gate Bipolar Transistor，IGBT）是一种由场效应管和晶体管组合的复合器件。它综合了电力晶体管（Giant Transistor，简称 GTR）和电力场效应管的优点，既有 GTR 耐压值高、电流大的优点，又兼有单极型电压驱动器件电力场效应管输入阻抗高、驱动功率小等优点，因而目前广泛应用于各种中、小功率的电力电子设备中。

2.4.1　IGBT 的外形、结构与图形符号

IGBT 的实物外形、剖面结构、等效电路及图形符号如图 2-20 所示。由图 2-20 可知，IGBT 是一个 4 层 3 端器件，与电力场效应管的结构非常相似，是在电力场效应管的基础上，增加了一层 P^+注入区，因而形成了一个大面积的 P^+N^+结 J_1，并由此引出集电极 C，而栅极 G 和发射极 E 则完全与电力场效应管的 G 极和 S 极相似。由图 2-20（c）可以看出，IGBT

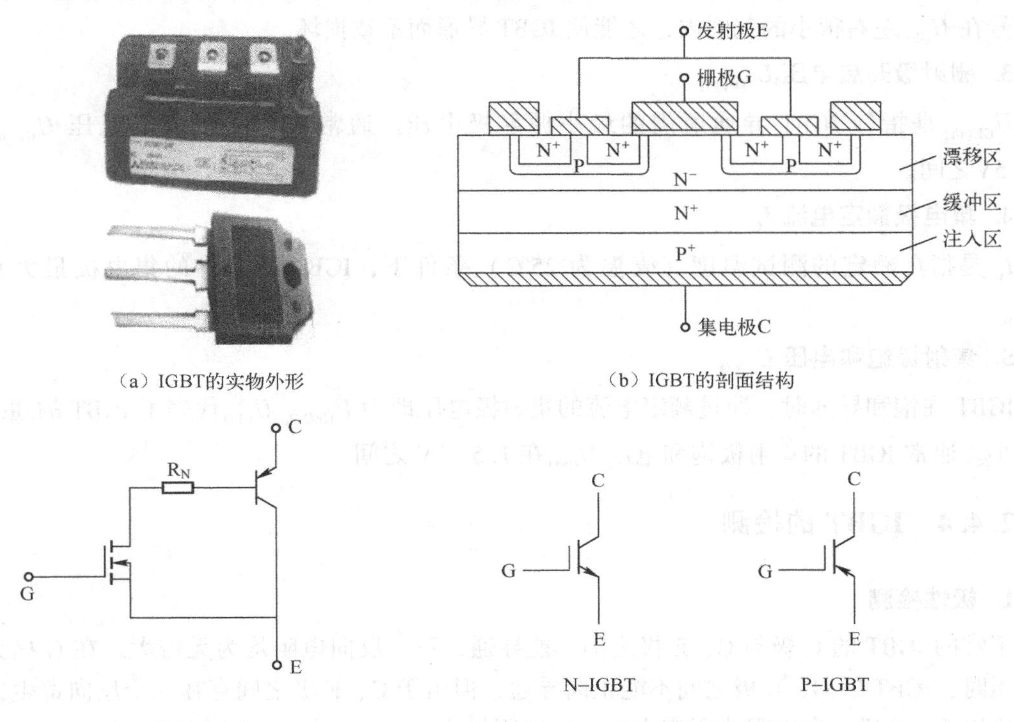

图 2-20　IGBT 的实物外形、剖面结构、等效电路及图形符号

是 GTR 与电力场效应管组成的达林顿结构，相当于一个由电力场效应管驱动的厚基区 PNP 晶体管，其中的 R_N为晶体管基区内的调制电阻。

上面介绍的是 PNP 晶体管与增强型 NMOS 管复合而成的 IGBT，称为 N 沟道 IGBT，记为 N-IGBT。对应的还有 P 沟道 IGBT，记为 P-IGBT。N-IGBT 和 P-IGBT 统称 IGBT。在实际中，N-IGBT 应用较多。

2.4.2 IGBT 的工作原理

IGBT 的驱动原理与电力场效应管的基本相同。其导通和关断是由 G 极和 E 极之间的电压 U_{GE}决定的。当 U_{GE}大于开启电压 U_T时，电力场效应管内形成导电沟道，其漏源电流作为内部 GTR 的基极电流，从而使 IGBT 导通。当 G 极与 E 极之间不加信号或施加反向电压时，电力场效应管内的导电沟道消失，GTR 的基极电流被切断，IGBT 随即关断。

2.4.3 IGBT 的主要参数

IGBT 的主要参数如下。

1. 集射极额定电压 U_{CES}

U_{CES}是在 G、E 极之间短路时的 IGBT 最大耐压值，是根据 IGBT 的雪崩击穿电压规定的。

2. 栅射极额定电压 U_{GES}

IGBT 是电压控制器件，靠加到 G 极的电压信号来控制 IGBT 的导通和关断，而 U_{GES}是 G 极的电压控制信号额定值。通常 IGBT 对 G 极的电压控制信号相当敏感，只有加在 G 极的电压信号在 U_{GES}左右很小的范围内，才能使 IGBT 导通而不致损坏。

3. 栅射极开启电压 $U_{GE(th)}$

$U_{GE(th)}$是指使 IGBT 导通所需的最小栅射极电压。通常，IGBT 的开启电压 $U_{GE(th)}$在 3~5.5V之间。

4. 集电极额定电流 I_C

I_C是指在额定的测试温度（壳温为 25℃）条件下，IGBT 所允许的集电极最大直流电流。

5. 集射极饱和电压 U_{CEO}

IGBT 在饱和导通时，通过额定电流的集射极电压即为 U_{CEO}。U_{CEO}代表了 IGBT 的通态损耗大小。通常 IGBT 的集射极饱和电压 U_{CEO}在 1.5~3V 之间。

2.4.4 IGBT 的检测

1. 极性检测

正常的 IGBT 的 G 极与 C、E 极之间不能导通，正、反向电阻均为无穷大。在 G 极无施加电压时，IGBT 的 G、E 极之间不能正向导通，但由于 C、E 极之间存在一个反向寄生二极管，所以 C、E 极正向电阻为无穷大，反向电阻较小。

检测 IGBT 引脚极性时，选择万用表“×1kΩ”挡，测量 IGBT 各脚之间的正、反向电阻，当出现一次小电阻值时，红表笔所接的引脚为 C 极，黑表笔所接的引脚为 E 极，余下的引脚为 G 极。

2. 好坏检测

检测 IGBT 的好坏可按下面的步骤进行。

第一步，用万用表"×1kΩ"挡检测 IGBT 各引脚之间的正、反向电阻，正常时只会出现一次小电阻值的情况；若出现两次或两次以上小电阻值的情况，可确定 IGBT 一定损坏了；若只出现一次小电阻值的情况，不能确定 IGBT 一定正常，还要进行第二步的检量。

第二步，用导线将 IGBT 的 G、E 极短接，释放 G 极上的电荷，再将万用表拨至"×10kΩ"挡，红表笔接 IGBT 的 E 极，黑表笔接 IGBT 的 C 极，此时表针指示的电阻值为无穷大或接近无穷大；然后用导线瞬间将 C、G 极短接，让万用表内部电池经黑表笔和导线给 G 极充电，让 G 极获得电压，如果 IGBT 正常，内部会形成导电沟道，表针指示的电阻值马上由大变小；再用导线将 G、E 极短接，释放 G 极上的电荷来消除 G 极电压，如果 IGBT 正常，内部导电沟道会消失，表针指示的电阻值马上由小变为无穷大。

在进行以上两步检测时，如果有一次检测结果不正常，则表明 IGBT 已损坏或性能不良。

2.4.5 IGBT 的驱动电路

1. IGBT 驱动电路的要求

1）正向电压

U_{GE}的大小直接影响 IGBT 的 U_{CES}。U_{GE}越大，U_{CES}就越小，但在负载侧发生短路时，IGBT 承受短路电流的能力将越差。所以，U_{GE}并不是越大越好。通常，选 U_{GE}为(15±1.5)V。

2）反向电压

反向电压的作用：一是缩短关断时间；二是万一在 G、E 极之间出现干扰信号时能保证 IGBT 处于关断状态。但反向电压太大了也会产生副作用，如不利于下一次 IGBT 的迅速导通等。通常，选 U_{GE}为-(5~10)V。

3）控制极电阻

在驱动模块和 IGBT 的控制极之间，是需要接入控制极电阻 R_{GE}的，而 R_{GE}的大小将直接影响 IGBT 的导通时间和关断时间。通常，选 R_{GE}为 100~500Ω。

实际中，IGBT 的驱动多采用专业的混合集成驱动器。常用的有三菱公司的 M579 系列（如 M57962L 和 M57959L）和富士公司的 EXB 系列（如 EXB840、EXB841、EXB850 和 EXB851）。同一系列不同型号的引脚和接线基本相同，只是适用被驱动器件的容量、开关频率及输入电流幅值等参数有所不同。M57962L 的内部组成及应用电路如图 2-21 所示。工作电压施加于 4 引脚和 6 引脚之间：4 引脚为+15V；6 引脚为-10V。控制信号从 14 引脚与 13 引脚之间输入；驱动信号从 5 引脚输出。

当 14 引脚与 13 引脚之间有输入信号时，IC_1 的内部晶体管导通，输入信号经接口电路后在 A 点处于高电位，V_1导通，V_2关断，4 引脚的工作电压经 V_1到 5 引脚，并输出到 IGBT 的 G 极，使 G 极电位为+15V。因为 E 极电位为 0V，所以 U_{GE}为+15V。

当 14 引脚与 13 引脚之间无输入信号时，A 点变成低电位，V_1关断，V_2导通，6 引脚的工作电压经 V_2到 5 引脚，并输出到 IGBT 的 G 极。对于 IGBT 来说，G 极电位为-10V，E 极

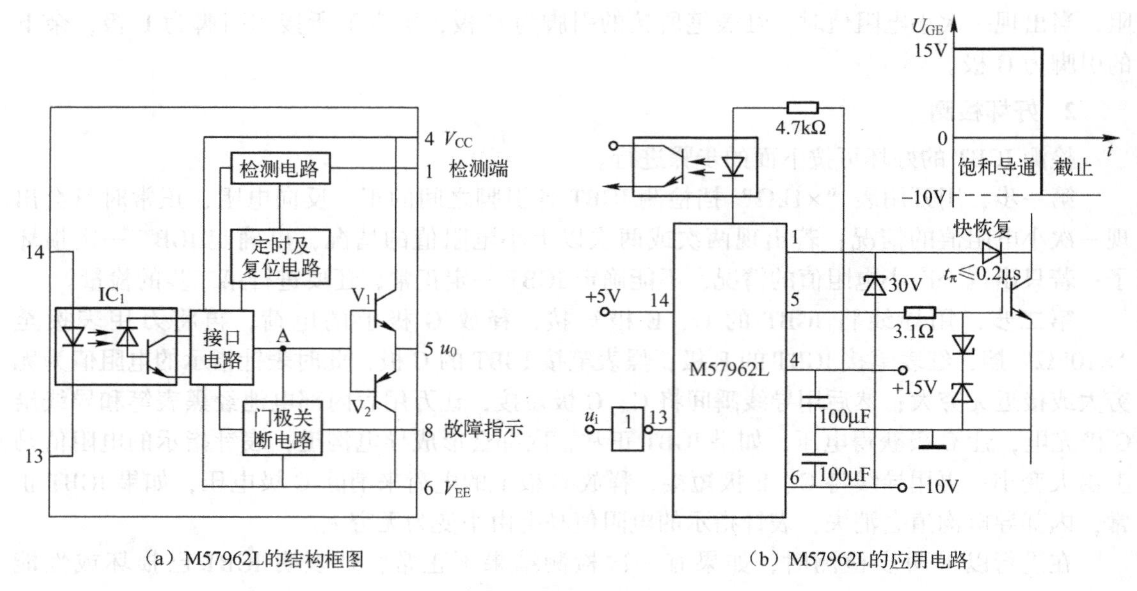

（a）M57962L的结构框图　（b）M57962L的应用电路

图 2-21　M57962L 的内部组成及应用电路

电位为 0V，故 U_{GE}为−10V。

2. 驱动电路的检测

将+15V 的稳压电源和−10V 的稳压电源接到 14 引脚和 13 引脚之间。在驱动电路的输入端通入测试电流 I_H。测试电流的大小应该在 4～10mA 之间。测试电流由转换开关 S 控制。在 5 引脚和电源地之间，接入电压表，以测量输入 IGBT 的 G、E 极之间的驱动电压 U_{GE}，如图 2-22 所示。

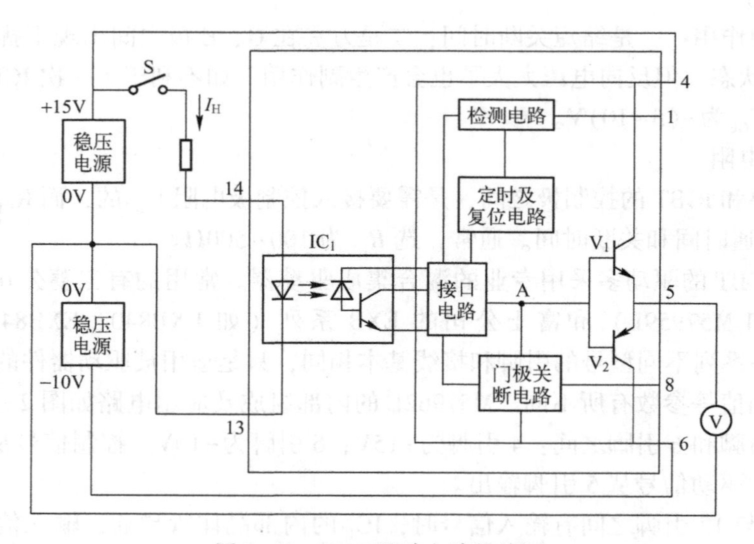

图 2-22　IGBT 驱动电路的检测

当 S 闭合时，测试电流 I_H流入输入端，A 点应该是“+”电位，V_1导通，V_2关断，电压表上应该显示 15V；当断开 S 时，流入输入端的测试电流为 0A，A 点应该是“−”电位，V_1关断，V_2导通，电压表上应该显示−10V。

2.5 新型电力电子器件

1. MOS 控制晶闸管

MOS 控制晶闸管（MOS Controlled Thyristor，MCT）是将电力场效应管与晶闸管组合而成的复合型器件。MCT 将电力场效应管的高输入阻抗、低驱动功率、快速的开关过程，以及晶闸管的高电压、大电流、低通态压降的特点集于一身。一个 MCT 器件由数以万计的 MCT 元组成；每个 MCT 元由一个 PNPN 晶闸管、一个控制该晶闸管导通的电力场效应管和一个控制该晶闸管关断的电力场效应管组成。

MCT 具有高电压、大电流、高载流密度、低通态压降的特点。其通态压降只有 GTR 的 1/3 左右；其硅片的单位面积连续电流密度在各种器件中是最高的。另外，MCT 可承受极高的 di/dt 和 du/dt，使得其保护电路可以简化。MCT 的开关速度超过 GTR 的开关速度，且开关损耗也小。

MCT 曾一度被认为是一种最有发展前途的电力电子器件。因此，20 世纪 80 年代以来一度成为研究的热点。但经过十多年的努力，其关键技术没有大的突破，其电压和电流容量都远未达到预期的数值，因此 MCT 未能投入实际应用。而其竞争对手 IGBT 却进展飞速，所以目前从事 MCT 研究的人不是很多。

2. 静电感应晶体管

静电感应晶体管（SIT）是一种电压型控制器件，具有工作频率高、输入阻抗高、输出功率大、放大线性度好、无二次击穿现象、热稳定性好等优点，广泛应用于超声波功率放大、雷达通信、开关电源和高频感应加热等领域。

3. 集成门极换流晶闸管

集成门极换流晶闸管（Integrated Gate-Commutated Thyristor，IGCT）具有快速开关功能，且具有导电损耗低的特点，在各种高电压、大电流应用领域中的可靠性更高。IGCT 装置中的所有元器件装在紧凑的单元中，降低了成本。IGCT 采用电压源型逆变器，与其他类型变频器的拓扑结构相比，结构更简单，效率更高。

相同电压等级的变频器采用 IGCT 的数量是采用低压 IGBT 数量的 1/5，且更少的器件还意味着更小的体积。由于 IGCT 损耗很小，所需的冷却装置较小，因而内在的可靠性更高。因此，使用 IGCT 的变频器比使用 IGBT 的变频器简洁、可靠性高。

尽管 IGCT 变频器不需要缓冲电路，但是 IGCT 本身不能控制 du/dt（这是 IGCT 的主要缺点）。所以，为了限制短路电流上升率，在实际电路中常串入适当的电抗。

4. 智能功率模块

智能功率模块（Intelligent Power Module，IPM）是一种混合集成电路，是 IGBT 智能化功率模块的简称。它以 IGBT 为基本功率开关器件，将驱动、保护和控制电路的多个芯片通过焊丝（或铜带）连接，并封入同一模块中，形成具有部分或完整功能的、相对独立的单元。例如，构成单相或三相逆变器的专用模块，可用于电动机变频调速装置。

本 章 小 结

本章主要介绍了晶闸管（SCR）、门极可关断（GTO）晶闸管、电力场效应管（MOS-

FET)、绝缘栅双极型晶体管（IGBT）、MOS 控制晶闸管（MCT）、静态感应晶体管（SIT）、集成门极换流晶闸管（IGCT）7 种电力电子器件。电力电子器件的分类如下。

1. 按照器件被控程度分为三类

（1）半控型器件：控制信号可控制其导通而不能控制其关断的电力电子器件，如 SCR。

（2）全控型器件：控制信号既可控制其导通，又可控制其关断的器件，如 GTO 晶闸管、GTR、MOSFET、IGBT。

（3）不可控器件：不能用控制信号控制其通断的器件，如电力二极管。

2. 按照控制信号的性质分为两类

（1）电压驱动型器件：通过在控制端施加一定的电压信号就可以控制器件的导通或关断，如 IGBT、MOSFET、SIT。

（2）电流驱动型器件：通过从控制端注入或抽出电流来实现器件的导通或关断控制，如 SCR、GTO 晶闸管、GTR。

3. 按照载流子参与导电的情况分为三类

（1）双极型器件：有两种载流子参与导电的器件，如电力二极管、SCR、GTO 晶闸管、GTR。

（2）单极型器件：只有一种载流子参与导电的器件，如 MOSFET、SIT。

（3）复合型器件：如 MCT、IGBT。

练　习　题

1. 填空题

（1）晶闸管是具有（　　）个电极（　　）层半导体的电力电子器件，其电极分别是（　　）极、（　　）极和（　　）极。

（2）晶闸管的导通条件是（　　）、（　　）；晶闸管的关断条件是（　　）、（　　）。

（3）电力电子器件按照被控程度分为（　　）、（　　）和（　　）。

（4）电力电子器件按照控制信号的性质可以分为（　　）和（　　）。

（5）电力电子器件按照载流子参与导电的情况分为（　　）和（　　）。

（6）下列电力电子器件属于电压驱动型器件的有（　　）、（　　），属于电流驱动型器件的有（　　）、（　　）、（　　），属于双极型器件的有（　　）、（　　）、（　　），属于单极型器件的有（　　），属于复合型器件的有（　　）。电力电子器件有 IGBT、GTR、GTO 晶闸管、SCR、MOSFET。

（7）电力电子器件 IGBT、GTR、GTO 晶闸管、SCR、MOSFET 的图形符号分别是（　　）、（　　）、（　　）、（　　）、（　　）。

（8）驱动电路除了要放大控制电路送到的（　　）外，还要对控制电路进行（　　）。

（9）电气隔离的方法主要有（　　）隔离和（　　）隔离。

2. 简答题

（1）如何用万用表检测 IGBT、GTR、GTO 晶闸管、SCR、MOSFET 的极性？

（2）如何用万用表检测 IGBT、GTR、GTO 晶闸管、SCR、MOSFET 的好坏？

第 3 章　变频器的基本结构与原理

【知识目标】

(1) 掌握变频器主电路的基本结构及各部分的作用。
(2) 掌握单相、三相整流电路带不同负载时的分析方法。
(3) 掌握几种制动电路的工作原理。
(4) 理解正弦脉宽调制的基本原理。
(5) 掌握 PWM 逆变电路的分析方法。

【能力目标】

(1) 能够检测变频器整流电路开关器件的好坏。
(2) 能够检测变频器逆变电路开关器件的好坏。
(3) 能够检测中间电路元器件的好坏。

变频器按照工作时频率的变换方式主要分为两类，即交—直—交变频器和交—交变频器。交—直—交变频器在频率的调节范围及改善频率后电动机的特性等方面都有明显的优势，是目前迅速得到普及应用的主流变频器。本章主要以交—直—交变频器为例，介绍变频器的基本结构与原理。

3.1　变频器的基本结构

变频器通常由主电路和控制电路两部分组成，如图 3-1 所示。

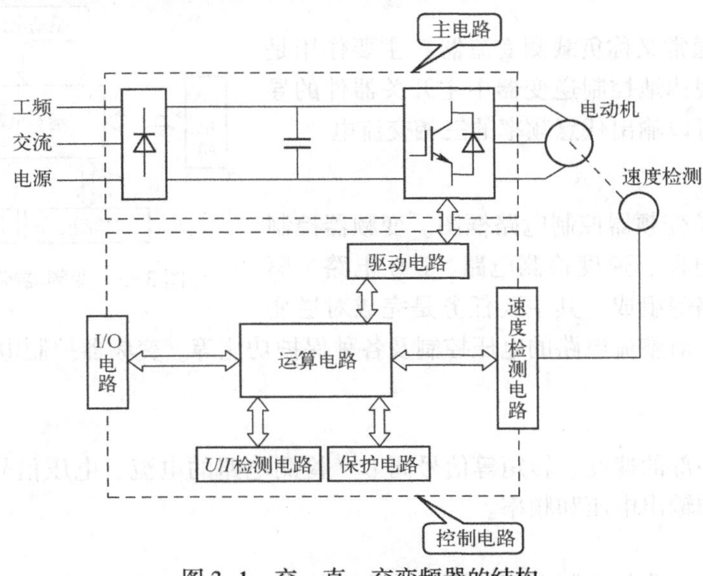

图 3-1　交—直—交变频器的结构

1. 主电路

图 3-2 给出了通用变频器主电路，主要包括整流电路、中间电路、逆变电路三大部分。变频器主电路各部分的作用如下。

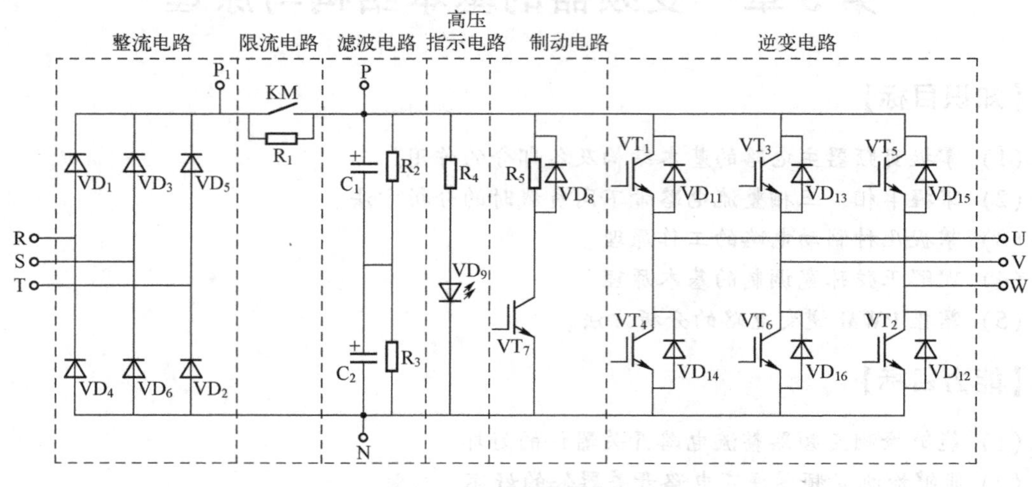

图 3-2　通用变频器主电路

1）整流电路

整流电路（通常又称电网侧变流器）把三相或单相交流电整流成直流电。常见的低压整流电路是由二极管构成的不可控桥式整流电路，或者由两组晶闸管变流器构成的可逆变流器。中压大容量的整流电路多采用多重化 12 脉冲以上的变流器。

2）中间电路

中间电路（通常又称直流环节）主要作用是滤除整流后的电压纹波和缓冲异步电动机（属于感性负载）而产生的无功能量。中间电路主要包括限流电路、滤波电路、制动电路和高压指示电路。

3）逆变电路

逆变电路（通常又称负载侧变流器）主要作用是根据控制信号有规律地控制逆变器中主开关器件的导通与关断，从而可以输出任意频率的三相交流电。

2. 控制电路

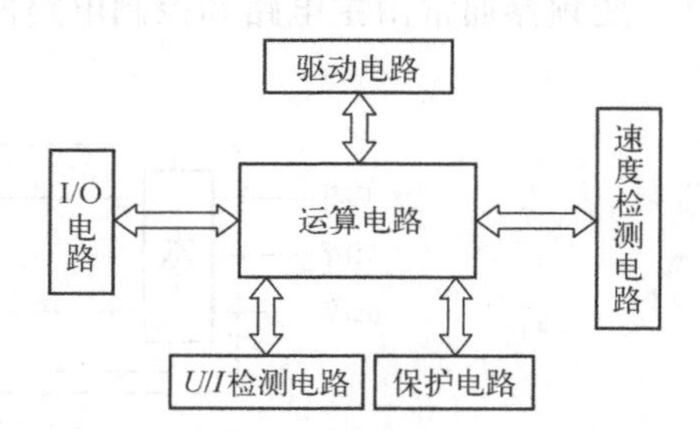

图 3-3　变频器控制电路框图

图 3-3 给出了变频器控制电路框图。变频器控制电路主要由运算电路、速度检测电路、I/O 电路、驱动电路和保护电路等组成。其主要任务是完成对逆变电路的开关控制、对整流电路的电压控制及各种保护功能等。变频器控制电路各部分的作用如下。

1）运算电路

运算电路将外部的速度、转矩等信号同 *U/I* 检测电路的电流、电压信号进行比较运算，从而决定逆变器的输出电压和频率。

2）驱动电路

驱动电路是主电路与控制电路的接口电路。其主要功能是驱动主电路开关器件的导通与

关断，并提供主电路与控制电路之间的电气隔离环节。

3）I/O 电路

为了实现更好的人机交互，变频器具有能输入多种（如运行、多段速运行等）信号的输入电路，还有能输出各种内部参数（如电流、频率、保护等）信号的输出电路。

4）速度检测电路

速度检测电路用于检测异步电动机的速度，然后将该速度送入运算电路。

5）保护电路

保护电路用于保护变频器和异步电动机，以免因变频器和异步电动机过载或过电压等异常情况而引起其损坏。

3.2 整流电路

根据所采用的电力电子器件的不同，整流电路主要包括不可控整流电路和可控整流电路两种。由于电力电子器件在导通时管压降较低，因此在分析时均忽略其导通时的管压降。

3.2.1 不可控整流电路

变频器除了按照第 1 章的几种方式分类外，还可以根据输入电流的相数，分为三进三出型变频器和单进三出型变频器。其中，三进三出是指变频器的输入和输出信号都是三相交流电的；单进三出是指变频器的输入信号是单相交流电的，而输出信号是三相交流电的。一般家用电器都采用单进三出型变频器。

不可控整流电路是以不可控型器件——电力二极管作为整流器件的。其整流过程是不可控制的。

1. 单相桥式整流电路

图 3-4 所示为单相桥式整流电路及波形图。下面采用分段分析法分析单相桥式整流电路工作过程（下述分析均忽略电力二极管导通时的管压降）。

（1）0~π 区间：A 点电位高于 B 点电位，电力二极管 VD_1、VD_4承受正向电压而导通，电力二极管 VD_2、VD_3承受反向电压而关断。电流 i_d流通路径如图 3-4 中的①处所示，即电流从电源经 A→VD_1→R→VD_4→B 流回电源。由于 VD_1、VD_4导通时管压降很小，可忽略不计，因此可以看作电源电压全部施加于负载电阻 R 上，即整流电压 $u_d = u_2$。

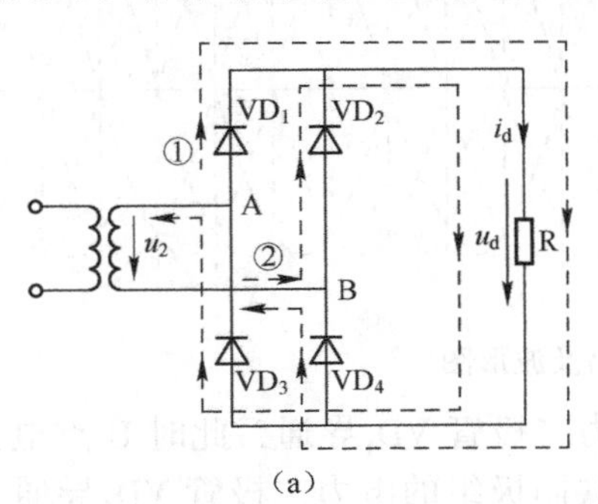

（a）

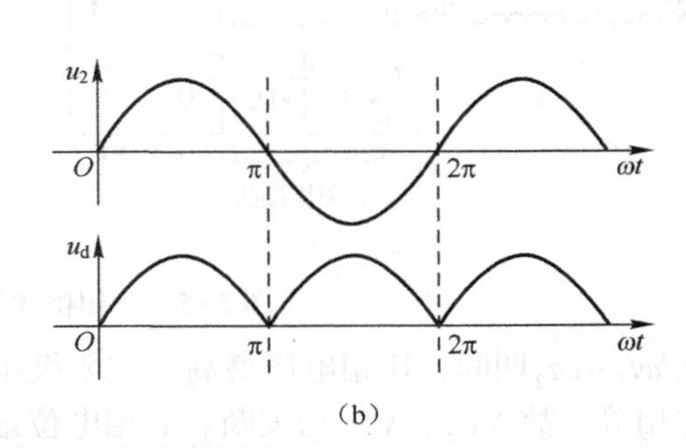

（b）

图 3-4 单相桥式整流电路及波形图

（2）π~2π 区间：B 点电位高于 A 点电位，电力二极管 VD_2、VD_3承受正向电压而导通，电力二极管 VD_1、VD_4承受反向电压而关断。电流 i_d流通路径如图 3-4 中的②处所示，电流从电源经 B→VD_2→R→VD_3→A 流回电源。同理，也可以看作电源电压全部施加于负载电阻 R 上，整流电压 $u_d=u_{BA}=-u_2$。

由于输入电压是周期性变化的，故以后会重复上述过程。根据实际经验得出下面的数量关系，在此不做过多的论述。

整流电压平均值为

$$U_d=0.9U_2 \tag{3-1}$$

向负载输出的直流电流平均值为

$$I_d=0.9\frac{U_2}{R} \tag{3-2}$$

电力二极管承受的最大反向电压为

$$U_{DM}=\sqrt{2}U_2 \tag{3-3}$$

流过电力二极管的电流平均值只有向负载输出的直流电流平均值的一半，即

$$I_{VD}=\frac{1}{2}I_d=0.45\frac{U_2}{R} \tag{3-4}$$

可见，单相桥式整流电路将输入的单相正弦交流电压整流为负载电阻上脉动的直流电压且脉动幅度较大，故只适用于小功率场合。

2. 三相桥式整流电路

图 3-5 为三相桥式整流电路及波形图。其中，VD_1、VD_3、VD_5的阴极连接在一起，故称为共阴极接法；VD_2、VD_4、VD_6的阳极连接在一起，故称为共阳极接法。如图 3-6 所示，三相桥式整流电路工作过程具体分析如下。

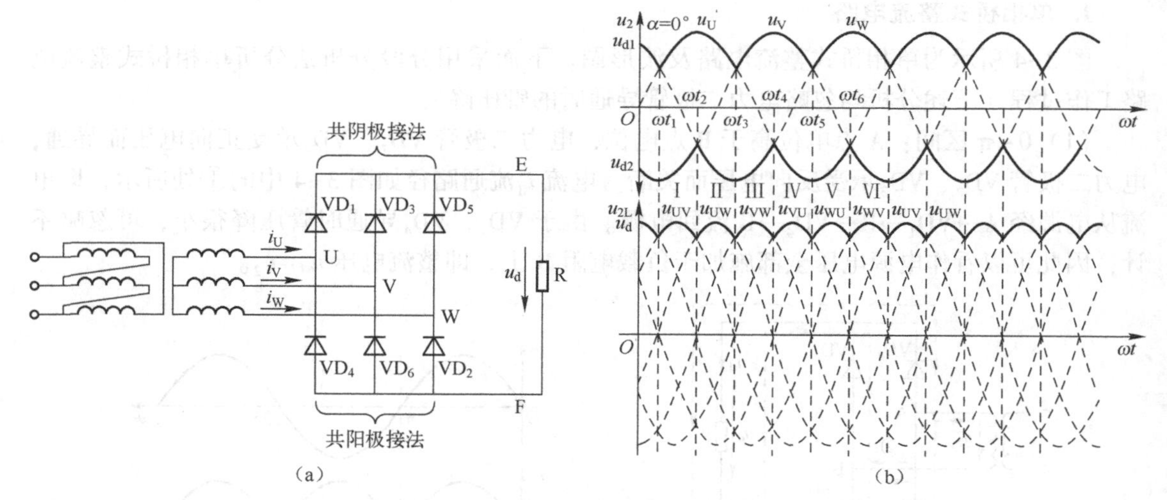

图 3-5　三相桥式整流电路及波形图

在 $wt_1 \sim wt_2$期间，U 相电压最高，共阴极组的电力二极管 VD_1导通，此时 U 点电位与 E 点电位相等，故 VD_5、VD_3均关断；V 相电位最低，共阳极组的电力二极管 VD_6导通，此时 F 点电位与 V 点电位相等，故 VD_4、VD_2均截止。电流由电源 U 相出发经 VD_1→负载电阻 R →VD_6流回电源 V 相，整流变压器 U、V 两相工作，如图 3-6 中的①处所示。加在负载上的

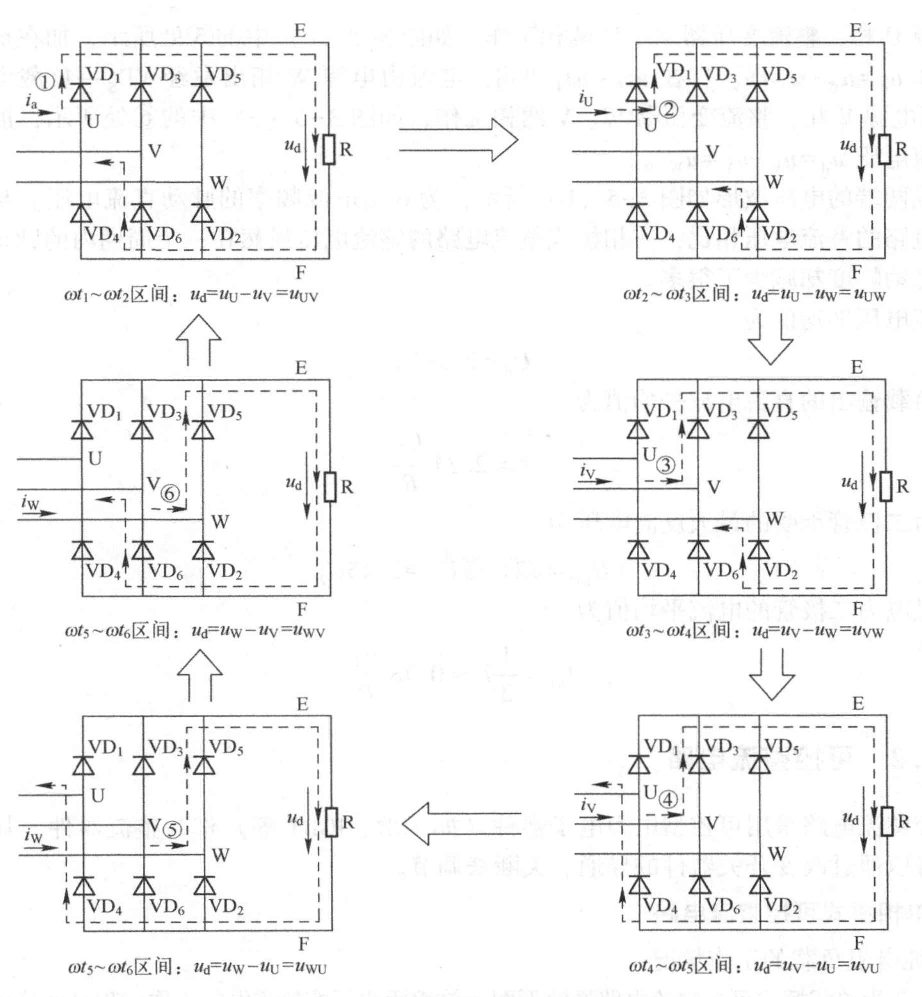

图 3-6　三相桥式整流电路工作过程

整流电压 $u_d=u_U-u_V=u_{UV}$。

在 $wt_2 \sim wt_3$期间，U 相电压最高，共阴极组的电力二极管 VD_1导通，此时 U 点电位与 E 点电位相等，故 VD_5、VD_3均关断；W 相电位最低，共阳极组的电力二极管 VD_2导通，此时 F 点电位与 W 点电位相等，故 VD_4、VD_6均关断。电流由电源 U 相出发经 VD_1→负载电阻 R→VD_2流回电源 W 相，整流变压器 U、W 两相工作，如图 3-6 中的②处所示。加在负载上的整流电压 $u_d=u_U-u_W=u_{UW}$。

在 $wt_3 \sim wt_4$期间，V 相电压最高，共阴极组的电力二极管 VD_3导通，此时 E 点电位与 V 点电位相等，故 VD_1、VD_5均关断；W 相电位最低，共阳极组的电力二极管 VD_2导通，此时 F 点电位与 W 点电位相等，故 VD_4、VD_6均关断。电流由电源 V 相出发经 VD_3→负载电阻 R→VD_2流回电源 W 相，整流变压器 V、W 两相工作，如图 3-6 中的③处所示。加在负载上的整流电压 $u_d=u_V-u_W=u_{VW}$。

以下分析与上述基本相同，在 $wt_4 \sim wt_5$期间，电流由电源 V 相出发经 VD_3→负载电阻 R→VD_4流回电源 U 相，整流变压器 V、U 两相工作，如图 3-6 中的④处所示，加在负载上的整流电压 $u_d=u_V-u_U=u_{VU}$；在 $wt_5 \sim wt_6$期间，电流由电源 W 相出发经 VD_5→负载电阻R→VD_4

流回电源U相，整流变压器W、U两相工作，如图3-5（c）中的⑤处所示，加在负载上的整流电压 $u_d=u_W-u_U=u_{WU}$；在 $wt_6 \sim wt_1$ 期间，电流由电源W相出发经 VD_5→负载电阻R→VD_6 流回电源V相，整流变压器W、V两相工作，如图3-5（c）中的⑥处所示，加在负载上的整流电压 $u_d=u_W-u_V=u_{WV}$。

负载两端的电压波形如图3-5（b）所示，为6倍电源频率的脉动直流电压。与单相桥式整流电路的整流电压相比，三相桥式整流电路的整流电压虽然在一个周期内的脉动次数多了，但脉动幅度却减少了很多。

整流电压平均值为

$$U_d=2.34U_2 \tag{3-5}$$

向负载输出的直流电流平均值为

$$I_d=2.34\frac{U_2}{R} \tag{3-6}$$

电力二极管承受的最大反向电压为

$$U_{DM}=\sqrt{2}\times\sqrt{3}U_2\approx 2.45U_2 \tag{3-7}$$

流过电力二极管的电流平均值为

$$I_{VD}=\frac{1}{3}I_d\approx 0.78\frac{U_2}{R} \tag{3-8}$$

3.2.2 可控整流电路

可控整流电路采用可控型电力电子器件（如SCR、IGBT等）作为整流器件，其整流电压大小可以通过改变开关器件的导通、关断来调节。

1. 单相桥式可控整流电路

1）纯电阻负载的工作情况

图3-7为单相桥式可控整流电路及波形图。单相桥式可控整流电路工作过程具体分析如下。

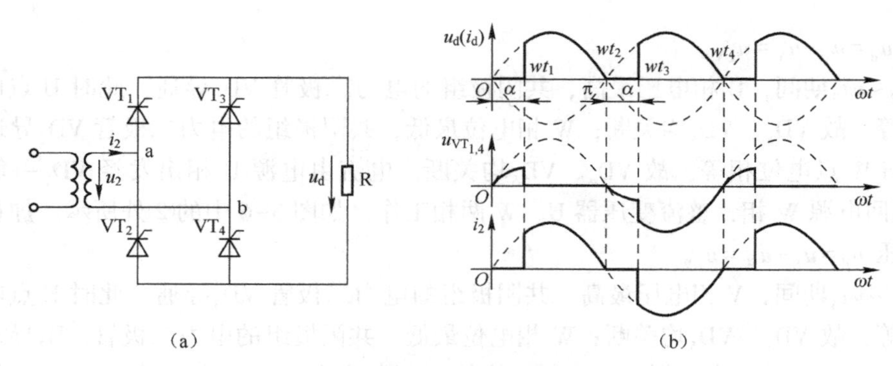

图3-7 单相桥式可控整流电路及波形图

在 $0\sim wt_1$ 期间，电压 u_2 的极性是上正下负，即a点电位为正，b点电位为负。晶闸管 VT_1 与 VT_4 同时承受正向电压，满足晶闸管的正向导通特性，但是没有触发脉冲，故 VT_1 与 VT_4 均关断。设 VT_1 与 VT_4 的漏电阻相等，则 VT_1 与 VT_4 各承受 u_2 的一半电压，即 $u_{VT1.4}=u_2/2$。晶闸管 VT_2 与 VT_3 由于同时承受反向电压而关断，故整流电压 $u_d=0$。

在 $wt_1\sim wt_2$ 期间，电压 u_2 的极性仍是上正下负，wt_1 时刻有触发脉冲送到晶闸管 VT_1 与

VT_4的门极，此时 VT_1与 VT_4两只晶闸管同时导通。晶闸管 VT_2与 VT_3仍承受反向电压而关断，整流电压 $u_d = u_2$。

在 wt_2时刻，电压 u_2由正减小到零，晶闸管 VT_1与 VT_4同时由导通转为关断。

在 $wt_2 \sim wt_3$期间，电压 u_2的极性是上负下正，即 a 点电位为负，b 点电位为正。晶闸管 VT_2与 VT_3同时承受正向电压，满足晶闸管的正向导通特性，但是没有触发脉冲，故 VT_2与 VT_3关断，整流电压 $u_d = 0$。

在 $wt_3 \sim wt_4$期间，电压 u_2的极性仍是上负下正，wt_3时刻有触发脉冲送到晶闸管 VT_2与 VT_3的门极，此时 VT_2与 VT_3两只晶闸管同时导通，整流电压 $u_d = u_{ba} = -u_2$。

由于输入电压是周期性变化的，故以后电路会重复上述过程。

从晶闸管开始承受正向电压到施加触发脉冲为止的电角度称为触发延迟角，用 α 表示，又称触发角或控制角。晶闸管在一个周期中处于导通状态的电角度称为导通角，用 θ 表示。从以上分析可知，整流电路的整流电压与电流的大小和控制角 α 有关，各量的数量关系如下。

整流电压平均值为

$$U_d = 0.9U_2 \frac{1+\cos\alpha}{2} \tag{3-9}$$

向负载输出的直流电流平均值为

$$I_d = 0.9 \frac{U_2}{R} \frac{1+\cos\alpha}{2} \tag{3-10}$$

由此可见，改变触发角 α 的相位，就可以调节整流电路的整流电压和电流的大小。当 $\alpha = 0°$时，$U_{d0} = 0.9U_2$；当 $\alpha = 180°$时，$U_d = 0$。α 的移相范围为 $0° \sim 180°$。

2）阻感负载的工作情况

图 3-8 所示为单相桥式整流电路带阻感负载时的电路及波形图，设负载电感为大电感。

在 u_2的正半周、触发角 α 处给晶闸管 VT_1和 VT_4施加触发脉冲使其导通，整流电压 $u_d = u_2$。由于大电感的作用，电流不能突变，电感对负载电流起平波的作用，i_d为一条近似水平的直线，如图 3-8（b）所示。

在 u_2过零变负时，由于电感的作用，晶闸管 VT_1和 VT_4中仍有电流 i_d流过，而并不关断。至 $\omega t = \pi + \alpha$ 时刻，电感放电完毕，同时给 VT_2和 VT_3施加触发脉冲，因 VT_2和 VT_3本已承受正向电压，故 VT_2 和 VT_3 导通。VT_2和 VT_3导通后，u_2 通过 VT_2和 VT_3分别向 VT_1和 VT_4施加反向电压，故 VT_1和 VT_4关断。下一个周期重复此过程。

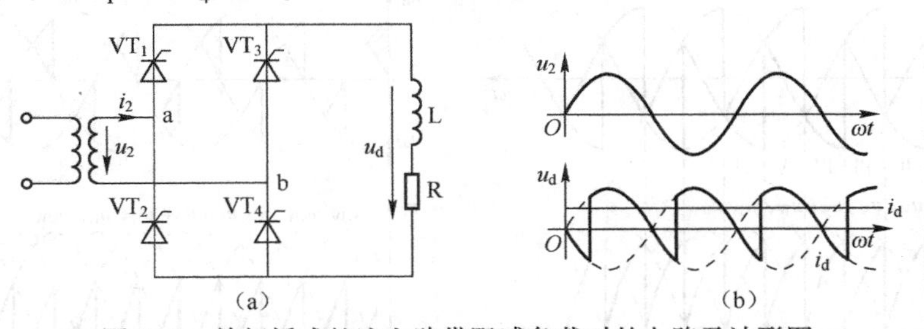

图 3-8　单相桥式整流电路带阻感负载时的电路及波形图

整流电压平均值为

$$U_d = 0.9U_2\cos\alpha \tag{3-11}$$

当 $\alpha = 0°$时，$U_{d0} = 0.9U_2$；当 $\alpha = 90°$时，$U_d = 0$。α 的移相范围为 $0° \sim 90°$。

2. 三相桥式可控整流电路

由于晶闸管构成的单相可控整流电路结构简单，在小功率场合得到了广泛的应用。但单相可控整流电路存在整流电压脉动大的缺点，因而在中、大功率场合往往采用三相桥式可控整流电路。这样不仅可以减小整流电压的脉动程度，还可以使三相制的电网处于平衡状态。

图 3-9 为三相桥式可控整流电路及波形图。与三相桥式不可控整流电路相似，VT_1、VT_3、VT_5 3 个晶闸管采用共阴极接法，VT_2、VT_4、VT_6采用共阳极接法。共阴极组的 3 个晶闸管阳极电位最高者导通，共阳极组的 3 个晶闸管阴极电位最低者导通。在任何时刻必须在共阴极组和共阳极组中各有一个晶闸管导通，才能使整流电流流通，负载端有整流电压，即整流电压为线电压。每个周期晶闸管的导通顺序为 VT_1VT_2、VT_2VT_3、VT_3VT_4、VT_4VT_5、VT_5VT_6、VT_6VT_1，即整流电压每隔 60°换相一次，同一组内的两个晶闸管每隔 120°换相一次。如果把 6 个晶闸管都换成二极管，则相当于控制角 $\alpha=0°$时的工作状态，其整流电压波形与三相不可控桥式整流电路相同，如图 3-5 所示。因此，各线电压正半波的交点就是三相全控桥式整流电路 6 个晶闸管导通的计时零点（$\alpha=0°$），称为自然换相点。图 3-9（b）、（c）和（d）分别为 $\alpha=30°$、$\alpha=60°$和 $\alpha=90°$时的整流电压及晶闸管所承受的电压波形图。

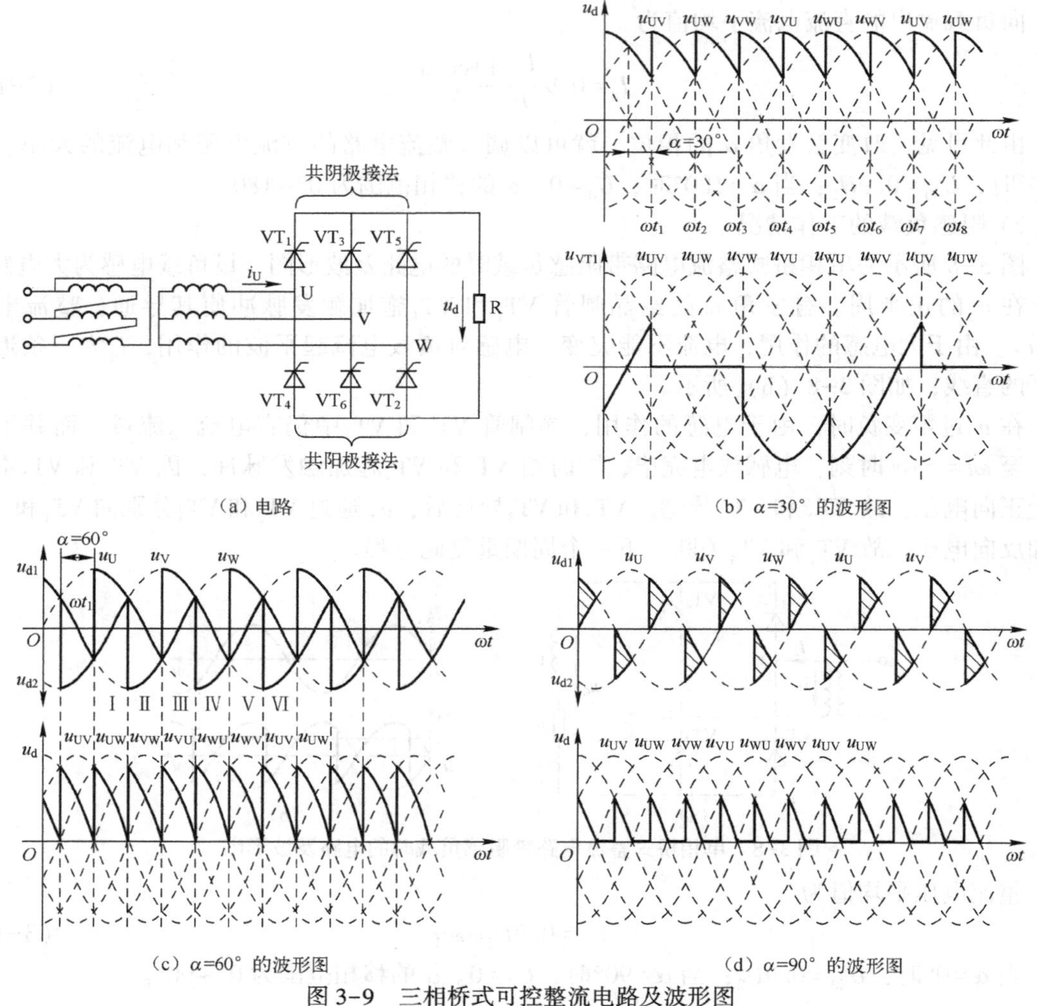

（a）电路

（b）$\alpha=30°$ 的波形图

（c）$\alpha=60°$ 的波形图

（d）$\alpha=90°$ 的波形图

图 3-9　三相桥式可控整流电路及波形图

当 $\alpha \leqslant 60°$ 时，整流电压波形连续，整流电压平均值为

$$U_{\mathrm{d}}=2.34U_2\cos\alpha \tag{3-12}$$

当 $\alpha > 60°$ 时，整流电压波形断续，整流电压平均值为

$$U_{\mathrm{d}}=2.34U_2\left[1+\cos\left(\frac{\pi}{3}+\alpha\right)\right] \tag{3-13}$$

α 的移相范围为 $0°\sim120°$，$U_{\mathrm{d0}}=2.34U_2$。

三相桥式可控整流电路带阻感负载时，由于大电感的作用，其整流电压波形不会出现断续的情况，只是缩小了 α 的移相范围，其移相范围为 $0°\sim90°$，其整流电压平均值为

$$U_{\mathrm{d}}=2.34U_2\cos\alpha \tag{3-14}$$

3.2.3 整流电路的检测

图 3-10（a）所示的整流电路是由 6 个电力二极管构成的。其中，输入端接外部端子 R、S、T；上桥臂采用共阴极接法，输出端接端子 P_1；下桥臂采用共阳极接法，输出端接端子 N。因此，在检测整流电路时可以不用拆开变频器的外壳。整流电路的检测方法如图 3-10（b）所示，将万用表拨至“×1kΩ”挡，红表笔（万用表内部电池的“-”）接 P_1 端子，黑表笔（万用表内部电池的“+”）依次接 R、S、T 端子，测量上桥臂的 3 个二极管 VD_1、VD_3、VD_5 的正向电阻；然后调换红、黑表笔的位置测上桥臂的反向电阻；用同样的方法测 N 与 R、S、T 端子间下桥臂的 3 个二极管 VD_4、VD_6、VD_2 的正/反向电阻。整流电路的测试方法与测试结果如表 3-1 所示。

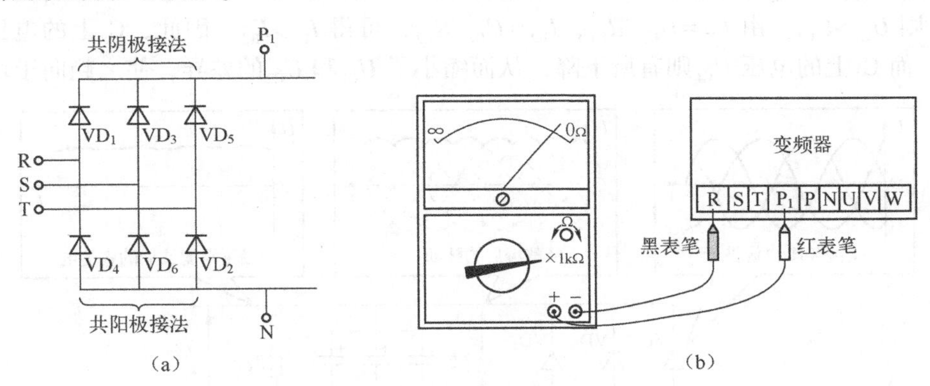

图 3-10　整流电路及其检测方法

表 3-1　整流电路的测试方法与测试结果

测量器件	测量端子	表笔极性		测量值	测量器件	测量端子	表笔极性		测量值
		红表笔（+）	黑表笔（-）				红表笔（+）	黑表笔（-）	
VD_1	P_1 与 R	P_1	R	指针接近 0	VD_4	N 与 R	R	N	指针接近 0
		R	P_1	指针接近∞			N	R	指针接近∞
VD_3	P_1 与 S	P_1	S	指针接近 0	VD_6	N 与 S	S	N	指针接近 0
		S	P_1	指针接近∞			N	S	指针接近∞
VD_5	P_1 与 T	P_1	T	指针接近 0	VD_2	N 与 T	T	N	指针接近 0
		T	P_1	指针接近∞			N	T	指针接近∞

若测得的结果与表3-1中的结果不符，则说明整流电路有故障。若正、反向电阻都为无穷大，则说明被测二极管开路；若测得正、反向电阻都为零或电阻值很小，则说明被测二极管短路；若测得正向电阻偏大、反向电阻偏小，则说明被测二极管性能不良。

3.3 中间电路

中间电路位于整流电路和逆变电路之间，主要实现滤波和制动两大功能。

3.3.1 滤波电路

滤波电路对整流电路输出的6倍电源频率的脉动直流电压进行平滑，为逆变电路提供波动较小的直流电压。滤波电路可以采用大电容或大电感滤波。滤波电路在采用大电容滤波时，可以为逆变电路提供稳定的直流电压，这时的变频器称为电压型变频器；滤波电路在采用大电感滤波时，可以为逆变电路提供稳定的直流电流，这时的变频器称为电流型变频器。

由于受到电解电容的电容量和耐压能力的限制，滤波电路通常由两个电容器组串联而成，而每个电容器组又由若干个电容器并联而成，如图3-11所示。又因为电解电容器的电容量有较大的离散性，故电容器组C_1和C_2的电容量并不能完全相等，这将导致两个电容器组所承受的电压U_{C1}和U_{C2}不相等，且承受电压较高的电容器组将容易损坏。

为了使U_{C1}和U_{C2}相等，在C_1和C_2旁各并联一个电阻值相等的均匀电阻R_{C1}和R_{C2}。设$C_1<C_2$，则$U_{C1}>U_{C2}$。由$I_{R1}=U_{C1}/R_{C1}$，$I_{R2}=U_{C2}/R_{C2}$，可得$I_{R1}>I_{R2}$。因此，C_2上的电压U_{C2}有所上升，而C_1上的电压U_{C1}则有所下降，从而缩小了U_{C1}和U_{C2}的差异，使之趋向于均衡。

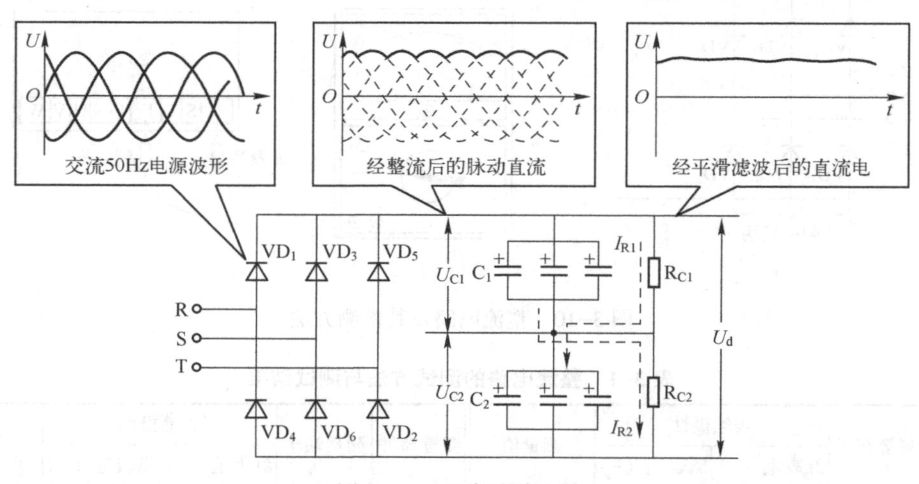

图3-11 电容滤波电路

工频电源经三相桥式整流电路对滤波电路中的电容器进行充电，当电容器上的电压达到设定值后，向电容器的后级电路放电。这样的充、放电过程会不断重复，充电时电压上升，放电时电压下降，电容器上的电压波动与电容量有关，即电容量越大，电容器上的电压波动越小。

3.3.2 限流电路

对于电压型变频器，在接通电源前，电容器上是没有电荷的，电压为0V，而电容器两端的电压又是不能突变的。就是说，在接通电源的瞬间，整流桥两端（P、N之间）相当于短路。因此，在接通电源时，就出现了以下两个问题。

第一个问题：会有很大的冲击电流产生，如图3-12（a）中的曲线①所示，这有可能损坏整流管。这种冲击电流又称浪涌电流。

第二个问题：进线处的电压将瞬间下降到0V，如图3-12（a）中的曲线②所示。由于变频器整流电路电源电压是电网电压，所以在接通电源的瞬间，电网电压要降到0V，这将影响同一电网中其他设备的正常工作，通常称之为干扰。

所以，在整流桥和电容器之间，就需要接入一个限流电阻 R_L，如图3-12（b）所示。在接通电源时，继电器KM失电断开，限流电阻接入，从而减小了通电时的冲击电流，并将瞬间的电源电压加到限流电阻上了，进而不再影响电源电压波形。但 R_L 若长期接在电路内，将影响直流电压和变频器输出电压的大小。因此，当电容器上的电压上升到一定数值后，继电器KM得电触点要闭合，限流电阻被短路，以排除限流电阻对直流电压的影响。在有些变频器里继电器一般用晶闸管代替。当刚接通电源时，晶闸管关断，待电容器上的电压达到一定数值后，晶闸管导通，电路开始正常工作。

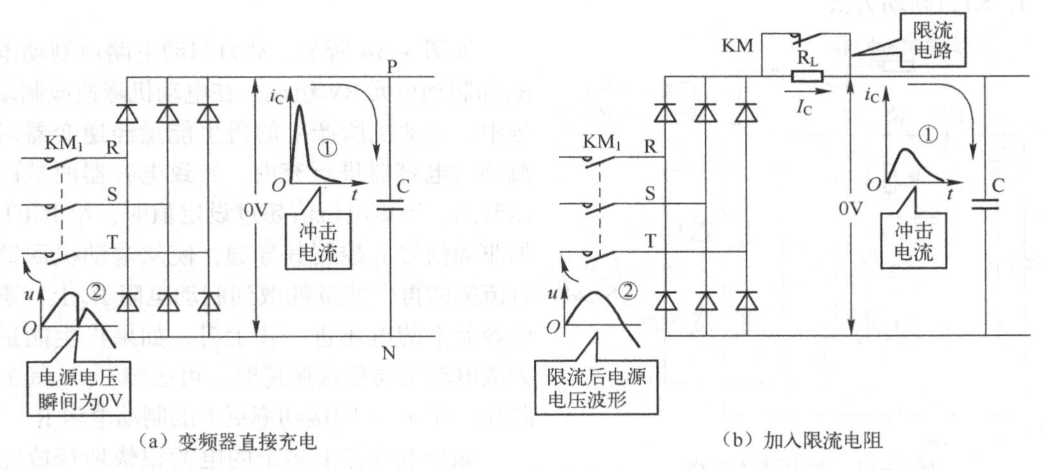

（a）变频器直接充电　　（b）加入限流电阻

图3-12　限流电路

在实际应用中，不同厂家的变频器内的限流电阻的电阻值差别并不大。这是因为容量大的变频器里，整流管的允许电流也较大，电容器的容量也要大一些，限流电阻的电阻值就应该小一些。又因为电容器的充电时间较短（大约是1s），即真正流过限流电阻的时间较短，故限流电阻的电阻值只要不小于20Ω即可。所以，生产厂家为了减少零部件的种类，采取了多种规格的变频器选用同一规格限流电阻的做法。

3.3.3 高压指示电路

高压指示电路如图3-13所示。用于高压指示的小灯HL并不是接在变频器面板上进行指示电源是否接通的，而是接在变频器主控板上的。HL主要用于指示变频器断电后，电容器上的电荷是否已经释放完毕。

如图 3-13 所示，由于电容器的容量较大，而切断电源又必须在逆变电路停止工作的状态下进行，所以电容器并没有放电电路。电容器的放电时间往往长达数分钟。电容器上的电压较高。如果其上的电荷释放不完，电容器对人身安全将构成威胁。故在维修变频器时，必须等 HL 完全熄灭后才能用手去触摸变频器里面的元器件，对其进行维修。

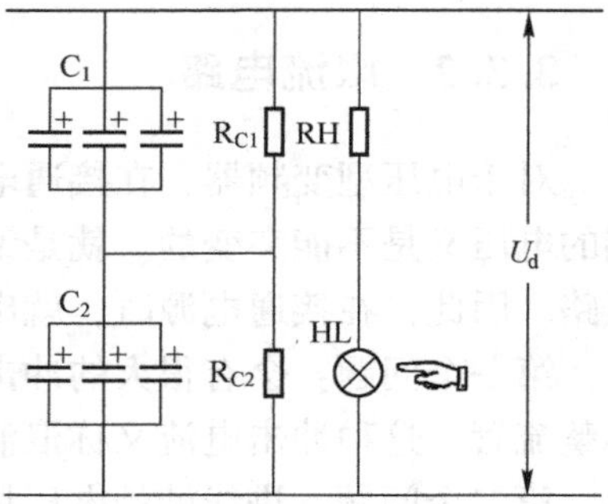

图 3-13　高压指示电路

3.3.4　制动电路

在交—直—交电压型变频器驱动异步电动机的系统中，当电动机减速时，电动机及其负载产生的再生能量将对直流侧的电容器进行充电，使直流侧的电压升高。从变频器半导体器件和电容器的安全角度考虑，必须对这部分再生能量进行适当的处理。在变频器中对再生能量的处理主要有两种方式：一是将电容器存储的这部分能量回馈至电网，称为回馈制动方式；二是将这部分再生能量耗散到所设置的制动单元中，称为动力制动方式。另外，还有一种制动方式是给异步电动机的定子通直流电，在电力拖动系统里称为能耗制动方式，而在变频器的大多数资料中称为直流制动方式。

1. 动力制动方式

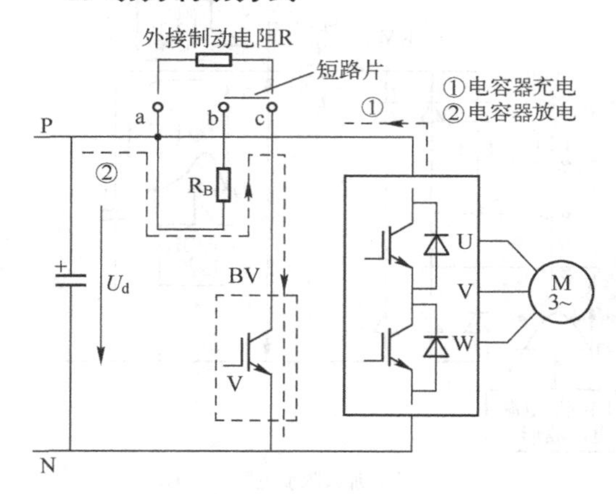

图 3-14　动力制动电路

如图 3-14 所示，动力制动电路由制动电阻 R_B和制动单元 BV 组成。在电动机降速或制动过程中，电动机所产生的再生能量经逆变器对直流侧的电容器进行充电，导致电容器两端的电压升高，当该电压值超过设定值时，给 IGBT 施加驱动信号 i_b 控制其导通，使从电动机回馈到直流侧的再生能量耗散到制动电阻 R_B上，避免电容器上的电压进一步上升。如果再生能量较大或电动机要频繁调速时，可去掉 b、c 间的短路片，在 a、c 间接功率更大的制动电阻 R。

如果电容器上多余的电荷很快地释放完毕以后，制动电阻仍然接在电路中，则制动电阻必将消耗电源的能量。所以，制动电阻不应该长时间接在电路中。为此，要接入制动单元 BV。制动单元 BV 的作用：当直流电压接近或超过其上限值时，制动单元驱动 IGBT 导通，以便将直流侧多余的电能通过制动电阻和制动单元释放掉；当直流电压低于其下限值时，制动单元驱动 IGBT 关断，使制动电阻不再消耗电能。对于小功率变频器，制动单元一般内置在变频器中；对于大功率变频器，由于制动单元在工作时会发热，所以通常安装在变频器之外，并作为选件供应。

制动电阻的选择包括电阻值的选择和容量的选择。制动电阻的电阻值决定制动时流过制动电阻的电流值；制动电阻的容量决定制动电阻容许的发热量。由于制动电阻通常工作在断续工作状态，所以其容量的选择应考虑其工作时间。

动力制动方式的优点是电路构造简单，对电网无污染（与回馈制动方式相比而言），成本低廉。动力制动方式的缺点是运行效率低，特别是在频繁制动时将消耗大量的能量且制动电阻的容量将增大。

2. 回馈制动方式

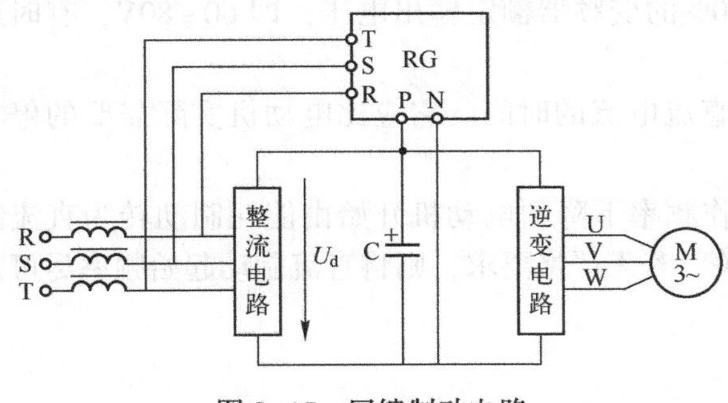

图 3-15　回馈制动电路

回馈制动方式就是把多余的直流电逆变成交流电，再反馈给电网。在实际应用中，由于普通的变频器并不具有这种功能，而是需要额外的能量回馈单元选件或者专业的四象限变频器。如图 3-15 所示，RG 就是回馈单元。它的输入端与变频器的直流侧相接，输出端与电网相接。当直流电压超过其上限值时，RG 就开始工作，把变频器多余的直流电回馈给电网。在这种情况下，直流电压的上限值可以定得低一些。

回馈制动方式的优点是能四象限运行，电能回馈提高了系统的效率。回馈制动方式的缺点是只有在不易发生故障的稳定电网电压下（电网电压波动不大于 10%），才可以采用这种回馈制动方式。这是因为电动机在发电运行时，如果电网电压故障时间大于 2ms，则可能发生换相失败，从而损坏器件；在变频器把多余的直流电回馈电网时，对电网有谐波污染；回馈制动控制复杂，成本较高。

3. 直流制动方式

对于用变频器供电的异步电动机而言，直流制动方式就是指当变频器输出频率接近于零，电动机转速降低到一定数值时，变频器改向异步电动机定子绕组中通入直流，形成静止磁场；此时电动机处于能耗制动状态，转动着转子切割该静止磁场产生感应电动势和电流，感应电流又和静止磁场相互作用而产生电磁转矩；该电磁转矩一定是阻止转子继续旋转的制动转矩，从而使电动机迅速停止。在此过程中，变频器的逆变器只有两只开关动作，一只处在上桥臂，另一只处在下桥臂，电动机只有两相绕组通电（Y形联结），电动机工作在发电状态，电动机及负载的能量全部消耗在转子电路上。为了不使电动机定子绕组中流过太大的电流，施加在定子绕组上的电压波形为一串脉冲信号波形，占空比很小，依靠电动机绕组的电感滤波，使流过绕组的电流变成连续的直流电流。这种制动方式的优点是制动时无须增加新的设备。这种制动方式的缺点是制动效率低，不适宜频繁制动。直流制动方式的制动方法与制动原理如图 3-16 所示。

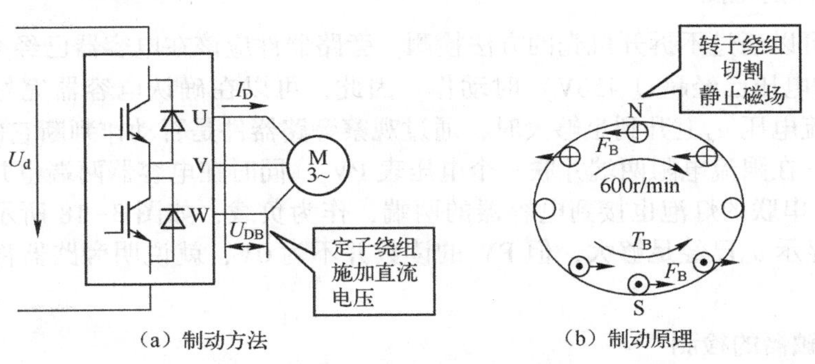

（a）制动方法　　（b）制动原理

图 3-16　直流制动方式的制动方法与制动原理

直流制动方式可以用于要求准确停车的情况，或者启动前制动电动机由于外界因素引起不规则旋转的情况。在变频器内与直流制动有关的功能有3个。

（1）直流制动电压：用于确定制动转矩的大小。显然拖动系统惯性越大，直流制动电压相应越大。一般直流制动电压为15%～20%的变频器额定输出电压，即60～80V，有时用制动电流的百分数来约定。

（2）直流制动时间：向定子绕组通入直流电流的时间。它应比电动机实际需要的停车时间略长一些。

（3）直流制动起始频率：变频器的工作频率下降到电动机开始由能耗制动转为直流制动的频率。它与负载对制动时间的要求有关。若无严格要求，则将直流制动起始频率尽可能设定得小一些。

4. 公共直流母线制动方式

当采用通用变频器传动时，除了采用制动单元BV和回馈单元RG方式处理再生能量以外，还可以采用公共直流母线制动方式处理再生能量，且一般用于多机传动系统。如图3-17所示，把多台变频器的直流母线都并联起来。因为这些电动机不大可能同时加速、同时减速，所以处于减速状态的电动机发出来的电，正好供给正常运行或处于加速状态的电动机。对于采用公共直流母线制动方式处理再生能量的变频器，一般不再需要制动电阻和制动单元了；即使需要制动电阻和制动单元，其制动电流也是较小的。

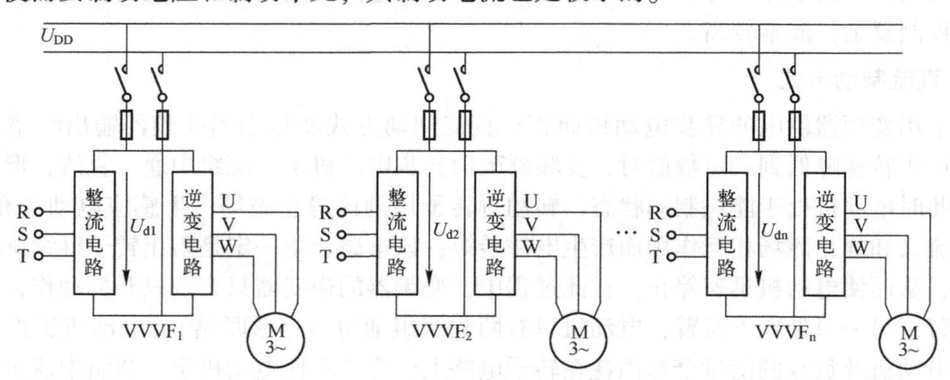

图3-17　多台变频器公共直流母线制动电路

3.3.5　中间电路的检测

1. 旁路器件的检测

旁路器件可以通过不拆开机壳的方法检测。旁路器件应该在电容器已经充电到一定程度（如电容器上的电压已经超过450V）时动作。因此，可以在确认电容器完好的情况下，当接通电源后直流电压u_d上升到足够大时，通过观察旁路器件是否动作判断它的好坏。

具体方法：在限流电阻两端并联一个电压表PV_1，同时在电容器两端也并联一个电压表PV_2，再将两个串联的灯泡也接到电容器的两端，作为负载，如图3-18所示；当接通电源后，如果PV_2显示u_d已经足够大，但PV_1的读数并不为0V，就说明旁路器件并未动作，即旁路器件损坏。

2. 充电接触器的检测

在检测充电接触器时，应将其与主电路断开，并主要检测其触点和线圈。打开机壳，在

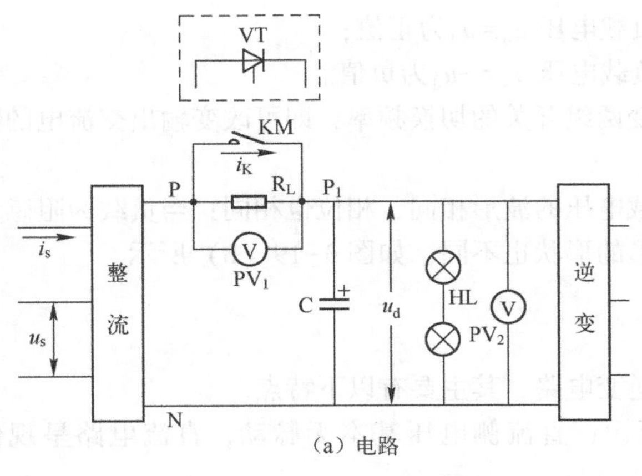

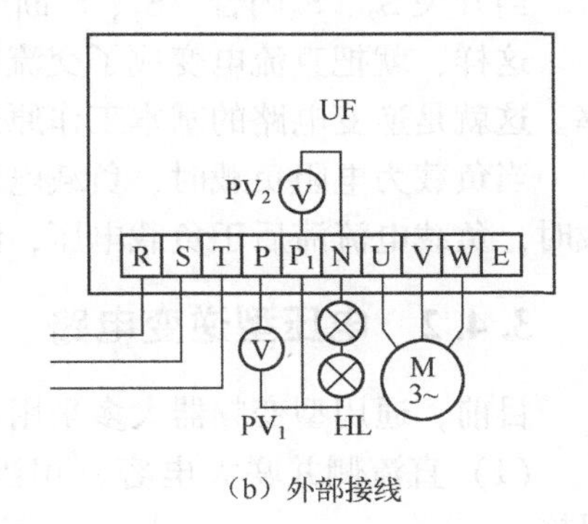

图 3-18　旁路器件的检测

不带电的情况下，充电接触器触点处于断开状态。如果测得该触点的电阻值为 0Ω，则说明该触点短路；如果测得接触器线圈电阻值为无穷大，则说明该线圈开路。在检测触点时，万用表要拨至“×1Ω”挡；在检测接触器线圈时，万用表要拨至“×10Ω”挡。

3. 限流电阻的检测

当检测限流电阻时，万用表要拨至“×1Ω”挡。正常的限流电阻的电阻值很小，如果其电阻值为无穷大，则说明限流电阻开路。限流电阻开路的故障较为常见。

4. 电容器的检测

在检测电容器时，万用表要拨至“×10kΩ”挡测量电容器的电阻值。当电容器正常时，其正、反向电阻值均为无穷大或接近无穷大。电容容量的检测则使用电容表或带容量检测的数字万用表。如果发现电容器容量与标称容量有较大差异，应考虑更换电容器。

3.4　逆变电路

与整流相对应，把直流电变成交流电称为逆变。将交流侧接电源的逆变称为有源逆变；将交流侧直接与负载连接的逆变称为无源逆变。显然，交—直—交电压型变频器的逆变电路直接与电动机连接，属于无源逆变电路。

3.4.1　逆变电路的原理

以图 3-19（a）所示的逆变电路为例，说明逆变电路的基本工作原理。在图 3-19（a）中，S_1 ~ S_4是桥式电路的 4 个桥臂，由电力电子器件及其辅助电路组成。

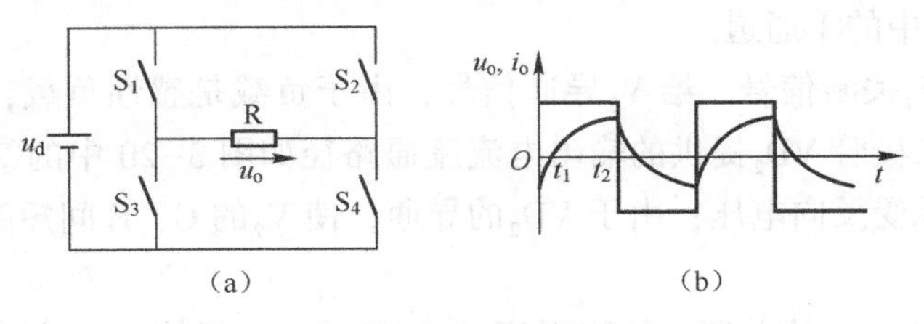

图 3-19　逆变电路及波形图

当开关 S_1、S_4闭合，S_2、S_3断开时，负载电压 $u_o=u_d$为正值；

当开关 S_2、S_3闭合，S_1、S_4断开时，负载电压 $u_o=-u_d$为负值。

这样，就把直流电变成了交流电；改变两组开关的切换频率，即可改变输出交流电的频率。这就是逆变电路的基本工作原理。

当负载为电阻负载时，负载电流和负载电压的波形相同、相位也相同；当负载为阻感负载时，负载电流滞后于负载电压，两者波形的形状也不同，如图 3-19（b）所示。

3.4.2　电压型逆变电路

目前，通用型变频器大多采用电压型逆变电路，其主要有以下特点。

（1）直流侧并联大电容，相当于电压源；直流侧电压基本无脉动，直流电路呈现低阻抗。

（2）由于直流电压的钳位作用，交流侧的输出电压波形为矩形波，并且与负载阻抗角无关；交流侧的输出电流波形和相位因负载阻抗情况的不同而不同。

（3）当交流侧为阻感负载时，必须提供无功功率；直流侧电容起缓冲无功能量的作用；为了给交流侧向直流侧反馈的无功能量提供通道，逆变桥各桥臂都并联了反馈二极管。

目前，全控型器件 IGBT 应用比较广泛，所以下面均以 IGBT 为例，分别对单相和三相电压型逆变电路进行讨论。

1. 单相半桥逆变电路

单相半桥电压型逆变电路及波形图如图 3-20 所示。该电路包括有两个桥臂，每个桥臂由一个可控开关器件和一个反并联的二极管构成。直流侧接有两个参数相同的互相串联的大电容。这两个电容的连接点便成为直流电源的中点。负载接在直流电源的中点和两个桥臂连接点之间。

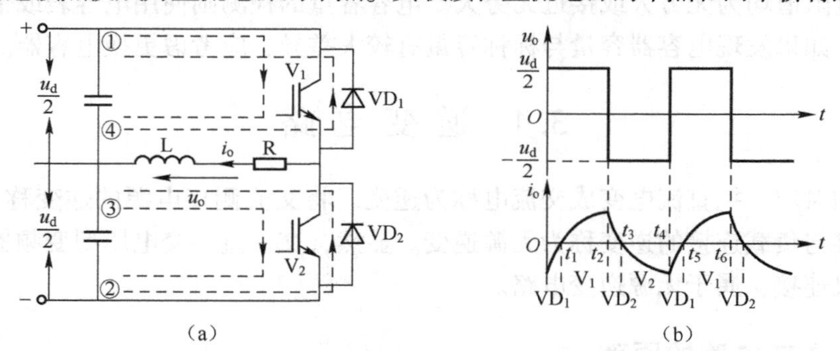

图 3-20　单相半桥电压型逆变电路及波形图

设开关器件 V_1和 V_2各导通半个周期，负载为感性负载。具体工作过程如下。

在 $t_1 \sim t_2$时刻，V_1导通，V_2关断；输出电压 $u_o=u_d/2$；输出电流 i_o逐渐增大；输出电流流通路径如图 3-20 中的①通道。

在 t_2时刻，给 V_1关断信号，给 V_2导通信号；由于负载是感性负载，输出电流 i_o不能立即改变方向，此时二极管 VD_2提供的输出电流流通路径如图 3-20 中的②通道；能量返送电网，负载两端立即承受反向电压；由于 VD_2的导通，使 V_2的 C、E 间短路而无法导通，输出电流开始减小。

在 $t_2 \sim t_3$时刻，V_1、V_2均关断；输出电压 $u_o=-u_d/2$；二极管 VD_2导通；输出电流 i_o减小，输出电流流通路径如图 3-20 中的②通道。

在 t_3时刻，输出电流 i_o降为零。

在 $t_3 \sim t_4$时刻，V_2导通，V_1关断；输出电压 $u_o=-u_d/2$；输出电流 i_o反向逐渐增大，输出电流流通路径如图 3-20 中的③通道。

在 $t_4 \sim t_5$时刻，给 V_2关断信号，给 V_1导通信号；二极管 VD_1续流；输出电压 $u_o=u_d/2$；输出电流 i_o 增大，电流流通路径如图 3-20 中的④通道。

由以上分析可知，输出电压 u_o的大小取决于直流电压；输出电压基波的频率与相位取决于驱动脉冲信号的频率与相位，即当驱动脉冲信号的频率或相位改变时，即可改变输出电压基波的频率和相位。输出电流 i_o的波形与负载的性质有关，即当负载为纯电阻负载时，输出电流 i_o是与电压 u_o同相位的方波；当负载为阻感负载时，输出电流 i_o的波形如图 3-20（b）所示。

在上述过程中，在 $t_2 \sim t_3$时刻、$t_4 \sim t_5$时刻输出电流通过反并联二极管流往直流电路，向滤波电容充电。如果没有反并联的二极管，则因为开关器件只能单方向导通，这段时间内的输出电流无流通路径，输出电流的波形将发生畸变。二极管起着使负载电流连续的作用，故此二极管称为续流二极管，在变频器中用于电动机的磁场能和电容之间的能量交换。

2. 单相全桥逆变电路

单相全桥电压型逆变电路及波形图如图 3-21 所示。该电路有 4 个桥臂，可以看成由两个半桥电路组合而成。把桥臂 1 和 4 作为一对，桥臂 2 和 3 作为一对，成对的两个桥臂同时导通，两对桥臂交替导通 180°。单相全桥电压型逆变电路的输出电压和电流波形与单相半桥电压型逆变电路的相似，只是其幅值高出一倍。单相全桥电压型逆变电路的工作过程也与单相半桥电压型逆变电路的基本相似，V_1与 V_4同时导通→VD_2与 VD_3续流→V_2与 V_3同时导通→VD_1与 VD_4续流，如图 3-22 所示。

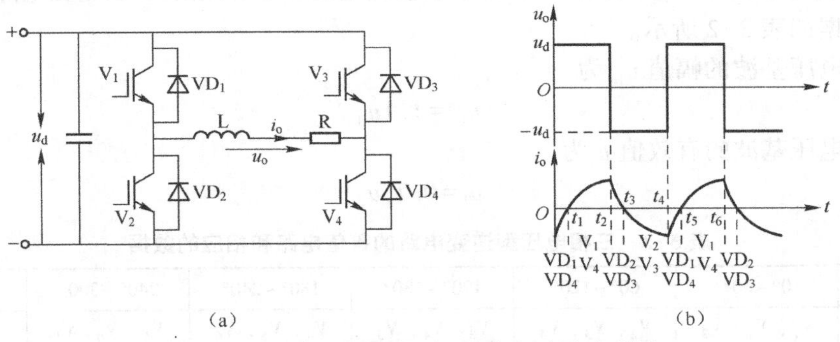

图 3-21　单相全桥电压型逆变电路及波形图

单相全桥逆变电路是单相逆变电路中应用最多的。下面对其电压波形进行简单的定量分析。

输出电压基波的幅值 u_{olm}为

$$u_{olm}=1.27u_d \tag{3-15}$$

输出电压基波的有效值 u_{ol}为

$$u_{ol}=0.9u_d \tag{3-16}$$

式（3-15）与式（3-16）对于单相半桥逆变电路也是适用的，只是其中的 u_d要换成 $u_d/2$。

3. 三相桥式逆变电路

三相桥式电压型逆变电路及波形图如图 3-23 所示。该电路有 6 个桥臂，可以看成由 3 个半桥电路组合而成。由 6 个 IGBT 作为开关器件，每个 IGBT 依次间隔 60°换流一次，且其

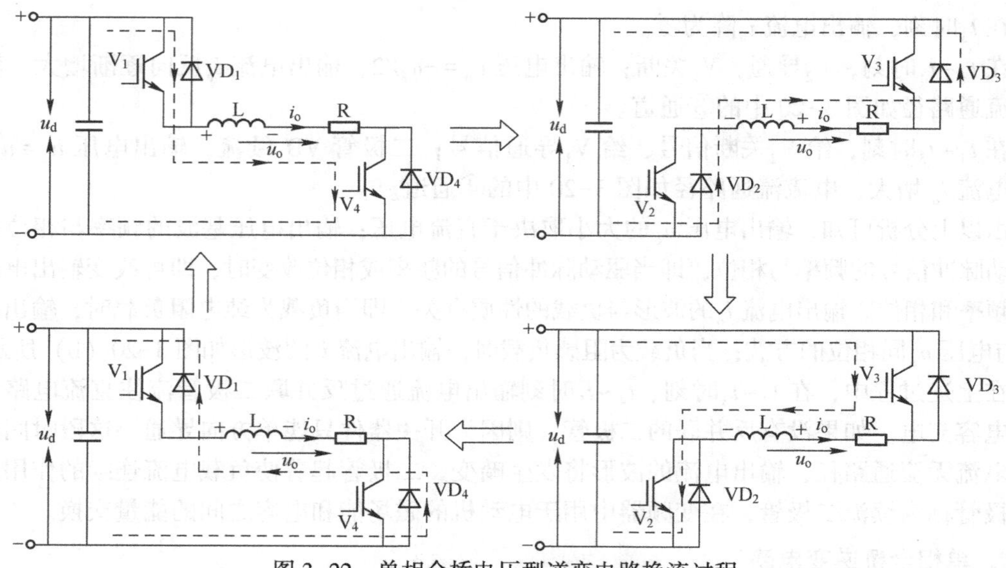

图 3-22　单相全桥电压型逆变电路换流过程

导通次序为 $V_1 \to V_2 \to V_3 \to V_4 \to V_5 \to V_6$。每个桥臂的导电角度为 180°，即任意瞬间都有 3 个桥臂同时导通，且每个周期 IGBT 的导通次序为 $V_1V_2V_3 \to V_2V_3V_4 \to V_3V_4V_5 \to V_4V_5V_6 \to V_5V_6\ V_1 \to V_6V_1V_2$。可见，6 个 IGBT 均工作在互补状态，如 U 相桥臂的 V_1 导通、V_4 必须关断。

下面以 V_1、V_2、V_3 3 个 IGBT 同时导通为例，分析三相电压型逆变电路的工作原理。电动机端线电压 $u_{UV}=0$，$u_{VW}=u_d$，$u_{WU}=-u_d$，电流从 U、V 两端流入电动机，从 W 端流出，相当于电动机绕组 Z_U 和 Z_V 并联后再与 Z_W 串联接到电源 u_d。三相电压型逆变电路的等值电路和相应的数据如表 3-2 所示。

输出线电压基波的幅值 u_{1m} 为

$$u_{1m}=1.1u_d \tag{3-17}$$

输出线电压基波的有效值 u_1 为

$$u_1=0.78u_d \tag{3-18}$$

表 3-2　三相电压型逆变电路的等值电路和相应的数据

ωt		0°~60°	60°~120°	120°~180°	180°~240°	240°~300°	300°~360°
导通的 IGBT		V_1、V_2、V_3	V_2、V_3、V_4	V_3、V_4、V_5	V_4、V_5、V_6	V_5、V_6、V_1	V_6、V_1、V_2
负载等值电路		+ Z_U Z_V N u_d Z_W −	+ Z_V N u_d Z_U Z_W −	+ Z_V Z_W N u_d Z_U −	+ Z_W N u_d Z_U Z_V −	+ Z_U Z_W N u_d Z_V −	+ Z_U N u_d Z_V Z_W −
输出相电压值	U_{UN}	$+\frac{1}{3}u_d$	$-\frac{1}{3}u_d$	$-\frac{2}{3}u_d$	$-\frac{1}{3}u_d$	$+\frac{1}{3}u_d$	$+\frac{2}{3}u_d$
	U_{VN}	$+\frac{1}{3}u_d$	$+\frac{2}{3}u_d$	$+\frac{1}{3}u_d$	$-\frac{1}{3}u_d$	$-\frac{2}{3}u_d$	$-\frac{1}{3}u_d$
	U_{WN}	$-\frac{2}{3}u_d$	$-\frac{1}{3}u_d$	$+\frac{1}{3}u_d$	$+\frac{2}{3}u_d$	$+\frac{1}{3}u_d$	$-\frac{1}{3}u_d$
输出线电压值	U_{UV}	0	$-u_d$	$-u_d$	0	$+u_d$	$+u_d$
	U_{VW}	$+u_d$	$+u_d$	0	$-u_d$	$-u_d$	0
	U_{WU}	$-u_d$	0	$+u_d$	$+u_d$	0	$-u_d$

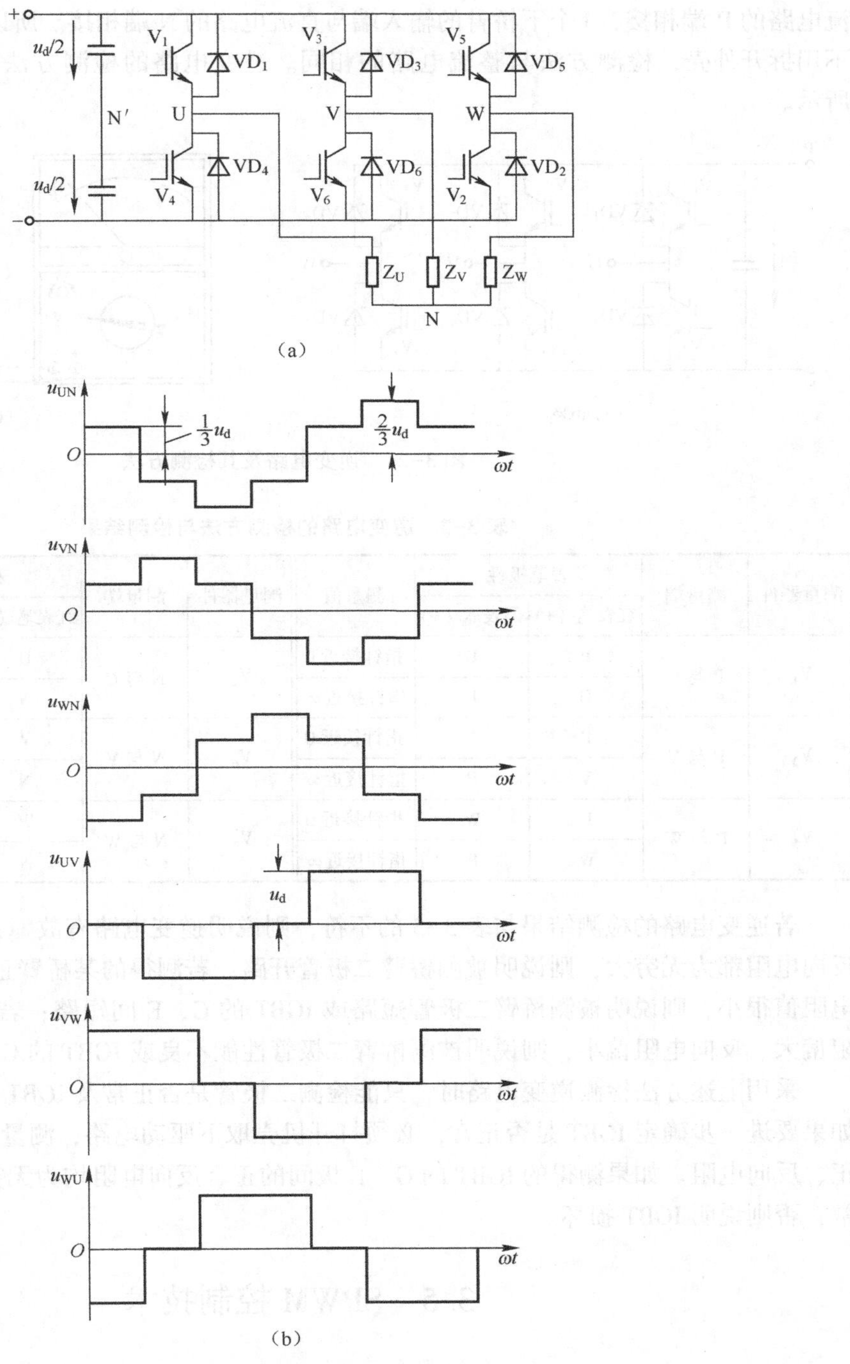

图 3-23　三相桥式电压型逆变电路及波形图

3.4.3　逆变电路的检测

逆变电路及其检测方法如图 3-24 所示。该逆变电路由 6 个桥臂组成，每个桥臂均由一个 IGBT 并联一个二极管组成，其输出端接外部的 U、V、W 端，3 个上桥臂的输入端与直流电路的P端相接，3个下桥臂的输入端与直流电路的N端相接。所以，检测该逆变电路可不用拆开外壳，检测方法与整流电路的相同。逆变电路的检测方法与检测结果如表3-3所示。

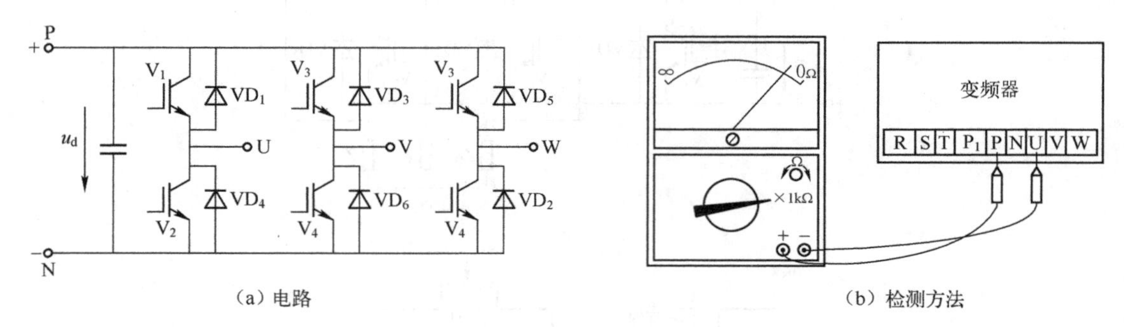

（a）电路　　（b）检测方法

图3-24　逆变电路及其检测方法

表3-3　逆变电路的检测方法与检测结果

测量器件	测量端	表笔极性		测量值	测量器件	测量端	表笔极性		测量值
		红表笔（+）	黑表笔（-）				红表笔（+）	黑表笔（-）	
V_1	P与U	P	U	指针接近0	V_4	N与U	U	N	指针接近0
		U	P	指针接近∞			N	U	指针接近∞
V_3	P与V	P	V	指针接近0	V_6	N与V	V	N	指针接近0
		V	P	指针接近∞			N	V	指针接近∞
V_5	P与W	P	W	指针接近0	V_2	N与W	W	N	指针接近0
		W	P	指针接近∞			N	W	指针接近∞

若逆变电路的检测结果与表3-3的不符，则说明逆变电路有故障；若测得的某桥臂正、反向电阻都为无穷大，则说明被测桥臂二极管开路；若测得的某桥臂正、反向电阻都为零或电阻值很小，则说明被测桥臂二极管短路或IGBT的C、E间短路；若测得的某桥臂正向电阻偏大、反向电阻偏小，则说明被测桥臂二极管性能不良或IGBT的C、E极间漏电。

采用上述方法检测逆变电路时，只能检测二极管是否正常及IGBT的C、E间是否短路。如果要进一步确定IGBT是否正常，必须打开机壳取下驱动电路，测量IGBT的G、E极间的正、反向电阻。如果测得的IGBT的G、E极间的正、反向电阻均为无穷大，则说明IGBT正常，否则说明IGBT损坏。

3.5　SPWM控制技术

PWM控制技术就是控制半导体开关器件的导通和关断时间比，即调节脉冲宽度或周期来控制输出电压的一种控制技术。

3.5.1　SPWM控制的基本原理

根据控制理论中的一个重要的结论：冲量相等而形状不同的窄脉冲加在具有惯性的环节上时，其效果基本相同。冲量即指窄脉冲的面积。这里所说的效果基本相同，是指惯性环节的输出响应波形基本相同。

把图 3-25（a）的正弦半波分成 N 等份，就可以把正弦半波看成由 N 个彼此相连的脉冲序列所组成的波形。这些脉冲宽度相等，都等于π/N，但其幅值不相等，且脉冲顶部不是水平直线的，而是曲线的。各脉冲的幅值按正弦规律变化。根据上述结论把这组脉冲序列用相同数量的等幅而不等宽的矩形脉冲序列来代替，使矩形脉冲的中点和相应正弦波部分的中点重合，且使矩形脉冲和相应的正弦波部分面积相等，就得到如图 3-25（a）所示的脉冲序列，这就是 PWM 波，并且这组 PWM 波和正弦半波是等效的。对于正弦波的负半周，也可以用同样的方法得到 PWM 波。像这种脉冲宽度按正弦规律变化并和正弦波等效的 PWM 波，称为正弦波脉宽调制波，简称 SPWM 波，如图 3-25（b）所示。SPWM 波的平均值与脉冲占空比 δ 有关，而

$$\delta=\frac{t_P}{t_C} \tag{3-19}$$

式中 δ——脉冲占空比；

t_P——脉冲宽度，单位为 s；

t_C——脉冲周期，单位为 s。

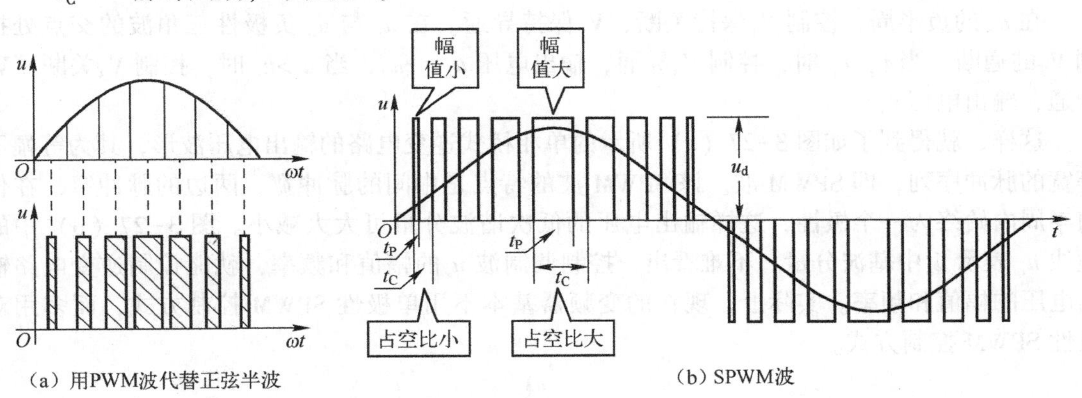

（a）用PWM波代替正弦半波　（b）SPWM波

图 3-25　SPWM 控制的基本原理

3.5.2　SPWM 控制方式

SPWM 就是把希望输出的正弦波电压作为调制电压（用 u_r表示），接受调制的等腰三角波作为载波电压（用 u_c表示），通过比较二者之间的电压大小来控制逆变器开关的通断，从而得到一系列等幅不等宽、正比于正弦基波电压的矩形波，如图 3-26 所示。SPWM 控制方式分为单极性和双极性两种控制方式。下面以单相桥式逆变电路为例进行分析。

1. 单极性 SPWM 控制方式

所谓单极性 SPWM 控制方式是指在半个周期内，正弦波和三角波的极性是不变的。在采用单极性 SPWM 控制主式时，三角波的频率和幅值基本不变，只改变正弦波的频率和幅值。如图 3-26（a）所示的是调制波 u_r频率较高时的情形（占空比大）；图 3-26（b）所示的是调制波 u_r频率较低时的情形（占空比小）。

单极性 SPWM 控制方式的特点是在输出的半周波内，同一桥臂的两个开关器件（IGBT）中仅有一个反复通断而另一个始终关断。载波 u_c在 u_r的正半周为正极性的三角波，而在 u_r

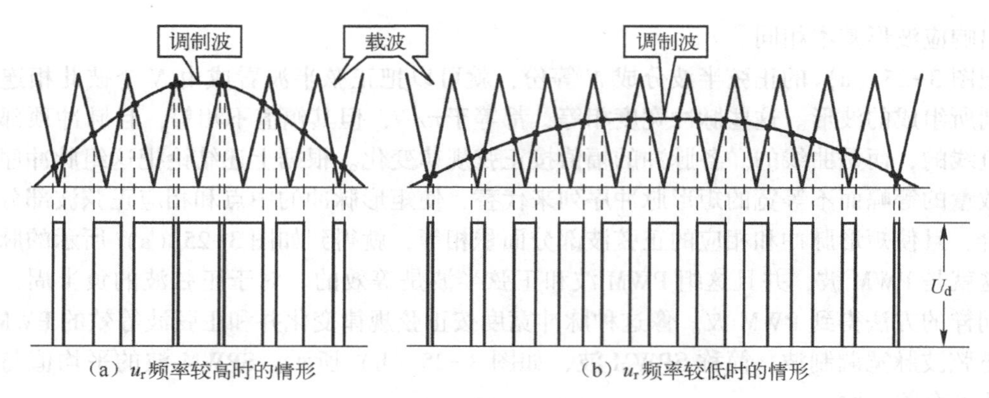

图 3-26　SPWM 脉冲序列的产生

的负半周为负极性的三角波。在 u_c和 u_r的交点处控制 IGBT 的通断。具体分析过程如下。

在 u_r 的正半周，控制 V_1一直保持导通，V_2保持关断。在 u_r 与 u_c 正极性三角波的交点处控制 V_4的通断。当 $u_r>u_c$ 时，控制 V_4导通，输出电压 $u_o=u_d$；当 $u_r<u_c$ 时，控制 V_4关断，V_3导通，输出电压 $u_o=0$。

在 u_r 的负半周，控制 V_1保持关断，V_2保持导通。在 u_r 与 u_c 负极性三角波的交点处控制 V_3的通断。当 $u_r<u_c$ 时，控制 V_3导通，输出电压 $u_o=-u_d$，当 $u_r>u_c$ 时，控制 V_3关断，V_4导通，输出电压 $u_o=0$。

这样，就得到了如图 3-27（a）所示的单相桥式逆变电路的输出电压波形，其为等幅不等宽的脉冲序列，即 SPWM 波。该 SPWM 波的特点是中间的脉冲宽，两边的脉冲窄，在任何半周内始终为一个极性，这样输出电压的低次谐波分量可大大减小。图 3-27（b）中的虚线 u_{of}表示 u_o中基波分量。不难看出，控制调制波 u_r的幅值和频率，就能控制逆变电路输出电压的幅值和频率。实际上，现在的变频器基本不用单极性 SPWM 控制方式，而多用双极性 SPWM 控制方式。

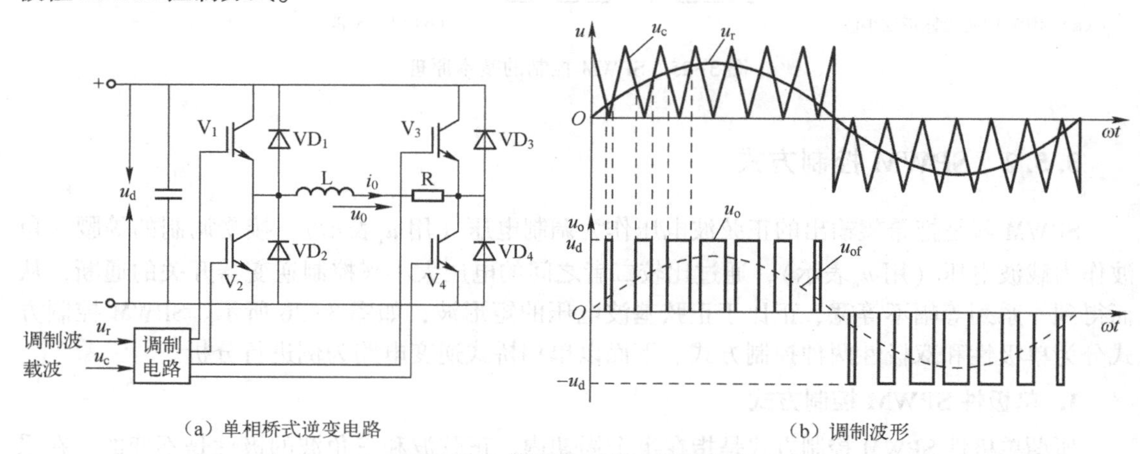

图 3-27　单极性 SPWM 控制方式

2. 双极性 SPWM 控制方式

双极性 SPWM 控制方式是指正弦波和三角波都是双极性的。

双极性 SPWM 控制方式特点是同一桥臂的上下两个开关器件总是交替导通的。以 V_1、V_2为例，每相脉冲序列的正半周作为 V_1的驱动信号，而其负半周经反相后作为 V_2的驱动信号，如图3-28（a）所示。

如图3-28（b）所示，在u_r的半个周期内，三角波载波不再是单极性的，而是有正、负极性的，所得的SPWM波也是有正、负极性的，即正、负半周对各开关器件的控制规律相同。同样，在u_c和u_r的交点处控制IGBT的通断。图3-27（a）所示的单相桥式逆变电路在采用双极性SPWM控制方式时的具体分析过程如下。

当$u_r>u_c$时，控制V_1和V_4导通，V_2和V_3关断，输出电压$u_o=u_d$；当$u_r<u_c$时，控制V_1和V_4关断，V_2和V_3导通，输出电压$u_o=-u_d$。

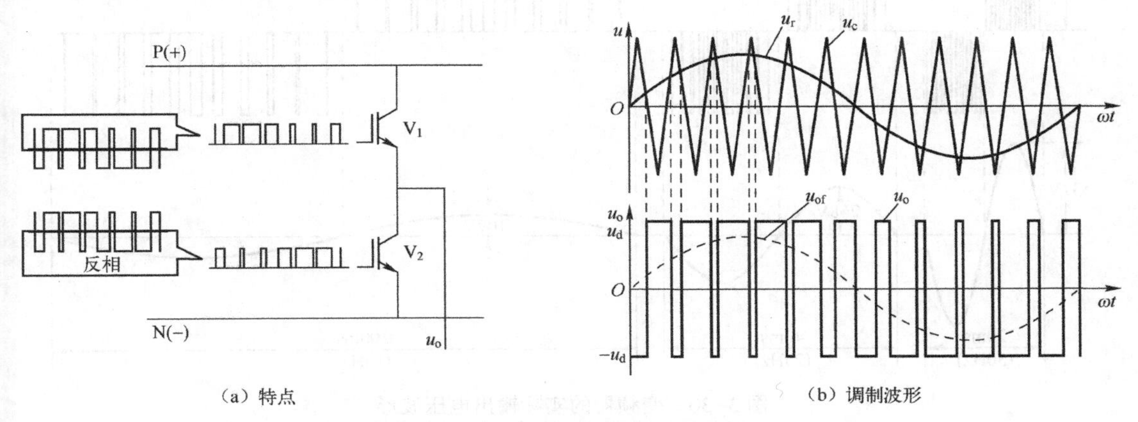

（a）特点　　（b）调制波形

图3-28　双极性SPWM控制方式

从图3-28（b）中可以看出，u_o的基波分量u_{of}近似于正弦波，同单极性SPWM波一样，控制调制波u_r的幅值和频率，就能控制逆变电路输出电压的幅值和频率。

3. 双极性调制的三相SPWM变频器

图3-27是单极性SPWM控制方式。三相SPWM变频器都采用双极性控制方式。U、V和W三相的SPWM控制通常共用一个三角波载波u_c，三相的调制信号分别为u_{rU}、u_{rV}和u_{rW}，相位互差120°，幅值相等，如图3-29（a）所示。双极性调制得到的相电压脉冲序列如图3-29（b）所示，很难看出它们的变化规律来，但是当把它们合成为线电压时，其脉冲序列就和单极性调制的波形一样了，如图3-29（c）所示。

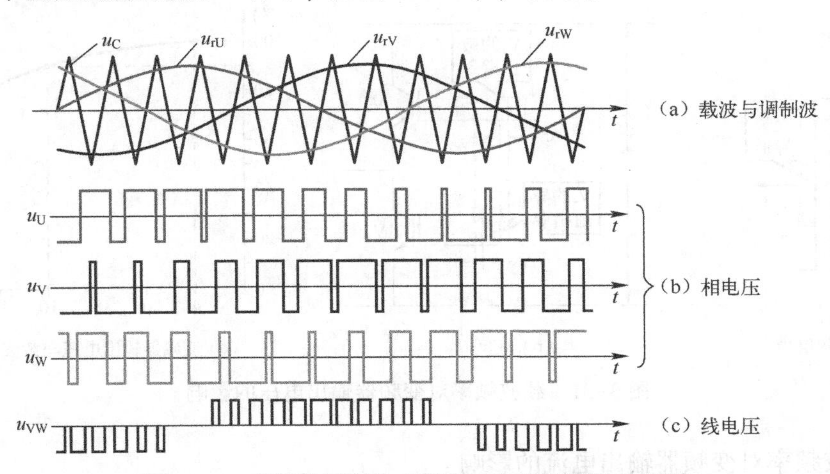

图3-29　双极性调制的三相SPWM变频器的波形图

4. 占空比对输出电压的影响

图 3-30 为变频器的实际输出电压波形，分别是 50Hz 的电压波形，电压有效值是 380V；25Hz 的电压波形，电压有效值是 190V；10Hz 的电压波形，电压有效值是 76V。由图 3-30 可以看出，输出电压越高，脉冲序列的占空比越大；输出电压越低，脉冲序列的占空比越小。

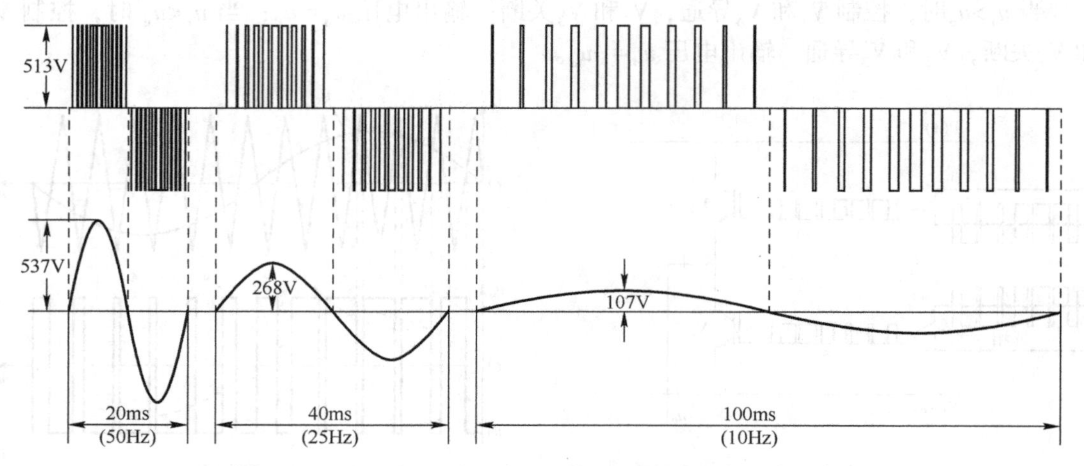

图 3-30　变频器的实际输出电压波形

5. 载波频率对变频器输出侧的影响

1）载波频率对变频器输出电压的影响

如图 3-29 所示，在同一桥臂的上下两个开关器件在交替导通过程中，必须保证原来导通的开关器件（如 V_1）充分关断后，才允许另一个开关器件（V_4）导通。而 V_1从导通到完全关断之间，是需要“关断时间”的。因此，在两个开关器件交替导通之间，需要有一个等待时间。这个等待时间通常称为“死区”，即图 3-31（b）中之 Δt。在死区，变频器是不工作的。当载波频率较高时，变频器输出电压在一个周期里死区的脉冲个数就多了，从而变频器不工作的总时间也多了，变频器输出电压就要下降，如图 3-31（c）所示。

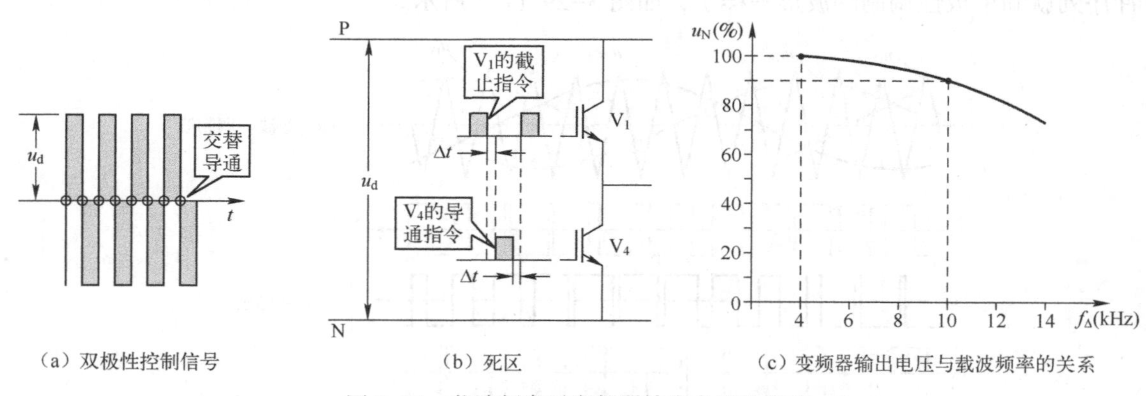

（a）双极性控制信号　（b）死区　（c）变频器输出电压与载波频率的关系

图 3-31　载波频率对变频器输出电压的影响

2）载波频率对变频器输出电流的影响

一方面，输电线路之间及电动机内部的各相绕组之间，都存在着分布电容 C_0，如

图 3-32 (a)所示。载波频率越高，分布电容的容抗 X_{C0}就越小，通过分布电容的漏电流 i_{C0}越大，这样就增加了开关器件的负担，从而使开关器件提供给电动机的允许输出电流减小。

另一方面，载波频率高了，会增加开关器件功率损耗，从而使开关器件的温升升高，开关器件的允许输出电流将减小，如图 3-32（b）所示。

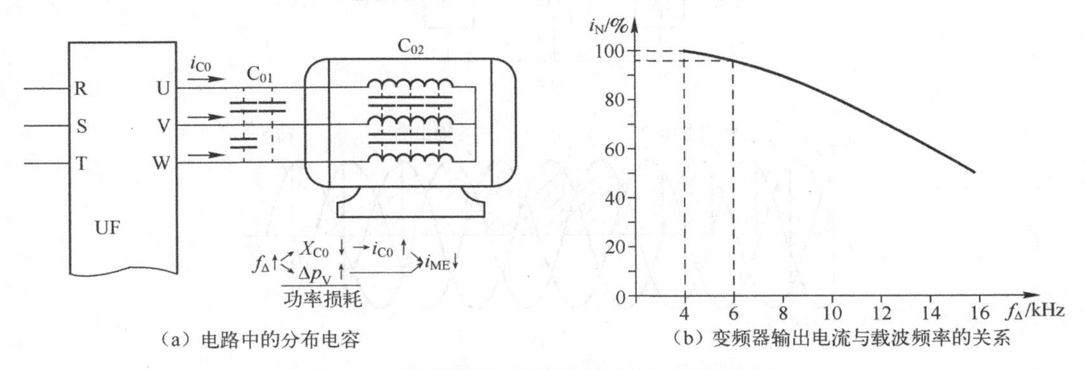

（a）电路中的分布电容　　（b）变频器输出电流与载波频率的关系

图 3-32　载波频率对变频器输出电流的影响

3.6　交—交变频器的基本原理

交—交变频器就是把工频交流电直接变换成频率可调的交流电。这种变频器又称周波变流器。近年来，随着电力电子技术的发展，交—交变频器发展很快，因为没有中间直流环节，能量转换效率较高，广泛应用于轧机、矿山卷扬机、船舶推进等大功率低速变频调速装置中。

在实际应用中，交—交变频器主要采用三相输出交—交变频电路。单相输出交—交变频电路是三相输出交—交变频电路的基础。因此本节首先介绍单相输出交—交变频电路的构成和工作原理。

3.6.1　单相输出交—交变频电路

图 3-33 是单相输出交—交变频电路和波形图。单相交—交变频电路由 P 组和 N 组反并联的晶闸管变流电路构成。P 组和 N 组反并联的晶闸管变流电路分别称为 P 组变流器和 N 组变流器。P 组和 N 组变流器都是相控整流电路。由前面的学习我们知道，当负载为大电感负载时，相控整流电路的输出电压 $u_d = u_{d0}\cos\alpha$，即输出电压随着控制角 α 的变化而变化。如图 3-33 所示，要使单相输出交—交变频电路的输出电压按正弦规律变化，必须对 P 和 N 组变流器中的晶闸管的控制角 α 进行调节；要使单相输出交—交变频电路的输出电压为交流电，必须使 P 组和 N 组变流器轮流对负载供电。也就是说，在该电路输出电压正半周时，P 组变流器工作且控制角 α 从 90°变化到 0°再从 0°变化到 90°；在该电路输出电压负半周时，N 组变流器工作且控制角 α 也是从 90°变化到 0°再从 0°变化到 90°。改变两组变流器的切换频率，就可以改变单相输出交—交变频电路的输出电压的频率。改变两组变流器工作时的控制角 α，就可以改变单相输出交—交变频电路的输出电压的幅值。

由图 3-33 可以看出，P 和 N 组变流器都是三相半波相控整流电路。其输出电压 u_0并不是平滑的正弦波，而是由若干段电源电压拼接而成的。在其输出电压的一个周期内所包含的电源电压段数越多，其波形就越接近正弦波。因此，图 3-33 中的两组变流器通常采用 6 脉波的三相桥式可控整流电路或 12 脉波变流电路。

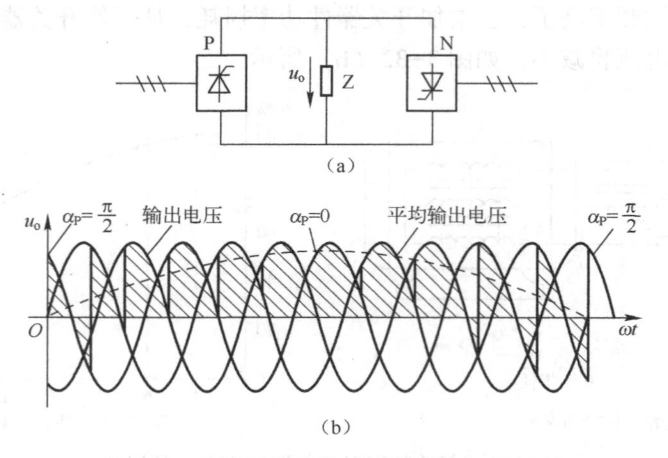

图 3-33 单相输出交—交变频电路与波形图

3. 6. 2 三相输出交—交变频电路

三相输出交—交变频电路是由三组输出电压相位各差 120°的单相输出交—交变频电路组成。因此，3. 6. 1 节的分析和结论对三相输出交—交变频电路都是适用的。

三相输出交—交变频电路主要有两种接线方式，即公共交流母线进线方式和输出星形联结方式。

1. 公共交流母线进线方式

图 3-34 为公共交流母线进线方式的三相输出交—交变频电路。该电路由三组彼此独立的、输出电压相位互差 120°的单相输出交—交变频电路构成。它们的电源进线通过进线电抗器接在公共的交流母线上。因为电源进线端公用，所以 3 组输出单相交—交变频电路的输出端必须隔离。为此，交流电动机的 3 个绕组必须拆开，共引出 6 根线。这种电路主要用于中等容量的交流调速系统。

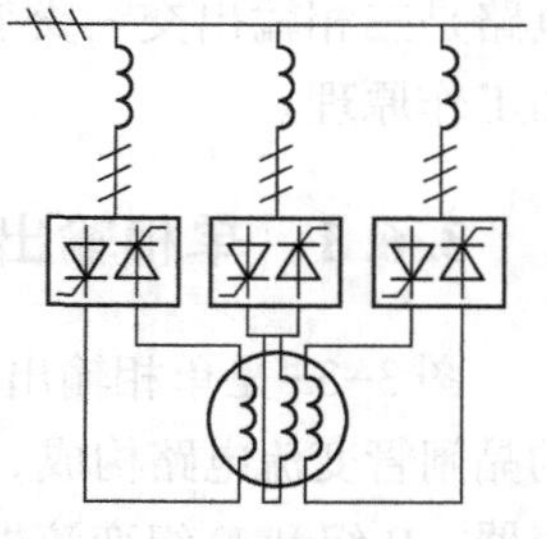

图 3-34 公共交流母线进线方式的三相输出交—交变频电路

2. 输出星形联结方式

图 3-35 为输出星形联结方式的三相输出交—交变频电路。三相输出交—交变频电路的输出端是星形联结的，因而电动机的 3 个绕组也是星形联结的。此外，电动机中性点不和变频器的中性点接在一起，电动机只引出 3 根线即可。因为 3 组单相输出交—交变频器电路的输出连接在一起，其电源进线就必须隔离，因此 3 组单相输出交—交变频电路分别用 3 个变压器供电。

由于变频器输出端中点不和负载中点连接，所以在构成三相输出交—交变频电路的 6 组桥式电路中，至少要有不同输出相的两组桥中的 4 个晶闸管同时导通才能构成回路，形成电流。

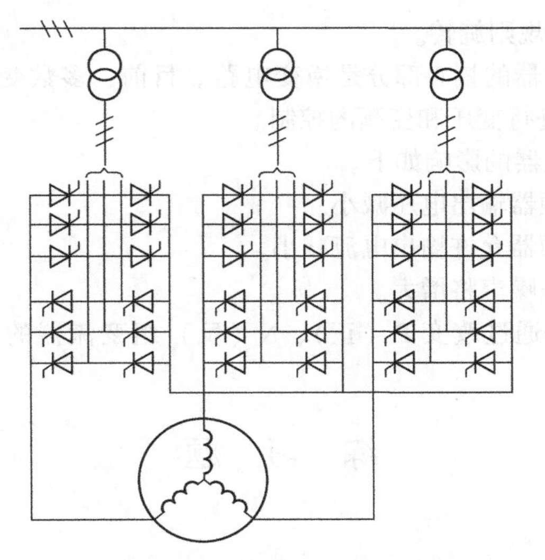

图 3-35　输出星形联结方式的三相输出交—交变频电路

本章小结

（1）变频器的主电路由整流电路、中间电路（直流环节）和逆变电路 3 大部分组成。其要点如下。

① 整流电路的作用是把工频三相（或单相）交流电整流成直流电。三相桥式整流电路的整流电压在一个周期内脉动 6 次，即其脉动频率为 300Hz。

② 中间电路（直流环节）：主要的作用是滤除整流后的电压纹波和缓冲因异步电动机（属于感性负载）而产生的无功能量；主要包括限流电路、滤波电路、制动电路和高压指示电路。

③ 滤波电路由两组电容器串联而成。为了使两组电容器的电压分配均衡，必须在电容器旁并联均压电阻。

④ 在整流桥和电容器之间，设置了限流电路，以限制刚接通电源瞬间的冲击电流。

⑤ 高压指示电路中的指示灯接在变频器内部的控制板上，用于在停电时显示电容器上的电荷是否释放完毕，从而达到保护人身安全的目的。

⑥ 逆变电路的主要作用：根据控制信号有规律地控制逆变器中主开关器件的导通与关断，从而输出任意频率的三相交流电。在逆变桥中，每个开关器件旁边必须反并联一个续流二极管，以利于直流电源与电动机绕组之间的能量交换。

（2）制动电路分为动力制动、回馈制动、公共直流母线制动、直流制动 4 种电路。

① 动力制动：电动机减速或制动过程中产生的再生能量通过制动电阻或制动单元释放掉。

② 回馈制动：采用回馈制动单元，可以将多余的直流电逆变成三相交流电，反馈给电网。

③ 公共直流母线制动：将一台机器上的多台变频器的直流母线并联；各台变频器的直流电可以互补；一般情况下，可以不再需要制动电阻和制动单元了。

④ 直流制动：向电动机内通入直流电流；用于要求准确停车的情况或启动前制动电动

机由于外界因素引起的不规则旋转。

（3）交—直—交变频器的核心部分是逆变电路。目前，多数变频器采用正弦脉宽调制（SPWM）的方法来对其进行变压和变频的控制。

（4）载波频率对变频器的影响如下。

① 载波频率高，变频器输出电压减小。

② 载波频率高，变频器允许输出电流减小。

③ 载波频率低，电磁噪声将增大。

（5）交—交变频器是通过改变 P（正）、N（反）组变流器的切换频率来调节输出频率的。

练 习 题

1. 填空题

（1）交—直—交变频器的主电路由（　　）、（　　）和（　　）三大部分组成。

（2）交—直—交变频器整流电路的作用是（　　）。

（3）交—直—交变频器中间电路的作用是（　　）和（　　）。

（4）交—直—交变频器逆变器的作用是（　　）。

（5）滤波电路由两组电容器（　　）而成。为了使两组电容器的电压分配均衡，必须在电容器旁并联（　　）。

（6）在整流桥和电容器之间，设置了（　　）电路，以限制刚接通电源瞬间的冲击电流。

（7）高压指示电路中的指示灯接在变频器的内部控制板上，用于在停电时显示（　　），其目的是保护人身安全。

（8）交—直—交电压型变频器，再生制动时要增设（　　）。

（9）PWM 逆变器所采用的电力电子器件为（　　），输出交流电的电压、频率的调节均由（　　）完成。

（10）SPWM 型逆变器输出的基波频率和幅值取决于（　　）。

（11）SPWM 调制时，调制波为（　　），载波为（　　）。

（12）SPWM 控制常有（　　）和（　　）控制方式。

（13）三相桥式不可整流电路，在同一时刻有（　　）个开关器件同时导通，分别位于（　　）组和（　　）组。输出电压每隔（　　）度换相一次，同一组内的两个开关器件每隔（　　）换相一次。在一个周期内输出电压脉动（　　）次，即脉动频率为（　　）Hz。

（14）在变频器内部与直流制动有关的 3 个功能参数是（　　）、（　　）和（　　）。

2. 简答题

（1）简述回馈制动的优缺点。

（2）画出三相桥式可控整流电路 $\alpha=30°$ 时整流电压波形。

（3）画出三相桥式可控整流电路 $\alpha=60°$ 时整流电压波形。

（4）画出三相不控桥式整流电路的整流电压波形。

（5）载波频率对变频器的影响是什么？

（6）交—直—交变频器有几种制动电路？分别是什么？请加以说明。

3. 分析题

（1）仔细读图 3-36 并回答下列问题。

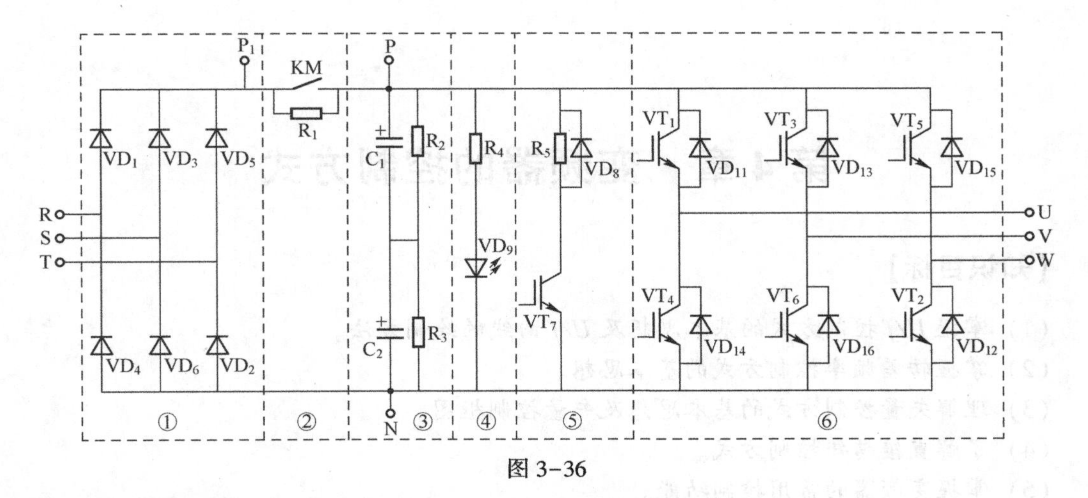

图 3-36

① 此电路的名称是什么？其中，R、S、T 和 U、V、W 代表的意义是什么？

② 标出此电路各部分的名称并说明其作用。

③ 续流二极管的作用是什么？

④ 当电动机电动时①③⑤⑥所处的工作状态是什么？

⑤ 当电动机制动时①③⑤⑥所处的工作状态是什么？

（2）不打开机壳时，如何检测变频器的整流电路，请加以说明。

（3）不打开机壳时，如何检测变频器的逆变电路，请加以说明。

第4章　变频器的控制方式

【知识目标】

（1）掌握 U/f 控制方式的基本思想及 U/f 曲线的绘制方法。
（2）掌握转差频率控制方式的基本思想。
（3）理解矢量控制方式的基本思想及矢量控制框图。
（4）了解直接转矩控制方式。
（5）掌握变频器的常用控制功能。

【能力目标】

（1）会使用变频器的 U/f 控制方式。
（2）会使用变频器的矢量控制方式。
（3）会绘制频率给定线。

4.1　U/f 控制方式

由第1章的学习可知，变频调速的理论依据为

$$n=(1-s)60f/p \tag{4-1}$$

由式（4-1）可以看出，只要改变异步电动机的电源频率就可以实现异步电动机调速的目的。在实际的应用中，是否如此简单就可以实现异步电动机变频调速呢？

4.1.1　变频调速出现的问题

1. 从能量的角度讨论问题

1）异步电动机的输入功率

异步电动机的输入功率就是从电源吸收的电功率，用 P_1 表示。P_1 的计算公式为

$$P_1=\sqrt{3}U_L I_1\cos\varphi_1 \tag{4-2}$$

式中　P_1——异步电动机的输入功率，单位为kW；
U_L——电源线电压，单位为V；
I_1——异步电动机的相电流，单位为A；
$\cos\varphi_1$——定子绕组的功率因数。

2）异步电动机的电磁功率

从异步电动机的输入功率中减去定子绕组的铜损耗 P_{cu1} 和定子铁芯的铁损耗 P_{Fe1} 后，剩余的功率将全部转换成传输给异步电动机转子的电磁功率 P_M。P_M 的计算公式为

$$P_M=3E_1I_1\cos\varphi_1 \tag{4-3}$$

式中　P_M——异步电动机的电磁功率，单位为kW；

E_1——定子每相绕组的反电动势，单位为 V。

3）异步电动机的输出功率

异步电动机的输出功率就是异步电动机轴上的机械功率，用 P_2 表示。P_2 的计算公式为

$$P_2=\frac{T_M n_M}{9550} \tag{4-4}$$

式中 P_2——异步电动机的输出功率，单位为 kW；

T_M——异步电动机轴上的电磁转矩，单位为 N·m；

n_M——异步电动机的转速，单位为 r/min。

当异步电动机的工作频率 f_X 下降时，其各部分功率的变化情况如下。

（1）异步电动机的输入功率。在式（4-2）中，与 P_1 有关的各因子中，除 $\cos\varphi_1$ 略有变化外，都和 f_X 没有直接关系。因此可以认为 f_X 下降时，P_1 基本不变。

（2）异步电动机的输出功率。由于在等速运行时，异步电动机的电磁转矩 T_M 总是和负载转矩相平衡的。所以，在负载转矩不变的情况下，T_M 也不变，而异步电动机轴上的转速 n 必将随 f_X 下降而下降。由式（4-4）可知，输出功率 P_2 随 f_X 的下降而下降。

（3）异步电动机的电磁功率。由图 4-1 可以看出，当 P_1 不变而 P_2 减小时，传递能量的 P_M 必将增大。这意味着磁通 Φ_1 也必将增大，并导致磁路饱和。磁通出现饱和后将会造成异步电动机中流过很大的励磁电流，增加异步电动机的铜损耗和铁损耗，造成异步电动机铁芯严重过热。这样不仅会造成异步电动机绕组绝缘降低，严重时有烧毁异步电动机的危险。

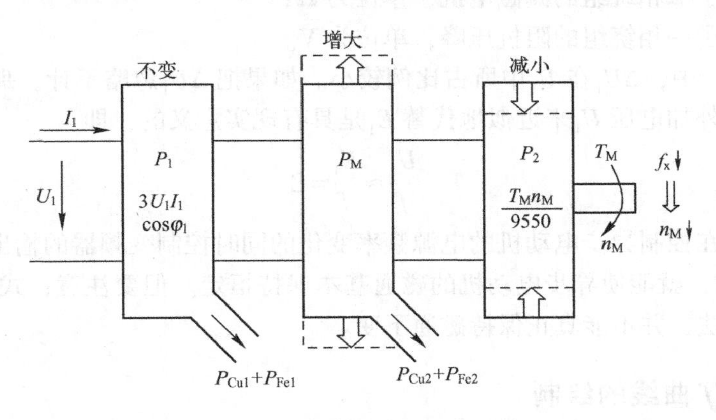

图 4-1 异步电动机的能量传递过程

所以，在进行异步电动机变频调速时，有一个十分重要的要求，就是磁通 Φ_1 必须保持基本不变，即

$$\Phi_1 \approx C \tag{4-5}$$

式中 C——常数。

2. 变频与变压

在异步电动机里，直接反应磁通大小的是定子绕组的反电动势 E_1。E_1 的计算公式为

$$E_1=4.44k_E N_1 f\Phi_1=K_E f\Phi_1 \tag{4-6}$$

式中 E_1——定子绕组每相的反电动势，单位为 V；

k_E——绕组系数；

N_1——定子每相绕组的匝数；

f——电流的频率，单位为 Hz；

Φ_1——定子每个磁极下的基波磁通，单位为 Wb；

K_E——常数，$K_E = 4.44k_E N_1$。

可见，E_1 与 f、Φ_1 的乘积成正比，即

$$\Phi_1 = K_E \frac{E_1}{f} \tag{4-7}$$

由式（4-7）可知，保持磁通 Φ_1 不变的方法是保持 E_1 与 f 之比不变。也就是说，保持 Φ_1 不变的准确方法为

$$\frac{E_1}{f} = C \tag{4-8}$$

但是 E_1 是定子绕组切割定子电流自身的磁通而产生的，无法从外部控制其大小。因此，在实际工作中，式（4-8）所表达的条件将难以实现。

考虑到定子绕组的电动势平衡方程为

$$\dot{U}_1 = -\dot{E}_1 + \dot{I}_1(r_1 + jX_1) = -\dot{E}_1 + \Delta\dot{U}_1 \tag{4-9}$$

式中 U_1——施加于定子每相绕组的电源相电压，单位为 V；

I_1——流过定子绕组的电流，单位为 A；

r_1——定子一相绕组的电阻，单位为 Ω；

X_1——定子一相绕组的漏磁电抗，单位为 Ω；

ΔU_1——定子一相绕组的阻抗压降，单位为 V。

在式（4-9）中，ΔU_1 在 U_1 中所占比例较小。如果把 ΔU_1 忽略不计，那么用比较容易从外部进行控制的外加电压 U_1 来近似地代替 E_1 是具有现实意义的，即

$$\frac{U_1}{f} \approx \frac{E_1}{f} = C \tag{4-10}$$

所以，如果在控制异步电动机的电源频率变化的同时控制变频器的输出电压，并使二者之比 U_1/f 为常数，就能使异步电动机的磁通基本保持恒定。但要注意，式（4-10）只是一种近似的替代方法，并不能真正保持磁通不变。

4.1.2 *U/f* 曲线的绘制

1. 调频比和调压比

在调频时，通常都是相对于异步电动机的额定频率 f_N 来进行调节的。假设当频率下降为 f_X 时，电压下降为 U_X，则

$$k_F = \frac{f_X}{f_N} \tag{4-11}$$

式中 k_F——频率调节比，简称调频比。

$$k_U = \frac{U_X}{U_N} \tag{4-12}$$

式中 k_U——电压调节比，简称调压比。

当 $k_U=k_F$时，电压与频率成正比，可以用 U/f 曲线来表示，如图 4-2 所示。这个表示电压与频率成正比的 U/f 曲线称为基本 U/f 曲线。该曲线表明：变频器的最大输出电压 U_{max}为 380V，等于电源电压。与这个最大输出电压对应的频率，称为基本频率，用 f_{BA} 表示。在绝大多数情况下，基本频率应该等于异步电动机的额定频率，并且最好不要随意改变。

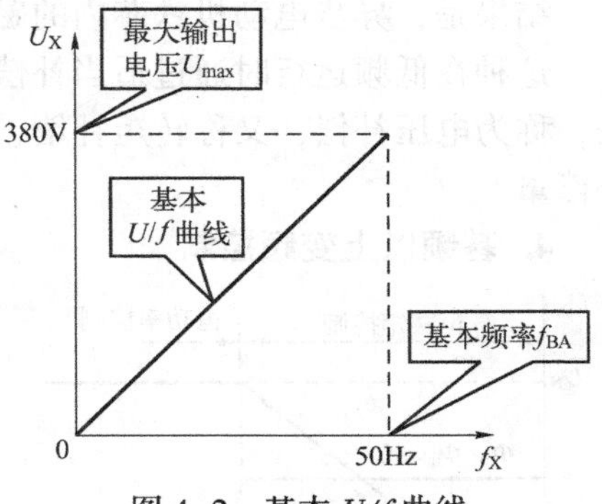

图 4-2　基本 U/f 曲线

2. 低频运行时异步电动机带负载能力下降的原因

由式（4-7）和式（4-9）可得如下公式

$$\Phi_1=K_E\frac{\dot{E}_1}{f}=\frac{|\dot{U}_1-I_1(r_1+jX_1)|}{f}=\frac{|\dot{U}_1-\Delta\dot{U}_1|}{f} \tag{4-13}$$

由式（4-13）可知，当异步电动机以频率 f_X运行时，磁通的大小和以下因素有关。

（1）变频器的输出电压 U_{1X}（异步电动机的电源电压）。U_{1X}越大，磁通也越大。

（2）异步电动机的负载大小。负载越大，则电流越大，磁通将越小。

（3）定子绕组的阻抗压降在电源电压中占有的比例。当频率下降时，变频器的输出电压要跟着下降，但如果负载转矩不变的话，定子绕组等效电阻的压降是不变的，电阻压降在电源中所占的比例将增大，也会导致磁通减小。

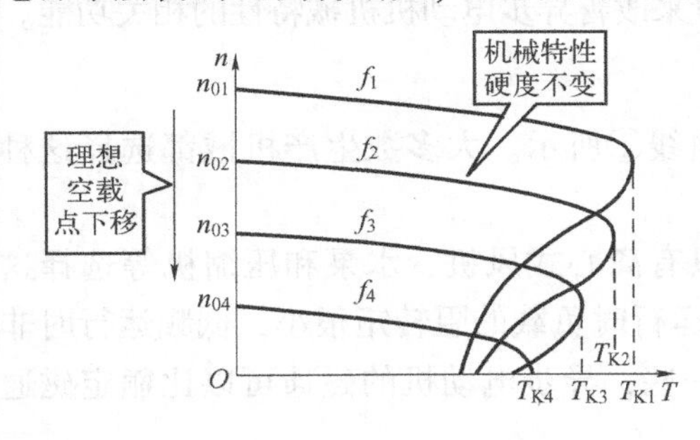

图 4-3　$k_U=k_F$时的机械特性曲线

从以上分析可知，当 $k_U=k_F$时，并不能真正保持磁通不变，在此忽略了定子绕组的阻抗压降的作用，从而导致了低频运行时异步电动机带负载能力的下降。如图 4-3 所示为 $k_U=k_F$时的机械特性曲线，其主要特点如下。

（1）同步转速 n_0随着频率的减小而减小。

（2）临界转速 n_K 随着频率的减小而减小，但临界转差基本不变。

（3）临界转矩 T_K随频率的减小而略有减小。

（4）机械特性基本平行，即“硬度”基本不变。

可以看出，异步电动机的带负载能力下降了，即异步电动机难以重载启动了。

3. 转矩提升

电压补偿原理如图 4-4 所示。如果在低频运行时，适当地增加变频器的输出电压（即异步电动机的输入电压），使实际的 U/f 曲线如图 4-4中的曲线②所示，而且电压的补偿量恰到好处，则可使异步电动机定子绕组每相的反电动势与异步电动机的工作频率之比与额定状态时的相等，即

$$\frac{E'_{1X}}{f_X}=\frac{E_{1N}}{f_N} \tag{4-14}$$

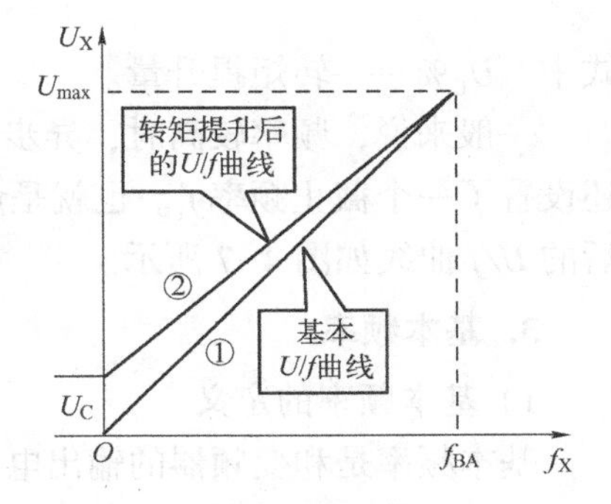

图 4-4　电压补偿原理

式中　E'_{1X}——与 f_X对应的经电压补偿后的异步电动机定子绕组每相的反电动势，单位为 V。

结果是，异步电动机铁芯内的磁通量能够等于额定值，异步电动机的转矩得到了补偿。

这种在低频运行时通过适当补偿电压来增加磁通，从而增强异步电动机带负载能力的方法，称为电压补偿，又称转矩补偿、转矩提升。通常把 0Hz 时的起点电压 U_C 定义为电压的补偿量。

4. 基频以上变频控制

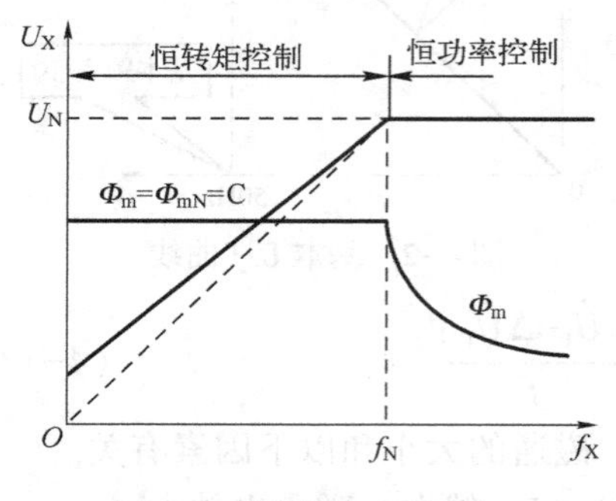

图 4-5　异步电动机变频调速的控制特性

在基频以上调速时，即当异步电动机转速超过额定转速时，定子供电频率 f 大于基频。如果仍维持 U/f 为常数 C 是不允许的，因为定子电压过高会损坏异步电动机的绝缘。因此，当 f 大于基频时，往往把异步电动机定子电压限制为额定电压，并保持不变。由式（4-10）可知，这将迫使磁通 Φ_m 与频率 f 成反比而降低，相当于直流电动机弱磁升速的情况。

把基频以下和基频以上调速的两种情况结合起来，可得到如图 4-5 所示的异步电动机变频调速控制特性。

4.1.3　变频器的 U/f 控制功能

变频器的 U/f 控制功能就是通过调整转矩提升量来改善异步电动机机械特性的相关功能。

1. U/f 曲线的类型

（1）恒转矩类，又称直线型，如图 4-6 中的曲线①所示。大多数生产机械都选择这种类型。

（2）二次方类，如图 4-6 中的曲线②所示。只有离心式风机、水泵和压缩机等选择这种类型。因为离心式机械属于二次方律负载，低速运行时负载的阻转矩很小，低频运行时非但不需要补偿，并且还可以比 $k_U=k_f$ 时的电压更低一些，异步电动机的磁通可以比额定磁通要小得多，故又称低励磁 U/f 曲线。

2. 转矩提升量

转矩提升量是指 0Hz 时电压提升量 U_C 与额定电压之比的百分数，即

$$U_C\%=\frac{U_C}{U_N}\times100\% \tag{4-15}$$

式中　$U_C\%$——转矩提升量。

一般来说，频率较高时，异步电动机临界转矩的变化不大，可以不必补偿，所以变频器还设置了一个截止频率 f_t。也就是说，电压只需补偿到频率为 f_t 时为止。因此，经转矩提升后的 U/f 曲线如图 4-7 所示。

3. 基本频率

1）基本频率的定义

基本频率是和变频器的输出电压相对应的，有以下两种定义方法。

（1）和变频器的最大输出电压对应的频率。

（2）变频器在其输出电压等于额定电压时的最小输出频率，用 f_{BA} 表示。

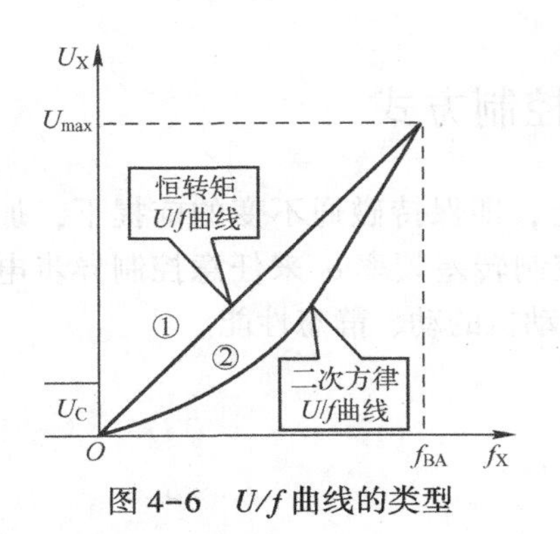

图 4-6 U/f 曲线的类型

图 4-7 经转矩提升后的 U/f 曲线

2）基本频率的调整

在绝大多数情况下，基本频率都和异步电动机的额定频率相等，一般不需要调整。这是因为异步电动机在基本频率下运行，实际上也就是运行在额定状态，磁路内的磁通是额定磁通，所产生的电磁转矩也是额定转矩。如果改变了基本频率，异步电动机的磁通和电磁转矩也都将发生变化，这在大多数情况下是不希望出现的。但是，在某些情况下，适当地调整基本频率，可以解决如电压匹配等特殊问题，以及实现节能等，分述如下。

（1）电压匹配。有时，异步电动机的额定电压和变频器的额定电压不相吻合，这可以通过适当调整基本频率来解决，举例说明如下。

实例 1：三相 220V 异步电动机配 380V 变频器。核心问题是当变频器的输出频率为 50Hz 时，其输出电压应该是 220V。为此，首先做出对应的 U/f 曲线（OA），如图 4-8（a）所示；再延长 OA 至与 380V 对应的 B 点，计算 B 点对应的频率为 87Hz，将基本频率预置为 87Hz 即可。

实例 2：三相 420V、60Hz 的异步电动机配 380V 变频器。首先做出满足电动机要求的 U/f 曲线，如图 4-8（b）中的 OB；再算出与 380V 对应的频率为 54Hz，将基本频率预置为 54Hz 即可。

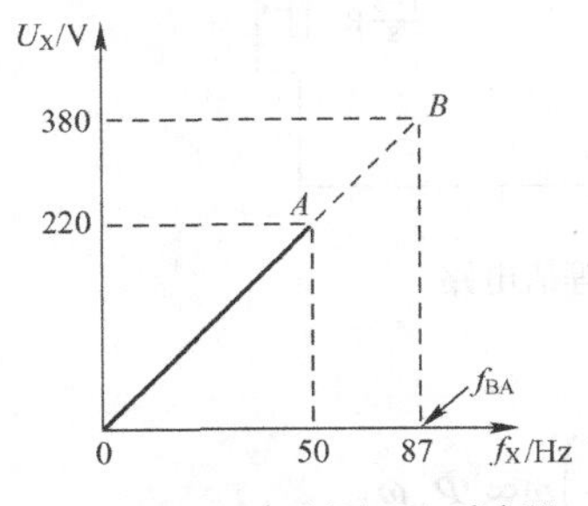

（a）三相220V电动机配380V变频器

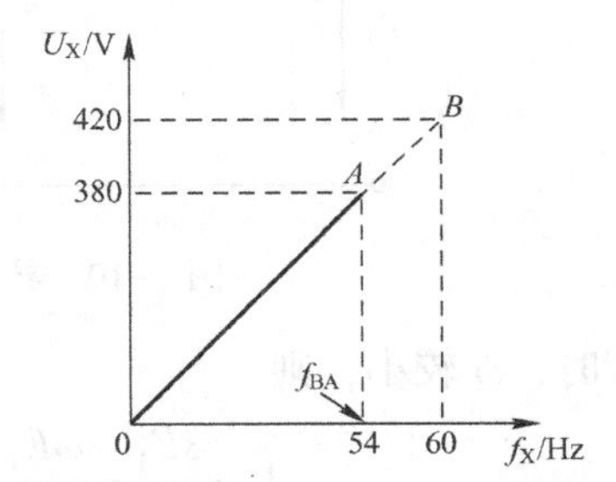

（b）三相420V、60Hz的电动机配380V变频器

图 4-8 电压匹配

（2）“大马拉小车”的节能。负载实际消耗功率只有 45kW，但异步电动机额定功率却是 75kW，这明显属于“大马拉小车”现象。实质上，如果异步电动机处于轻载运行的状态，则磁路饱和；如果同时减小电压和电流，异步电动机消耗的功率必减小，从而实现了节能。

降低电压的具体方法是适当提高基本频率 f_{BA}，如提高 f_{BA} 为 56Hz，则 50Hz 时对应的电压便只有 340V 了，如图 4-9 所示。

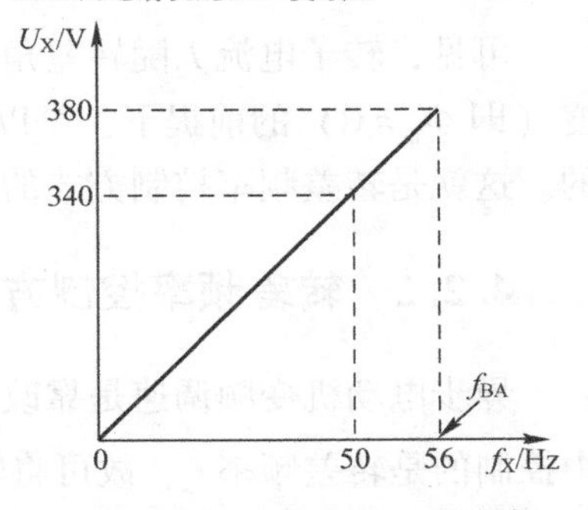

图 4-9 “大马拉小车”的节能

4.2 转差频率控制方式

转差频率控制方式是在 U/f 控制方式的基础上，即保持磁通不变的前提下，加上与转矩、电流有直接关系的转差频率控制环节，通过控制转差频率 ω 来任意控制异步电动机转矩的。它与 U/f 控制方式相比，有助于改善异步电动机的动、静态性能。

4.2.1 转差频率控制方式的基本思想

在异步电动机里，电磁转矩表达式可以写为

$$T_e = C_m \Phi_m I_2 \cos\varphi_2 \tag{4-16}$$

式中 I_2——折算到定子侧的转子每相电流的有效值，单位为 A；

φ_2——转子功率因数角，$\varphi_2 = \arctan\dfrac{sX_2}{R_2}$。其中，$X_2$为折算到定子侧的转子每相漏电抗。

由式（4-16）可以看出，当气隙磁通 Φ_m保持不变时，电磁转矩 T_e将由转子电流 I_2和转子功率因数角 φ_2决定。而异步电动机正常运行时，s 很小，$\cos\varphi_2 \approx 1$。也就是说，电磁转矩 T_e的大小仅由转子电流 I_2决定。

由图 4-10 所示的异步电动机的等值电路，可以求得转子电流 I_2为

$$I_2 = \frac{E_1}{\sqrt{\left(\dfrac{R_2}{s}\right)^2 + X_2^2}} = \frac{sE_1}{\sqrt{R_2^2 + (\omega L_2)^2}} \tag{4-17}$$

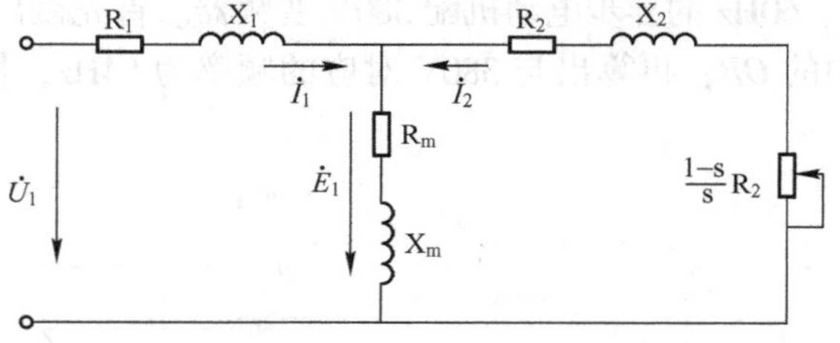

图 4-10 异步电动机的等值电路

正常运行时，ω 较小，则

$$I_2 \approx \frac{sE_1}{R_2} = \frac{\omega E_1}{\omega_1 R_2} = \frac{1}{2\pi R_2}\left(\frac{E_1}{f_1}\right)\omega \infty \Phi_m \omega \tag{4-18}$$

可见，转子电流 I_2随转差角频率 ω 的增加而正比例的增加。因此，在气隙磁通保持不变（即 Φ_m=C）的前提下，可以通过控制转差角频率，实现控制异步电动机电磁转矩的目的。这就是转差频率控制方式的基本思想。

4.2.2 转差频率控制方式的实现原理

异步电动机变频调速是靠改变异步电动机定子频率 f_1来调速的，而在转差频率控制方式中控制的是转差频率 f_s，故可将转差频率 f_s与异步电动机转子频率 f_2相加获得定子给定频率，就可以对定子频率进行控制了，即

$$f_1 = f_s + f_2 \tag{4-19}$$

因此，异步电动机变频调速的转差频率控制方式需要速度检测环节，将转子频率 f_2 与给定频率 f_2^* 综合后，对电磁转矩进行调节，从而产生转差频率，达到速度无静差的效果，从而实现高精度调速的目的。

异步电动机的转差频率与转矩的关系如图 4-11 所示。在异步电动机允许的过载转矩下，可以认为其产生的转矩与转差频率成比例，且电流随转差频率的增加而单调增加。所以，如果给出的转差频率不超过异步电动机允许的过载转矩时的转差频率，就能够具有限制异步电动机转子的最大电流从而保护异步电动机的作用。

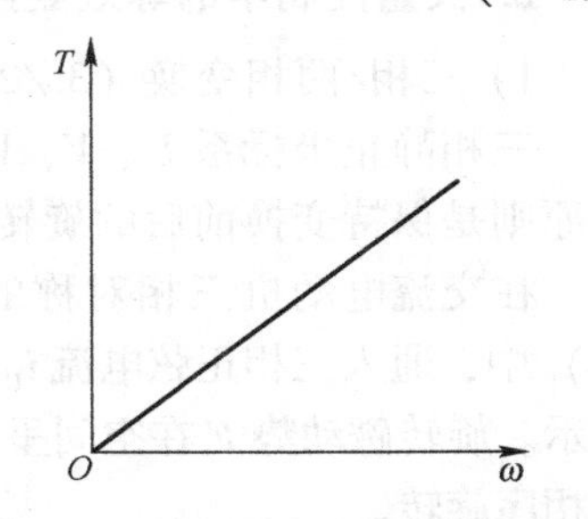

图 4-11　异步电动机的转差频率与转矩的关系

4.3　矢量控制方式

4.3.1　矢量控制方式的基本思想

直流电动机之所以具有良好的动、静态性能，是因为具有一个能独立控制的、空间位置固定的励磁磁通和一个经电刷—换向器引入的电枢电流。如何使异步电动机在变频调速时也能够具有和直流电动机类似的特点，从而改善其调速性能，这就是矢量控制方式的基本思想。

1. 直流电动机的特点

1）磁路特点

如图 4-12（a）所示，直流电动机有两个互相垂直的磁场：一个是主磁场，其磁通 Φ_0 由定子的主磁极产生；另一个是电枢磁场，其磁通 Φ_A 由转子绕组中的电枢电流 I_A 产生。

2）电路特点

如图 4-12（b）所示，直流电动机主磁极的励磁绕组电路和电枢电路是互相独立的。当调节电枢电压时，励磁电流是不变的；当调节励磁电流时，电枢电压是不变的。

3）调速特点

在这两个互相垂直而独立的磁场中，只要调节其中之一即可进行调速，两者互不干扰，调速后的机械特性如图 4-12（c）所示。

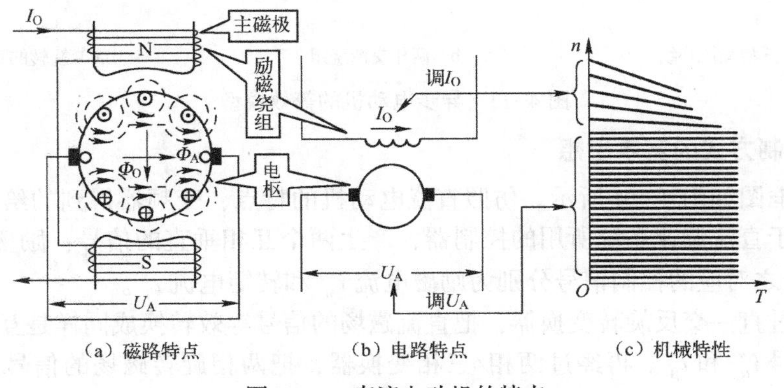

图 4-12　直流电动机的特点

2. 矢量控制中的等效变换

1）三相/两相变换（3s/2s）

三相静止坐标系 U、V、W 和两相静止坐标系 α、β 之间的变换，称为3s/2s变换。变换的原则是保持变换前后的旋转磁动势不变。

在交流电动机三相对称的静止绕组U、V、W（匝数相等、电阻相同、互差120°空间角）中，通入三相正弦电流 i_U、i_V、i_W，所产生的合成磁动势是旋转磁动势 F，如图4-13（a）所示。旋转磁动势 F 在空间呈正弦曲线分布，以同步转速（即电流的角频率）顺着U—V—W的相序旋转。

两相静止绕组（匝数相等、电阻相同、互差90°空间角）α和β，通以两相时间上互差90°的平衡交流电流，也产生旋转磁动势 F，如图4-13（b）所示。

如果图4-13（a）和图4-13（b）所产生的的旋转磁动势大小和转速都相等，即认为图4-13（a）所示的三相绕组和图4-13（b）所示的两相绕组等效。

2）两相/两相旋转变换（2s/2r）

两相/两相旋转变换又称矢量旋转变换器。其中，α和β两相绕组在静止的直角坐标系上（2s），而M和T绕组则在旋转的直角坐标系上（2r）。它们之间变换的运算功能由矢量旋转变换器来完成。

给图4-13（c）中的两个匝数相等且互相垂直的绕组M和T，分别通以直流电流 i_M 和 i_T，产生合成磁动势 F，其位置相对于绕组来说是固定的。如果让包含两个绕组在内的整个铁芯以同步转速旋转，则合成磁动势 F 自然也随之旋转起来，成为旋转磁动势。把这个磁动势的大小和转速也控制成与图4-13（a）、（b）中的磁动势一样，那么这套旋转的直流绕组也就和前两套固定的交流绕组都等效了。

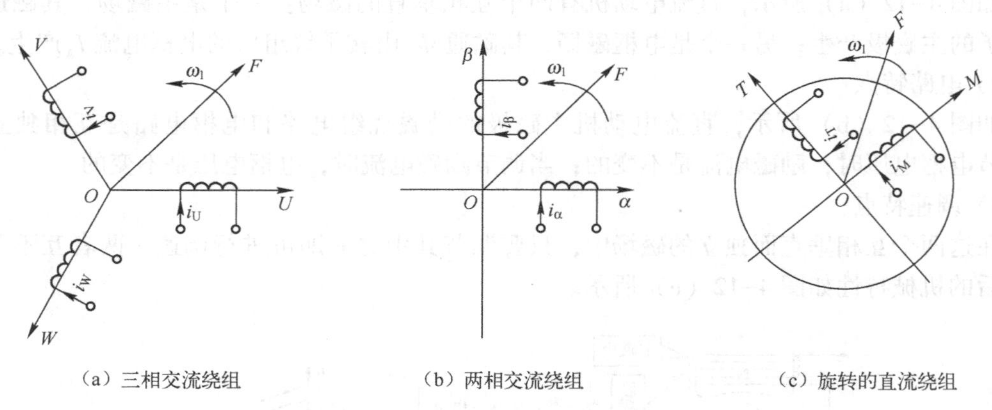

（a）三相交流绕组　（b）两相交流绕组　（c）旋转的直流绕组

图4-13　异步电动机的等效模型

3. 矢量控制方式的基本思想

矢量控制框图如图4-14所示。仿照直流电动机的特点，变频器得到的给定信号和反馈信号经过类似于直流调速系统所用的控制器，产生两个互相垂直的信号：励磁分量 Φ_M 和转矩分量 Φ_T，与之对应的控制信号分别为励磁电流 i_M^* 和转矩电流 i_T^*。

然后，经过直—交反旋转变换器，把直流磁场的信号等效转换成同样是互相垂直的两相旋转磁场的信号 i_α^* 和 i_β^*。再经过两相/三相变换器，把两相旋转磁场的信号等效转换成三相旋转磁场的信号 i_U^*、i_V^* 和 i_W^*，用来控制逆变桥中各开关器件的工作。这样就实现了用模仿直流电动机的控制方法去控制异步电动机，使异步电动机达到了直流电动机的控制效果。

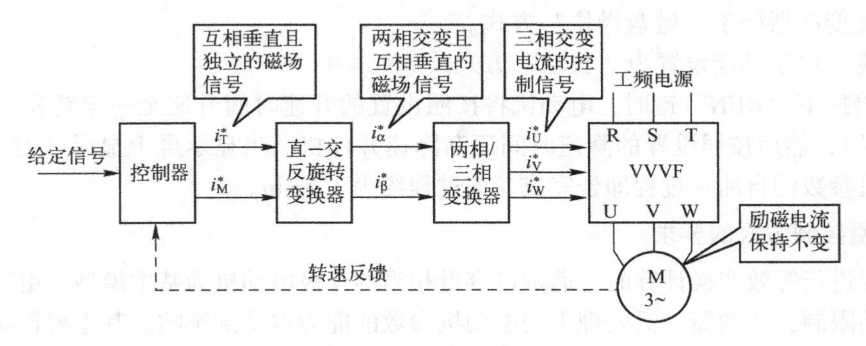

图 4-14　矢量控制框图

在运行过程中，当负载发生波动导致转速变换时，可通过转速反馈环节反馈到控制电路，以调整控制信号。在额定频率以下调整时，令励磁电流 i_M^* 不变，而只调整转矩电流 i_T^*，以模拟直流电动机在额定转速以下的机械特性；在额定频率以上调整时，令转矩电流 i_T^* 不变，而只调整励磁电流 i_M^*，以模拟直流电动机在额定转速以上的机械特性。

4.3.2　变频器的矢量控制功能

1. 变频器所需的参数

实施矢量控制的关键是进行磁场之间的等效变换。而进行等效变换的前提是必须了解电动机的所有电磁参数。因此，在应用矢量控制方式时，应首先把电动机的有关参数输入变频器。这些参数主要有以下两类。

(1) 电动机的铭牌数据，就是电动机铭牌上标明的额定数据，如图 4-15 (a) 所示。变频器需要的主要数据有额定容量、额定电压、额定电流、额定转速、额定效率等。用户只要根据电动机的铭牌数据将这些参数输入变频器即可。

(2) 电动机定子、转子绕组的参数，如图 4-15 (b) 所示，主要有定子每相绕组的电阻和漏磁电抗，转子每相等效绕组的电阻和漏磁电抗、空载电流等。

型号：Y-280S-4	电压：380V
容量：75kW	电流：139.7A
频率：50Hz	转速：1480r/min
效率：0.93	功率因素：0.88
接法：Y	定额：连续
绝缘等级：E	温升：75℃
出厂日期：2013年3月1日	

(a) 电动机的铭牌数据

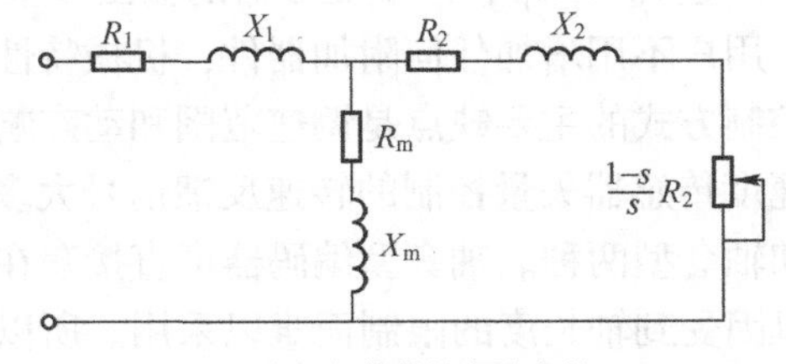

(b) 电动机的等效电路参数

图 4-15　变频器所需的参数

2. 电动机参数的自测定

对于电动机绕组的各项参数，用户一般是得不到的，这给矢量控制技术的应用带来了困难。为此，近代的变频器都配置了“自测定功能”，能够自动地测定电动机绕组的有关参数，具体方法如下。

(1) 使电动机脱离负载（实在不能脱离时，可以参照说明书的有关规定）。

（2）输入电动机的额定参数。

（3）使变频器处于“键盘操作”方式。

（4）将自设定功能设置为“自动”方式。

（5）当按下“RUN”键时，电动机将按照设置的升速时间升速至一定转速（约为额定转速的一半），然后按照设置的降速时间逐渐降速并停机。当显示屏上显示“自测定结束”时，电动机参数的自测定过程即告完成。该过程约为 1.5min。

3. 矢量控制方式的要求

变频器进行等效变换计算时，通常以容量相当的 4 极电动机为基本模型。由于受到内部微机容量的限制，变频器灵活处理不同电动机参数的能力也受到影响。其主要影响如下。

（1）矢量控制只能用于一台变频器控制一台电动机。如果一台变频器控制多台电动机，矢量控制将无效。

（2）电动机容量和变频器要求的配用电动机容量之间，最多只能相差一个等级。例如，变频器要求的配用电动机容量为 7.5kW，则配用电动机的最小容量为 5.5kW，而对于 3.7kW 的电动机，就不适用了。

（3）电动机的极数要按说明书的要求，一般以 4 极电动机为最佳。

（4）变频器与电动机的连接线不能过长，一般应在 30m 以内。如果该连接线超过 30m，就要在连接好电缆后，进行离线自动调整，以重新测定电动机的相关参数。

（5）特殊电动机不能使用矢量控制功能，如力矩电动机、深槽电动机、双笼型异步电动机等。

4. 矢量控制中的反馈

现代变频器的矢量控制，按照是否需要外部的转速反馈环节，分为有反馈矢量控制和无反馈矢量控制两种方式。有反馈矢量控制是指有外部转速反馈的矢量控制；而无反馈矢量控制是指没有外部转速反馈的矢量控制。也就是说，这两种控制方式的内部实际上都具有转速反馈功能。

无速度传感器矢量控制的转速信号不是来自速度传感器的，而是通过 CPU 对电动机的各种参数，如 I_1、r_2等，经过计算得到的一个转速的计算值。由这个转速的计算值和给定值之间的差异来调整 i_M^* 和 i_T^*，改变变频器的输出频率和电压。无反馈矢量控制方式的主要优点是使用方便，用户不用增加任何附加器件；机械特性较硬，能够满足大多数生产机械的需要。无反馈矢量控制方式的主要缺点是调速范围和动态响应能力都略逊于有反馈矢量控制方式。

有速度传感器矢量控制的转速反馈信号大多由编码器测得。编码器按其安装方法，可分为有轴型和轴套型两种。轴套型编码器可直接套在电动机轴上，这是比较理想的一种方法，但普通电动机因受到轴长度的限制而难以采用。所以，有矢量控制型变频器专用电动机的特点之一便是输出轴能和轴套型编码器相配。对于要求有较大调速范围、动态响应能力较高、运行安全性较好的场合大多采用这种控制技术，如兼有铣、磨功能的龙门刨床，精密机床，起重机等。

4.3.3 矢量控制系统的优点和应用范围

矢量控制系统的开发，使异步电动机在变频调速时获得和直流电动机相媲美的高精度和快速响应性能。异步电动机的机械结构又比直流电动机的简单、坚固，且转子无电刷、集电环等电气接触点，故应用前景十分广阔。现将其优点和应用范围综述如下。

1. 矢量控制系统的优点

（1）动态的高速响应。直流电动机受整流的限制，不容许有过高的 di/dt。异步电动机只受逆变器容量的限制，允许强迫电流的倍数取得很高，故其响应速度快，一般可达到毫秒级，在快速性方面已超过直流电动机。

（2）低频转矩增大。一般通用变频器（VVVF 控制）在低频时会使电动机的转矩常低于其额定转矩，故在 5Hz 以下不能使电动机满负载工作。而矢量控制变频器由于能保持磁通恒定，转矩与 i_T 呈线性关系，故在极低频时也能使电动机的转矩高于额定转矩。

（3）控制灵活。直流电动机常根据不同的负载对象，选用他励、串励、复励等形式。它们各有不同的控制特点和机械特性。在矢量控制系统中，可使同一台异步电动机输出不同的特性。例如，在矢量控制系统内用不同的函数发生器作为磁通调节器，即可获得他励或串励直流电动机的机械特性。

2. 矢量控制系统的应用范围

（1）高速响应的工作机械。例如，工业机器人驱动系统的响应速度至少为 100rad/s，而矢量控制系统的响应速度最高值可达 1000rad/s，故能保证机器人驱动系统快速、精确地工作。

（2）恶劣的工作环境。例如，造纸机和印染机均要求在高湿、高温并有腐蚀性气体的环境中工作，而异步电动机比直流电动机更适应这种恶劣的工作环境。

（3）高精度的电力拖动。例如，钢板和线材卷取机属于恒张力控制，对电力拖动的动、静态精确度有很高的要求，如能做到高速（弱磁）、低速（点动）、停车时强迫制动。异步电动机应用矢量控制后，静差度 δ 小于 0.02%，完全有可能代替直流调速系统。

（4）四象限运转。例如，对于高速电梯的拖动，过去均采用直流拖动，现在也逐步用异步电动机矢量控制变频调速系统代替。

4.4 直接转矩控制方式

直接转矩控制方式是继矢量控制方式之后发展起来的另一种高性能的交流变频调速控制方式。直接转矩控制方式与矢量控制方式的不同之处：不是通过控制电流、磁链等间接控制转矩的，而是把转矩直接作为被控制量来控制的。

1. 直接转矩控制方式的基本思想

图 4-16 所示为直接转矩控制框图。直接转矩控制方式的基本思想：采用空间矢量的分析方法，直接在定子坐标系下计算与控制异步电动机的转矩；当实际转速高于给定信号值时就关断 IGBT，使电动机因失去转矩而减速；而当实际转速低于给定信号值时就导通 IGBT，使电动机因得到转矩而加速。显然，直接转矩控制是不可能得到一个稳定状态的。因此，它是以很高的频率处于不断的切换过程中的，在自动控制技术中，又把它称为砰—砰（band-band）控制。

2. 直接转矩控制方式的优缺点

直接转矩控制方式的优点如下。

（1）省去了矢量旋转变换中的许多复杂计算，也不需要 SPWM 发生器，结构简单，且动态响应快，只需要 1~5ms。

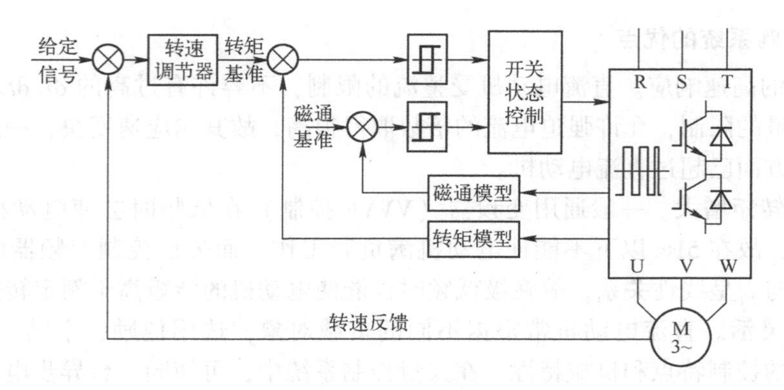

图 4-16 直接转矩控制框图

（2）所需电动机参数少，只需要电动机的定子电阻一个参数就可以，这样就易于测量，且准确度高。

（3）容易实现无速度传感器控制。

直接转矩控制方式的缺点如下。

（1）输出电流的谐波分量较大，冲击电流也较大，逆变器输出端常要接入输出滤波器或输出电抗器。

（2）逆变电路的开关频率不固定，电动机的电磁噪声较大。

3. 变频器的直接转矩控制功能

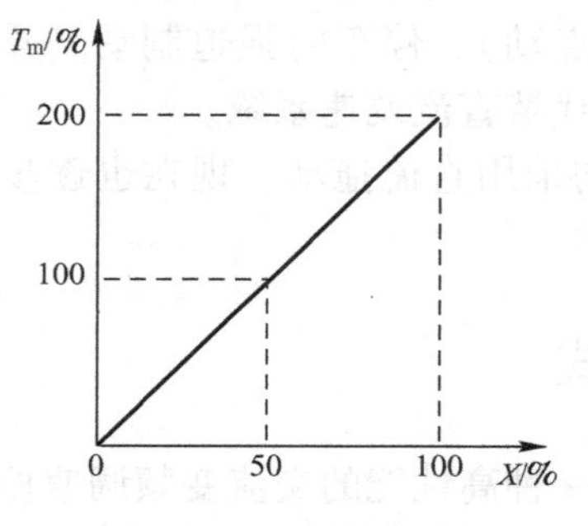

图 4-17 给定信号与输出转矩的关系

1）直接转矩控制的基本含义

当变频器被设置为转矩控制时，给定信号 X 的大小将与电动机的输出转矩 T_m 成正比例，如图 4-17 所示。通常，给定信号的最大值与电动机额定转矩的200%相对应。

当转矩控制功能有效时，将无法控制电动机转速的大小，只能通过设置的上限频率限制变频器的最大输出频率。

2）直接转矩控制应用

（1）转矩限制。在转速控制的同时，给定一个转矩的极限值 T_{mh}，当负载转矩超过该极限值时，转速将下降，直至停止。

（2）决定转速变化。有的负载要求负载转矩在所规定的限制范围（$0 \sim T_{mh}$）内时，拖动系统以转速 n_0 运行，而当负载转矩超过 T_{mh} 时，转速下降。

（3）用于启动。当负载因惯性较大而难以启动时，或者在负载启动要求十分平稳的场合（如电梯），可以使转矩按S形方式逐渐上升，直到超过负载转矩时，转速再缓缓上升。由于直接转矩控制方式不能控制速度，所以这种控制方式在启动后通常要切换成转速控制方式。

4.5 变频器的常用控制功能

4.5.1 变频器的频率给定功能

变频器输出频率的调节，实际就是对给定信号的调节。给定信号分为模拟量和数字量。

变频器的频率给定功能分为模拟量频率给定功能和数字量频率给定功能。

1. 模拟量频率给定功能

模拟量频率给定功能的频率精度略低。该精度通常为0.2%以内。

1）模拟量给定信号的种类

模拟量给定信号可以是电压信号或电流信号。

（1）电压信号：以电压大小作为给定信号。该给定信号分为两种情况：单向给定信号，包括0~10V、0~5V、1~5V；双向给定信号，包括-10~10V、-5~5V等。

（2）电流信号：以电流大小作为给定信号。该给定信号范围有0~20mA、4~20mA。

电流信号由于所传输的信号不受线路电压降、接触电阻及其压降、杂散的热电效应及感应噪声等影响，因此抗干扰能力较强，常用于远距离控制。

（3）零信号与无信号的区别。在许多情况下，变频器和传感器的距离都是较远的。当传感器传送给变频器的给定信号反映为“0”时，有两种情况：一种是给定信号实际值为“0”；一种是电路或传感器故障时给定信号为“0”。为了区分二者，把实际值为“0”的给定信号称为零信号，而把电路或传感器故障时为“0”的给定信号称为无信号。所以，用非零值表示零信号，就是为了区别这两种情况。

以电流信号4~20mA为例，如果电流表测量结果是4mA，则说明信号电路的各个环节都是正常的，给定信号实际值为“0”；如果电流表测量结果是0mA，则说明传感器或信号电路发生故障，如图4-18所示。

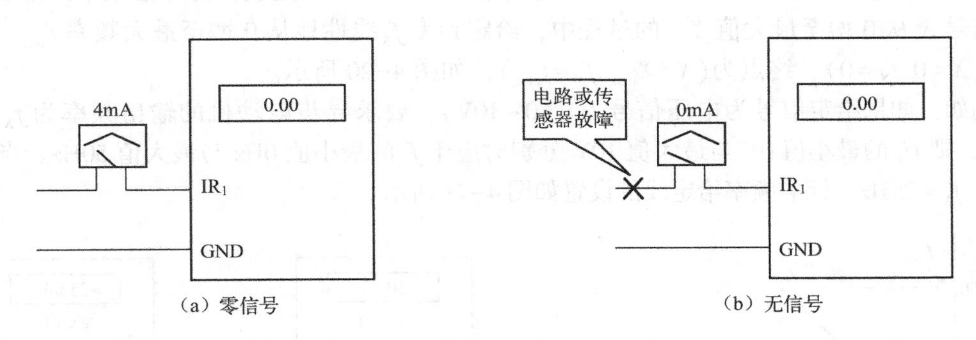

图4-18　零信号与无信号

2）常见的模拟量给定方法

常见的模拟量给定方法有电位器给定、直接信号给定和辅助给定。

（1）电位器给定。给定信号为电压信号，信号电源通常由变频器内部的直流电源（10V或5V）提供。如图4-19（a）所示，端子“AI1”接受电压信号，而电压信号由电位器滑动端得到。端子“+10V”为变频器的内部10V电源，端子“COM”为输入信号的公共端。

（2）直接信号（电压或电流信号）给定。给定途径主要由外部设备直接向变频器的给定端输入电压或电流信号。如图4-19（b）所示，端子“AI2”接受电压信号，端子“AIC”接受电流信号。

（3）辅助给定。在变频器的给定信号输入端中，还常常配置有辅助给定信号输入端。辅助给定信号通常与主给定信号叠加（相加或相减），起调整变频器输出频率的辅助作用。

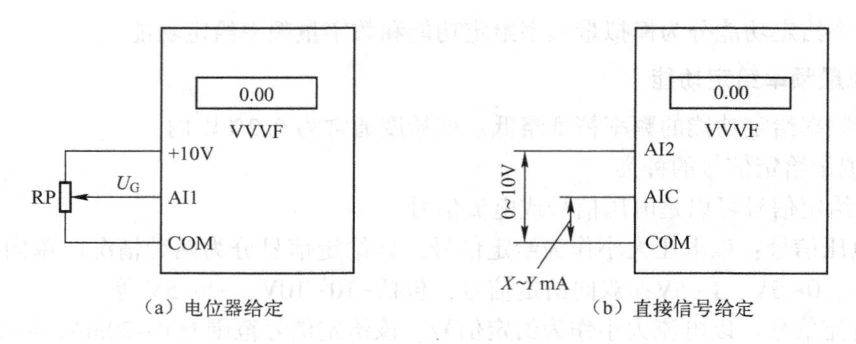

图 4-19　模拟量给定

3）频率给定线

变频器的输出频率和给定信号之间的关系曲线，称为频率给定线。

（1）基本概念。

① 给定信号范围。当用户选择模拟量给定信号时，要对变频器提供的模拟量标准给定信号范围进行选择，如 0~10V、2~10V、0~20mA、4~20mA 等。

② 最高频率。变频器允许输出的最大频率，称为最高频率，用f_{max}表示。当用户选择模拟量给定信号时，最高频率实际上就是与最大给定信号对应的频率，如图 4-20（a）所示。

（2）标准频率给定线。

如果给定信号符合变频器的标准给定信号范围，则频率给定线称为标准频率给定线。在给定信号 X 从 0 增至最大值 X_{max} 的过程中，给定频率 f_X 线性地从 0 增至最大频率 f_{max}。其起点为（$X=0, f_X=0$），终点为（$X=X_{max}, f_X=f_{max}$），如图 4-20 所示。

例如，如果给定信号为电压信号 U_G（0~10V），要求异步电动机的输出频率为 f_X（0~50Hz），则 U_G 的最小值 0V 与最大值 10V 分别对应于 f_X 的最小值 0Hz 与最大值 50Hz。当 U_G = 5V 时，f_X = 25Hz。标准频率给定线的设置如图 4-21 所示。

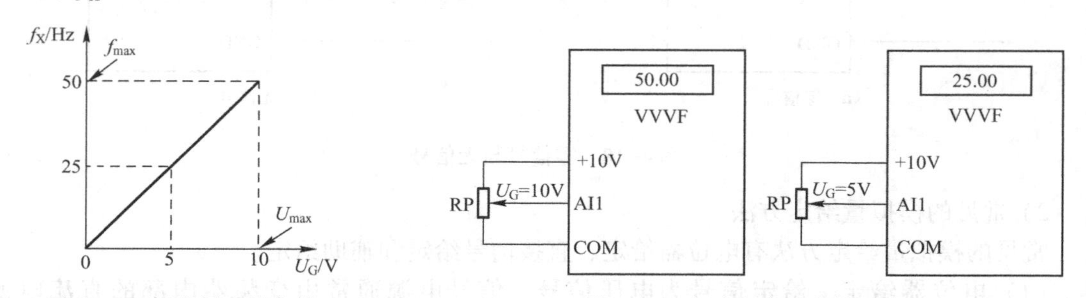

图 4-20　标准频率给定线　　图 4-21　标准频率给定线的设置

（3）任意频率给定线。

根据控制系统的具体情况，控制设备实际提供的给定信号范围不一定符合变频器的标准给定信号范围，变频器的输出频率也不一定是 0~50Hz。也就是说，根据控制系统的具体情况，频率给定线是可以任意调整的。举例说明如下。

某系统的给定信号为 1~7V，变频器输出的对应频率为 0~50Hz，其频率给定线如图 4-22 所示。

任意频率给定线的设置方法有两种，介绍如下。

① 直接坐标法，即直接设置起点坐标和终点坐标，如图 4-23 所示。

- 起点坐标。横坐标为给定信号的最小值 U_{Gmin}（1V），纵坐标是与最小给定信号对应的给定频率 f_{min}（0Hz），即起点坐标为（1,0）。
- 终点坐标。横坐标为给定信号的最大值 U_{Gmax}（7V），纵坐标是与最大给定信号对应的给定频率 f_{max}（50Hz），即终点坐标为（7,50）。

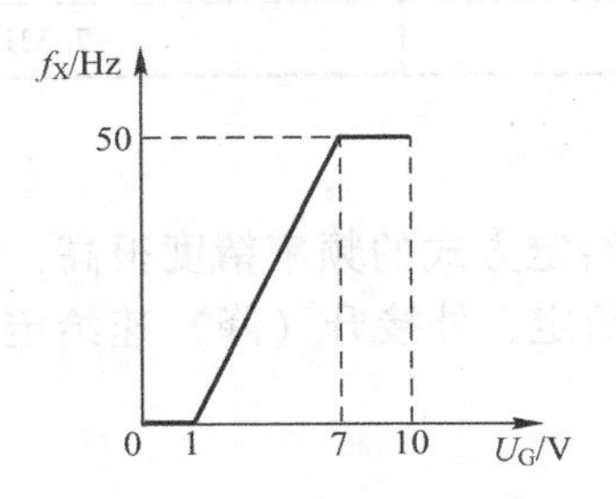

图 4-22　任意频率给定线

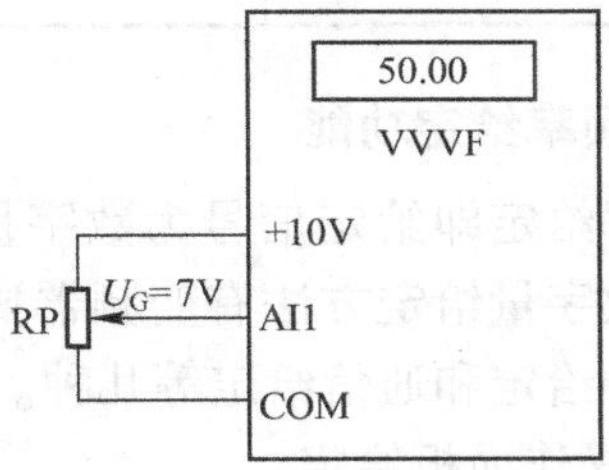

图 4-23　任意频率给定线的设置

以施耐德 ATV31 系列变频器为例，其频率给定的参数设定如表 4-1 所示。

表 4-1　施耐德 ATV31 系列变频器的频率给定的参数设定

功 能 码	功 能 名 称	设 定 值
CRL	AI2 输入下限电压	1V
CRH	AI2 输入上限电压	7V
LSP	输入下限电压时对应的设定频率	0Hz
HSP	输入上限电压时对应的设定频率	50Hz

② 偏置频率和频率增益法。

- 偏置频率。当给定信号 U_G 为 0V 时，所对应的给定频率称为偏置频率，用 f_{BI} 表示。本例中所对应的偏置频率 f_{BI} 为-7.33Hz，如图 4-24 所示。
- 频率增益。与标准最大给定信号 U_{Gmax} 对应的给定频率，称为最大给定频率，用 f_{XM} 表示。最大给定频率 f_{XM} 与最高频率 f_{max} 之比的百分数称为频率增益，用 $G\%$ 表示。本例中所对应的频率增益 $G\%$ 为 132%。

$$G\%=\frac{f_{XM}}{f_{max}}\times100\% \tag{4-20}$$

当 $G\%>100\%$ 时，$f_{XM}>f_{max}$，此时的 f_{XM} 为假象值。其中，$f_{XM}>f_{max}$ 的部分，变频器的实际输出频率等于 f_{max}。

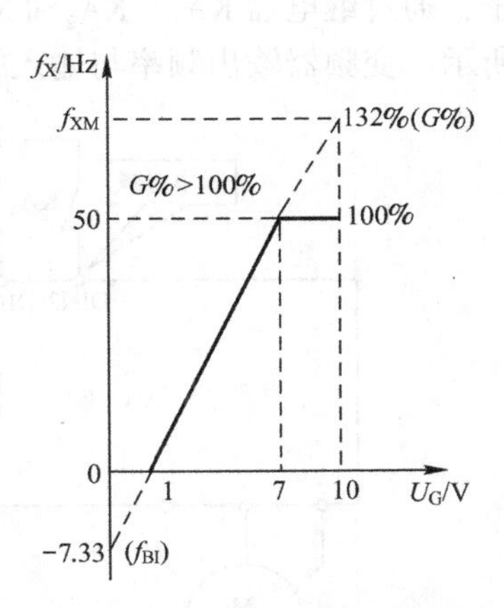

图 4-24　偏置频率和频率增益

以富士 G1S 系列变频器为例，其频率给定的参数设定如表 4-2 所示。

表 4-2　富士 G1S 系列变频器的频率给定的参数设定

功能码	功能名称	设定值
F01	频率设定 1	电压输入：0~10V
F03	最高频率	50Hz
F17	频率设定信号增益	132%
F18	频率偏置	-7.33Hz

2. 数字量频率给定功能

数字量频率给定即给定信号为数字量。这种给定方式的频率精度很高，可达到 0.01% 以内。常用的数字量给定方法有变频器操作面板给定、外接升（降）速给定、外接多段速给定、外接脉冲给定和通信给定等几种。

1）变频器操作面板给定

变频器操作面板给定是利用变频器操作面板上的升键▲和降键▼来控制频率给定的。

2）外接升（降）速给定

在变频器的输入端子中，有两个输入端子可以经过功能设定作为升（降）速之用，即由外部的开关信号通过两个输入端子进行升（降）速的控制，也就是进行频率给定。

以西门子 MM420 变频器为例，设定输入端子 DIN1 进行频率递增控制、输入端子 DIN2 进行频率递减控制。当继电器 KA_1 线圈得电时，变频器将控制电动机升速；当继电器 KA_2 线圈得电时，变频器将控制电动机减速，如图 4-25（a）所示。

3）多接多段速给定

在变频器的外接输入端子中，通过功能设置，可以将若干个输入端子作为多段转速控制端子。根据这若干个输入端子的状态（接通或断开）可以按二进制方式组合成多种挡位。每一挡位可以设置一个对应的工作频率。

以西门子 MM420 变频器为例，输入端子 DIN1、DIN2 和 DIN3 被设置为多挡速输入端子，通过继电器 KA_1、KA_2 和 KA_3 开关状态的不同组合可实现 8 挡转速控制，如图 4-25（b）所示。变频器输出频率与输入端子状态的关系如表 4-3 所示。

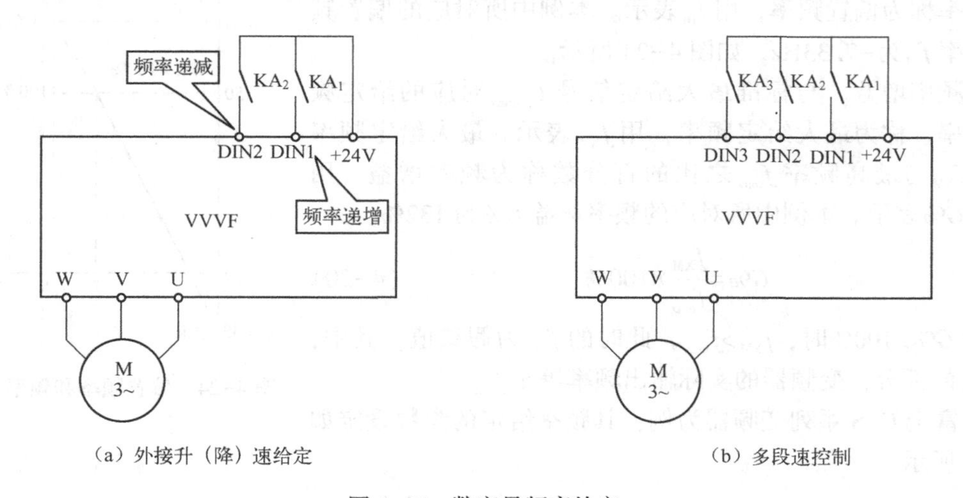

（a）外接升（降）速给定　　（b）多段速控制

图 4-25　数字量频率给定

表 4-3　变频器输出频率与输入端子状态的关系

输入端子状态			输出频率
KA_3	KA_2	KA_1	
OFF	OFF	OFF	OFF
ON	OFF	OFF	固定频率 1
OFF	ON	OFF	固定频率 2
ON	ON	OFF	固定频率 3
OFF	OFF	ON	固定频率 4
ON	OFF	ON	固定频率 5
OFF	ON	ON	固定频率 6
ON	ON	ON	固定频率 7

4）外接脉冲给定

部分变频器通过功能设置，可以从指定的输入端子输入脉冲序列来进行频率给定，即变频器的输出频率将和外部输入的脉冲频率成正比。

5）通信给定

由上位机或 PLC 通过接口进行给定的方法称为通信给定。多数变频器都提供 RS-485 接口。如果上位机的通信接口为 RS-232C 接口，则变频器与上位机必须加接一个接口转接器。

3. 输出频率限制功能

1）上限频率和下限频率

上限频率和下限频率是指变频器输出的最高、最低频率，常用 f_H 和 f_L 表示，如图 4-26 所示。上限频率和下限频率主要用于限制拖动系统的最高、最低转速，以保证拖动系统的运行安全。

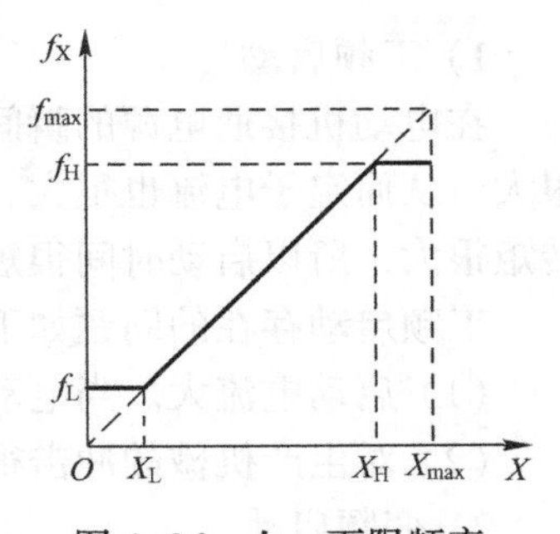

图 4-26　上、下限频率

当上限频率小于最高频率（$f_H<f_{max}$）时，变频器输出频率由上限频率 f_H 决定；当上限频率大于最高频率（$f_H>f_{max}$）时，变频器输出频率由最高频率 f_{max} 决定，上限频率不起作用。

电动机启动时，变频器的输出频率从 0Hz 开始上升；电动机停机时，变频器的输出频率也能下降至 0Hz。在电动机运行过程中调节变频器的输出频率时，最低的工作频率为下限频率。

2）回避频率

任何机械在运转的过程中，都会发生振动，而振动的频率和转速有关。在对机械进行无级调速的过程中，机械的实际振动频率也不断地变化。当机械的实际振动频率和它的固有频率相等时，机械将会发生谐振。这时，机械的振动十分剧烈，可能导致机械损坏。

（1）消除机械谐振的途径主要有改变机械的固有频率和避开可能导致谐振的速度两种方法。而在变频器调速的情况下，一般通过设置回避频率使拖动系统"回避"可能引起谐振的转速方法，来消除机械谐振。

（2）"回避"的过程如图 4-27 所示。

当给定信号从 0 逐渐增大至 X_1 时，变频器的输出频率也从 0 逐渐增大至 f_{JL}；

当给定信号从 X_1继续增大时，为了回避 f_J，变频器的输出频率将不再增大；

当给定信号增大到 X_2时，变频器的输出频率从 f_{JL}跳变至 f_{JH}；

当给定信号从 X_2继续增大时，变频器的输出频率也继续增加。

因为“回避”是通过频率跳跃的方式实现的，所以回避频率又称跳跃频率。

（3）回避频率的设置方法。不同变频器对回避频率的设置略有差异，大致有两种：一种是设置需要回避的中心频率 f_J和回避宽度 Δf_J；另一种是设置回避频率的上限频率 f_{JH}与下限频率 f_{JL}。大多数变频器都可以设置这 3 个回避频率，如图 4-28 所示。

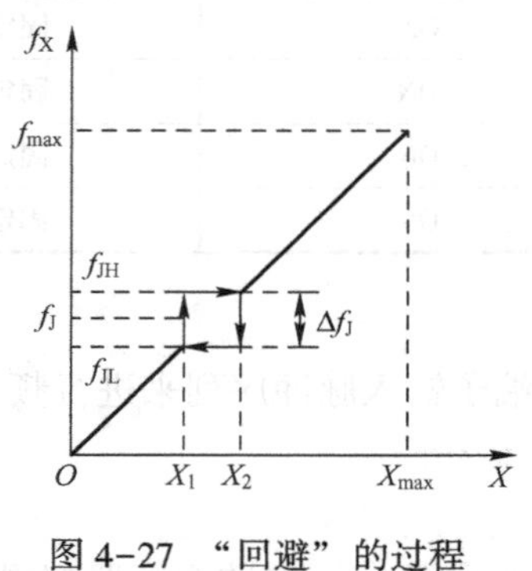

图 4-27 “回避”的过程

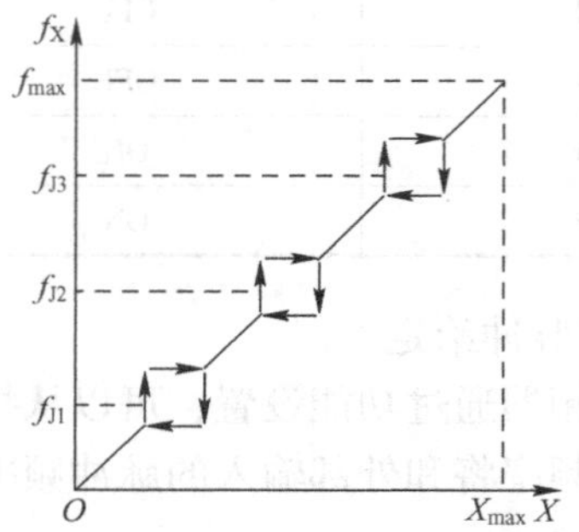

图 4-28 3 个回避频率

4.5.2 变频启动与加速功能

1. 工频启动与变频启动

1）工频启动

在电动机接通电源的瞬间，转子绕组与旋转磁场的相对速度很高，故转子电动势和电流很大，从而定子电流也很大，可达到额定电流的 4~7 倍。在整个电动机启动过程中，动态转矩很大，所以启动时间很短。

工频启动存在的问题如下。

（1）启动电流大。当电动机的容量较大时，其启动电流将对电网产生干扰。

（2）对生产机械的冲击很大，影响机械的使用寿命。

2）变频启动

电动机采用变频调速后，可通过降低启动时的频率来减小启动电流。电动机转速的上升过程取决于用户设置的“加速时间”。用户可根据生产工艺的实际需要来决定电动机加速过程。另外，降低启动时的频率也减小了电动机启动过程中的动态转矩，从而使电动机的升速过程保持平稳，减小对生产机械的冲击。

2. 变频加速

1）加速时间对启动过程的影响

（1）加速时间长：意味着频率上升缓慢，电动机启动过程中的转差较小、动态转矩较小，其结果是减小了电动机启动电流。

（2）加速时间短：意味着频率上升较快，如拖动系统的惯性较大，则电动机转子的转速将跟不上同步转速的上升，结果是电动机的转差和动态转矩增大，导致升速电流超过允许值。

2）设置加速时间的原则

在生产机械的生产过程中，电动机加速过程（或启动过程）属于从一种状态转换到另一种状态的过渡过程。在这段时间内，通常是不进行生产活动的。因此，从提高生产力的角度出发，加速时间越短越好。但如前述，加速时间越短，频率上升越快，越容易“过电流”。所以，设置加速时间的基本原则是在不过电流的前提下越短越好。

通常，可先将加速时间设置得长一些，观察拖动系统在启动过程中电流的大小。如果启动电流较小，可逐渐缩短加速时间，直至启动电流接近最大允许值为止。

有些负载对启动和制动时间并无要求，如风机和水泵，其加（减）速时间可以设置得长一些。

4.5.3 变频减速与制动方式

1. 变频减速

1）直流电压

在减速过程中电动机处于发电状态，所产生的再生能量通过续流管回馈到直流侧，使直流电压升高。如果直流电压过高，将会损坏整流和逆变模块。因此，当直流电压升高到一定值时，变频器将“过电压”跳闸。

2）减速时间对直流电压的影响

减速时间长，意味着频率下降较慢，则电动机的转速能够跟上同步转速的下降。转速下降过程中电动机的发电量较小，从而直流电压上升的幅度也较小。

减速时间短，意味着频率下降较快，如拖动系统的惯性较大，则电动机转子的转速将跟不上同步转速的下降，电动机的发电量较大，导致直流电压偏高。当直流电压升高到一定值时，变频器将“过电压”跳闸。

3）设置减速时间的原则

与电动机加速过程一样，在生产机械的生产过程中，电动机减速过程（或停机过程）也属于从一种状态转换到另一种状态的非生产过渡过程。因此，从提高生产力的角度出发，减速时间也应越短越好。但如前述，减速时间越短，频率下降越快，容易导致变频器“过电压”跳闸。所以，设置减速时间的基本原则是在不过电压的前提下越短越好。

通常，可先将减速时间设置得长一些，观察电动机在停机过程中直流电压的大小。如果直流电压较小，可逐渐缩短减速时间，直至直流电压接近上限值为止。

2. 常规的制动方式

1）斜坡制动

斜坡制动是指变频器按照设置的减速时间和方式逐渐降低输出频率，使电动机的转速随着下降，直至电动机停机。

2）自由制动

自由制动是指变频器关闭输出信号，使其输出电压为0，实际上就是切断电动机的电源，从而使电动机自由停机。这时，电动机停机时间的长短不受控制，因拖动系统的惯性大小而异。

3）直流制动

有的负载在停机后，常常因为惯性较大而停不住，有“爬行”现象。这对于某些机械来说，是不允许的。例如，龙门刨床的刨台，“爬行”的结果将有可能使刨台滑出台面，造成十分危险的后果。为此，变频器设置了直流制动方式，具体说明可参阅第3章。

本章小结

（1）电动机里的磁通，太小了会影响带负载能力，太大了又会使磁路饱和，导致励磁电流畸变，产生很大的尖峰电流。故电动机在变频运行时，必须注意使磁通保持不变。其准确方法是保持反动势与频率之比不变，而实际方法则是在改变频率的同时，也改变电压。

（2）异步电动机在电压随频率成正比下降时，阻抗压降并不随频率而减小。所以，反电动势所占的比例将减小，从而磁通和临界转矩也都减小，影响了异步电动机的带负载能力。此时，U/f=C控制方式并不能使磁通保持不变。

（3）为了使电动机在低频运行时，U/f=C控制方式也能得到恒定的磁通，可以适当地补偿一点电压，以弥补阻抗压降所占比例增大的影响，这种功能称为电压补偿，又称转矩提升。

（4）在大多数情况下，基本频率等于电动机的额定频率。但当电动机的额定电压和变频器不匹配时，可以通过调整基本频率使之与变频器匹配。在“大马拉小车”的情况下，也可以通过适当调整基本频率来实现节能的目的。

（5）矢量控制是仿照直流电动机的调速特点，使异步电动机的变频调速系统具有和直流电动机类似的调速特性。实施矢量控制时，需要根据电动机的参数进行一系列的等效变换。故使用矢量控制前必须进行电动机参数的自动测量。同时，凡是无法准确测定电动机参数的场合，矢量控制均不适用。

在额定频率以下调速时，矢量控制可以使电动机的磁通始终保持为额定值。

（6）给定信号有模拟量和数字量之分。模拟量信号又有电压信号和电流信号之分。数字量给定方法则有键盘给定、外接端子给定等。

（7）模拟量给定时，变频器的输出频率与给定信号之间的关系曲线，称为频率给定线。任意频率给定线的设置方法有直接坐标法、偏置频率和频率增益法两种。

（8）变频器允许输出的最大频率称为最高频率；根据生产机械的工艺要求决定的最大频率称为上限频率。上限频率不得大于最高频率。变频器实际输出的最大频率取决于上限频率。

（9）变频器可以任意地设定电动机的加速过程和减速过程。电动机加速过程中的主要问题是电动机的过电流问题；其减速过程中的主要问题是直流电压过大的问题。

（10）如果变频器的输出频率为0Hz，但频率给定信号为2V或4mA，说明给定系统的工作是正常的，而该频率给定信号称为零信号；如果变频器的输出频率为0Hz，但频率给定信号为0V或0mA，说明给定系统已经发生故障，而该频率给定信号称为无信号。

练习题

1. 填空题

（1）电动机在变频运行时，必须注意使（　　）保持不变。其准确方法是保持（　　）不变，实际方法则是（　　）不变。

（2）矢量控制是仿照（　　）调速特点，使异步电动机的变频调速系统具有和直流电动机类似的调速特性。

实施矢量控制时，需要根据电动机的参数进行一系列的等效变换，故使用矢量控制前必须进行电动机参数的（　　）。

（3）在额定频率以下调速时，矢量控制可以使电动机的（　　）始终保持为额定值。

（4）频率信号有（　　）信号和（　　）信号之分。

（5）模拟量信号有（　　）信号和（　　）信号之分。

（6）模拟量给定时，变频器的输出频率与给定信号之间的关系曲线，称为（　　）。

（7）变频器允许输出的最大频率称为（　　）；根据生产机械的工艺要求决定的最大频率称为（　　）。

（8）上限频率不得大于最高频率，变频器实际输出的最大频率取决于（　　）。

（9）如果变频器的输出频率为0Hz，但频率给定信号仍为2V或4mA，说明给定系统的工作是正常的，而该频率给定信号称为（　　）；如果变频器的输出频率为0Hz，但频率给定信号为0V或0mA，说明给定系统已经发生故障，而该频率给定信号称为（　　）。

2. 简答题

（1）简述转矩提升功能。

（2）将传感器的输出信号1~5V作为变频器的给定信号，要求变频器的输出频率范围为0~50Hz，所选变频器的给定信号范围为0~5V。绘制频率给定曲线。

（3）某变频器采用电位器给定方式，要求将外接电位器从0位置旋到底时输出频率范围为0~30Hz。设变频器输出频率在0~50Hz范围变化时，对应的标准给定电压范围为0~5V。绘制频率给定曲线。

第 5 章　西门子 MM440 变频器的运行与操作

【知识目标】

（1）掌握西门子 MM440 变频器的端子接线及端子功能。
（2）掌握西门子 MM440 变频器快速调试方法。
（3）熟悉西门子 MM440 变频器的各项功能参数及预置。
（4）熟悉西门子 MM440 变频器的主要功能及其他常见功能。
（5）熟悉西门子 MM440 变频器的操作面板。

【能力目标】

（1）能够熟练地使用西门子 MM440 变频器进行各种参数设置。
（2）能够对西门子 MM440 变频器进行简单接线。
（3）能够熟练地进行西门子 MM440 变频器面板操作。
（4）能够熟练地操控西门子 MM440 变频器的运行，并用不同的操作模拟解决简单的变频调速项目。

本章以西门子 MM440 变频器为例，详细地介绍变频器的相关功能参数、I/O 端子功能和参数设置等。图 5-1 为西门子 MM440 变频器的外形。

图 5-1　西门子 MM440 变频器的外形

5.1　西门子 MM440 变频器的端子接线

西门子 MM440 变频器的电路分为两大部分：一部分是完成电能转换（整流、逆变）的主电路；另一部分是处理信息的收集、变换和传输的控制电路。对应这两部分电路，西门子 MM440 变频器的端子接线如图 5-2 所示。

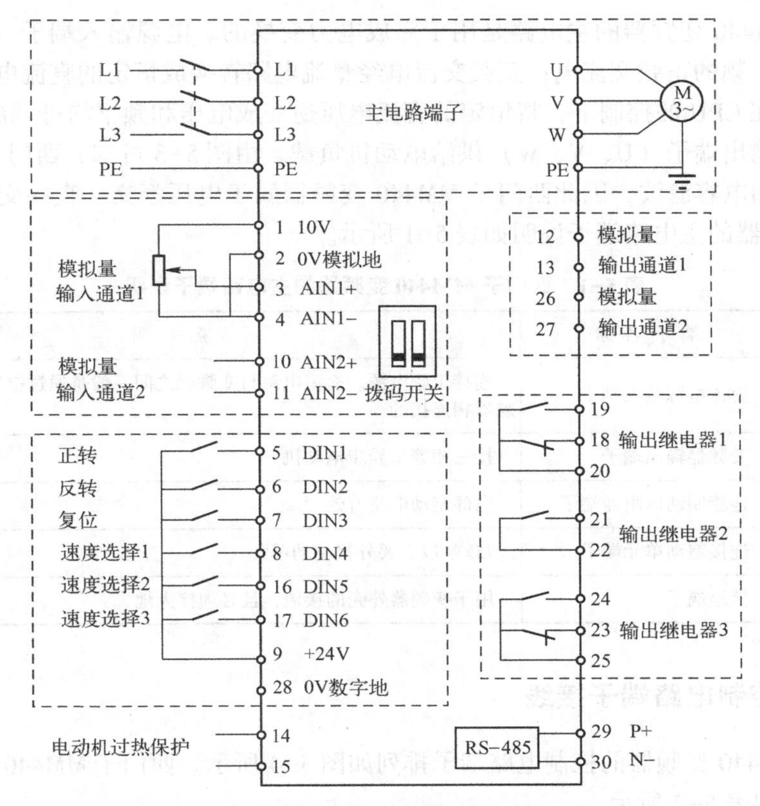

图 5-2 西门子 MM440 变频器的端子接线

5.1.1 主电路端子接线

西门子 MM440 变频器的主电路端子接线如图 5-3 所示。它根据单相变频器或三相变频器的不同在进线方式上有所区别；根据尺寸的不同，在制动单元上的配置也有所不同，分为内置制动单元和外置制动单元两种。

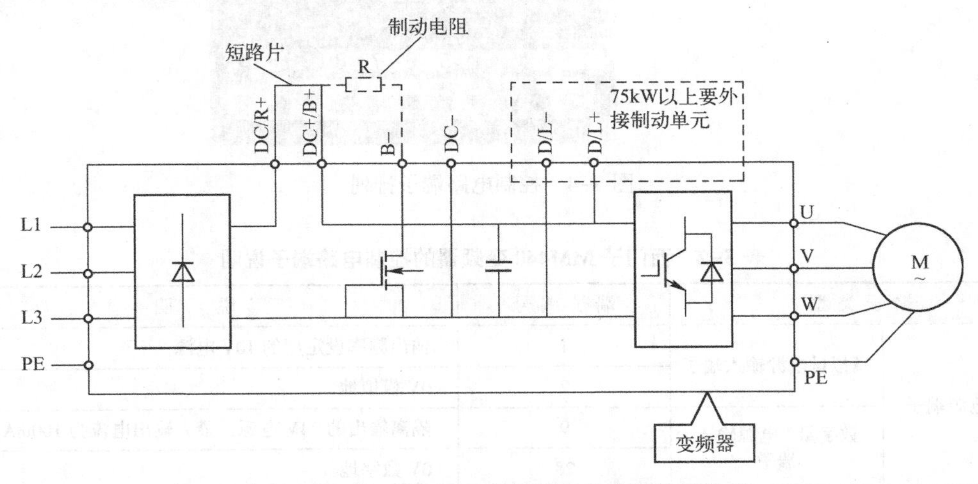

图 5-3 西门子 MM440 变频器的主电路端子接线

西门子 MM440 变频器的主电路是用于完成电力变换的。电源输入端子（L1、L2、L3）接收三相恒压恒频的正弦交流电；正弦交流电经整流电路转换成恒定的直流电，供给逆变电路；逆变电路在 CPU 的控制下，将恒定的直流电压逆变成电压和频率均可调的三相交流电；三相交流电经输出端子（U、V、W）供给电动机负载。由图 5-3 可知，西门子 MM440 变频器直流环节采用电容滤波，因此西门子 MM440 变频器属于电压型交—直—交变频器。西门子 MM440 变频器的主电路端子说明如表 5-1 所示。

表 5-1　西门子 MM440 变频器的主电路端子说明

端子记号	端子名称	说　明
L1、L2、L3	交流电源输入端子	连接工频电源。交流电源与变频器之间一般是通过空气断路器和交流接触器相连接的
U、V、W	变频器输出端子	接三相笼型异步电动机
B+、B-	连接制动电阻器端子	内部制动电路有效
D/L+、D/L-	连接制动单元端子	75kW 以上要外接制动单元
PE	接地端子	用于变频器外壳的接地，且必须接大地

5.1.2　控制电路端子接线

西门子 MM440 变频器的控制电路端子排列如图 5-4 所示。西门子 MM440 变频器的控制电路端子说明如表 5-2 所示。

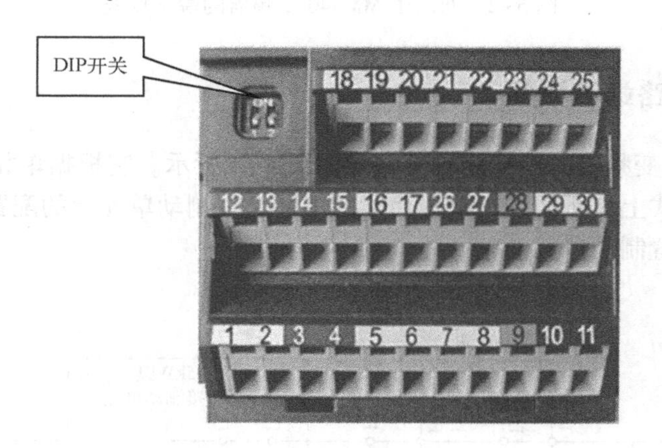

图 5-4　控制电路端子排列

表 5-2　西门子 MM440 变频器的控制电路端子说明

端子类型		端子编号	说　明
内部电源端子	模拟量电源输入端子	1	输出频率设定用的 10V 电源
		2	0V 模拟地
	数字量*电源输入端子	9	隔离输出的 24V 电源，最大输出电流为 100mA
		28	0V 数字地

续表

端子类型		端子编号	说明
数字量输入端子	多功能端子	5	DIN1
		6	DIN2
		7	DIN3
		8	DIN4
		16	DIN5
		17	DIN6
模拟量输入端子	频率设定端子	3	输入频率设定模拟电压
		4	频率设定模拟电压公共端
		10	输入频率设定模拟电流
		11	频率设定模拟电流公共端
输出端子	模拟量输出端子	12、13	模拟量输出通道 1
		26、27	模拟量输出通道 2
	数字量输出端子	18、19、20	端子 18 与 20 组成常闭触点 端子 19 与 20 组成常开触点
		21、22	常开触点
		23、24、25	端子 23 与 25 组成常闭触点 端子 24 与 25 组成常开触点
电动机过热保护输入端子		14、15	
RS-485 通信端子		29、30	P+、N-

*：数字量又称开关量。

1. 内部电源端子

西门子 MM440 变频器内部提供了两种电源：一种是高精度的 10V 直流稳压电源，由端子 1、2 输出；另一种是 24V 直流电源，由端子 9、28 输出。

2. 模拟量输入端子

西门子 MM440 变频器为用户提供了两路模拟量输入通道：一路（AIN1 通道）由端子 3、4 组成；另一路（AIN2 通道）由端子 10、11 组成。这两路通道都可以用于接收模拟量，并作为变频器的给定信号，调节变频器的运行频率。

AIN1 通道可以用于输入 0~10V、0~20mA 和-10~10V 模拟量；AIN2 通道可以用于输入 0~10V、0~20mA 模拟量。这些模拟量输入类型可以通过如图 5-4 所示的 DIP 开关进行拨码设定。

模拟量输入通道可以另行配置，用于提供两个附加的数字量输入通道（DIN7 和 DIN8），如图 5-5 所示。

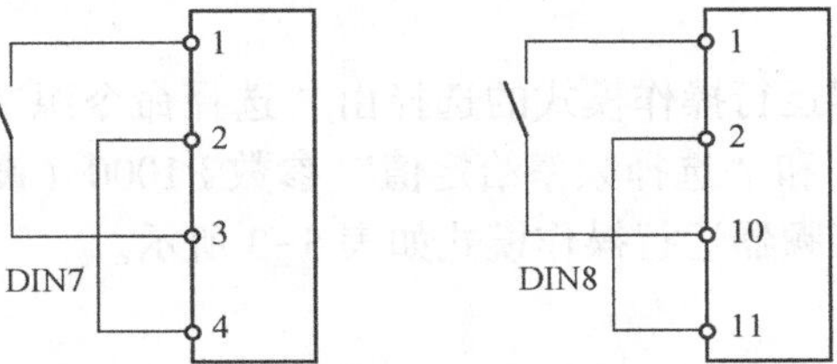

图 5-5　模拟量输入通道作为数字量输入通道时外部接线

当模拟量输入通道作为数字量输入通道时，电压门限值如下。

- 端子 1：75V DC=OFF；
- 端子 3：70V DC=ON。

端子 9（24V）在作为数字量输入端子使用时也可用于驱动模拟量输入端子。端子 2 和 28（0V）必须连接在一起。

3. 数字量输入端子

西门子 MM440 变频器为用户提供了 6 个完全可编程的数字量输入端子，分别是 5、6、7、8、16、17。通过这些端子外接开关可以接收数字信号。然后，数字信号经光耦合器输入 CPU，对电动机进行正/反转、正/反向点动及固定频率设定值控制等。

4. 模拟量输出端子

西门子 MM440 变频器有两路模拟量输出通道：一路由端子 12、13 组成；另一路由端子 26、27 组成。这两路通道可以用于监测变频器的运行频率、电压、电流等信号。

5. 数字量输出端子

西门子 MM440 变频器有 3 个输出继电器：第一个由端子 18、19、20 组成；第二个由端子 21、22 组成；第三个由端子 23、24、25 组成。由图 5-2 可知，第一个和第三个继电器是复合开关型的。这 3 个输出继电器输出的数字量用于监测变频器的运行状态，如变频器准备就绪、启动、停止、故障等状态。

6. 电动机过热保护输入端子

西门子 MM440 变频器的端子 14、15 为电动机过热保护输入端子。

7. RS-485 通信端子

西门子 MM440 变频器的端子 29、30 为 RS-485 通信端子，用于控制设备。例如，PLC 通过 RS-485 通信端子控制变频器。

5.2 西门子 MM440 变频器的基本操作

变频器运行需要两个信号：启动信号和给定频率。这两个信号可以通过变频器的操作面板给定，也可以通过变频器的外部端子控制，还可以通过通信给定。不同的给定方式，决定了变频器的不同运行操作模式。所谓运行操作模式是指输入变频器的启动/停止命令及设定给定频率的场所。变频器的常见运行操作模式有面板运行操作模式、外部运行操作模式、组合运行操作模式和通信运行操作模式等。运行操作模式的选择应根据生产过程的控制要求和生产作业的现场条件等因素来确定，以达到既满足控制要求，又能够以人为本的目的。

西门子 MM440 变频器运行操作模式的选择由“选择命令源”参数 P0700（设置变频器启动/停止信号的给定源）和“选择频率给定值”参数 P1000（设置变频器给定频率源）进行设置。西门子 MM440 变频器运行操作模式如表 5-3 所示。

表 5-3　西门子 MM440 变频器运行操作模式

类　型	启动信号	给定频率
面板运行操作模式	操作面板（启动和停止键） P0700=1	操作面板电动电位计设定 P1000=1
外部运行操作模式	外部数字量输入端子 5、6、7、8、16、17 P0700=2	外部模拟量输入端子 3、4 或 10、11 P1000=2（AIN1 通道给定频率） 或 P1000=7（AIN2 通道给定频率）
外部/面板组合运行操作模式 1	外部数字量输入端子 5、6、7、8、16、17 P0700=2	操作面板电动电位计设定 P1000=1
外部/面板组合运行操作模式 2	操作面板（启动和停止键） P0700=1	外部模拟量输入端子 3、4 或 10、11 P1000=2（AIN1 通道给定频率） 或 P1000=7（AIN2 通道给定频率）
通信运行操作模式	RS-485 通信端子 29、30 P0700=5	RS-485 通信端子 29、30 P1000=5

5.2.1　西门子 MM440 变频器面板控制的运行操作

1. 西门子 MM440 变频器面板的认知

西门子 MM440 变频器在标准供货方式时装有状态显示面板，如图 5-6（a）所示。对于很多用户来说，利用状态显示面板和制造厂的默认设置值，就可以使变频器成功地投入运行。如果工厂的默认设置值不适合设备状况，也可以利用基本操作面板或高级操作面板修改参数，使之匹配起来，如图 5-6（b）、（c）所示。

（a）状态显示面板

（b）基本操作面板

（c）高极操作面板

图 5-6　操作面板

基本操作面板可以修改和设定系统参数，使变频器具有期望的特性，如斜坡时间、最小和最大频率等。为了用基本操作面板设置参数，首先必须将状态显示面板从变频器上拆卸下来，然后装上基本操作面板。基本操作面板具有 5 位数字的 7 段显示，用于显示参数序号 r××××，P××××、参数值、参数单位（如 A、V、Hz、s）、报警信息 A××××、故障信息 F××××、该参数的设定值和实际值。基本操作面板的外形如图 5-7 所示。基本操作面板功能及说明如表 5-4 所示。

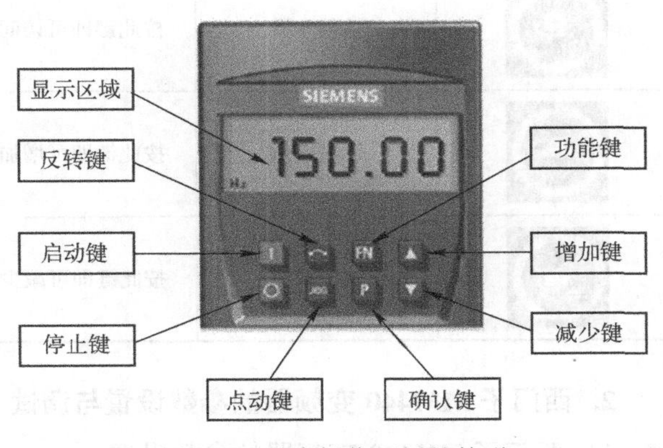

图 5-7　基本操作面板的外形

表 5-4　基本操作面板功能及说明

显示/键	功　能	说　明
r0000	状态显示	显示变频器当前的设定值
I	启动变频器	变频器在默认值运行时此键是被封锁的。为了使此键的操作有效，应设定 P0700=1
0	停止变频器	● 按此键，电动机将按选定的斜坡下降速率减速停车。变频器在默认值运行时此键是被封锁的。为了使此键的操作有效，应设定 P0700=1 ● 按此键两次（或一次，但时间较长），电动机将在惯性作用下自由停车。此功能总是“使能”的
	改变电动机的转动方向	按此键可以改变电动机的转动方向。电动机的反向用负号（-）表示或用闪烁的小数点表示。变频器在默认值运行时此键是被封锁的。为了使此键的操作有效，应设定 P0700=1
jog	电动机点动	在变频器无输出的情况下按此键，将使电动机启动，并按预设定的点动频率运行。释放此键时，变频器停车。如果电动机正在运行，按此键将不起作用
Fn	功能	此键用于浏览辅助信息 变频器运行过程中，在显示任何一个参数时按下此键并保持不动 2s，将显示以下参数值（在变频器运行时，从任何一个参数开始） ● 直流电路电压（用 d 表示-，单位为 V） ● 输出电流（A） ● 输出频率（Hz） ● 输出电压（用 o 表示-，单位为 V） ● 由 P0005 选定的数值（如果 P0005 选择显示上述参数中的任何一个（3、4 或 5），这里将不再显示） 连续多次按下此键，将轮流显示以上参数。 跳转功能 在显示任何一个参数（r×××× 或 P××××）时短时间按下此键，将立即跳转到 r0000。如果需要的话，可以接着修改其他的参数。跳转到 r0000 后，按此键将返回原来的显示点 故障确认 在出现故障或报警的情况下，按下此键可以对故障或报警进行确认
P	访问参数	按此键即可访问参数
▲	增加数值	按此键即可增加面板上显示的参数值
▼	减少数值	按此键即可减少面板上显示的参数值

2. 西门子 MM440 变频器的参数设置与调试

1）西门子 MM440 变频器的参数设置

西门子 MM440 变频器只能用基本操作面板、高级操作面板进行操作或者通过串行通信接口进行参数修改。在出厂默认设置时，用基本操作面板控制电动机的功能是被禁止的。如果要用基本操作面板控制参数，应将参数 P0700 设置为 1，而参数 P1000 也应设置为 1。

（1）参数类型。

西门子 MM440 变频器有两种参数类型：一种是在参数的前面冠以一个小写字母“r”开头的参数，是只读的、特定的；另一种是在参数的前面冠以一个大写字母“P”开头的参数，是可以被用户改动的。

（2）用基本操作面板修改参数。

修改参数 P0004 的数值如表 5-5 所示。修改下标参数 P0719 的数值如表 5-6 所示。按照这些类似方法，可以用基本操作面板修改任何一个参数。

表 5-5　修改参数 P0004 的数值

序　　号	操 作 步 骤	显示的结果
1	按 (P) 访问参数	r0000
2	按 (▲) 直到显示出 P0004	P0004
3	按 (P) 进入参数数值访问级	0
4	按 (▲) 或 (▼) 达到所需要的数值	3
5	按 (P) 确认并存储 P0004 的设定值	P0004
6	按 (▼) 直到显示出 r0000	r0000
7	按 (P) 返回标准的变频器显示（有用户定义）	

表 5-6　修改下标参数 P0719 的数值

序　　号	操 作 步 骤	显示的结果
1	按 (P) 访问参数	r0000
2	按 (▲) 直到显示出 P0719	P0719
3	按 (P) 进入参数数值访问级	in000
4	按 (P) 显示当前的设定值	0
5	按 (▲) 或 (▼) 选择运行所需要的数值	3
6	按 (P) 确认并存储 P0719 的设定值	P0719
7	按 (▼) 直到显示出 r0000	r0000
8	按 (P) 返回标准的变频器显示（有用户定义）	

修改参数数值时，基本操作面板有时会显示：

P----

这表明变频器正忙于处理优先级更高的任务。

为了快速修改参数数值，可以单独修改参数数值的每个数字，如表5-7所示。确信已处于某一参数数值的访问级。

表5-7 修改参数数值的一个数字

序号	操作步骤	说明
1	按 Fn （功能键）	最右边的一个数字闪烁
2	按 ▲ 或 ▼	修改这个数字的数值
3	按 Fn	相邻的下一个数字闪烁
4	执行步骤2~4	直到显示出所要求的数值
5	按 P	退出参数数值访问级

（3）故障复位操作。

当西门子MM440变频器运行时发生故障或者报警，西门子MM440变频器会出现提示，并会按照设定的方式进行默认的处理（一般是停车）。此时，需要用户查找并排除故障后，在基本操作面板上确认排除故障的操作。这里介绍一个F0003（电压过低）的故障复位过程。

当西门子MM440变频器欠电压时，基本操作面板上将显示故障代码F0003。按Fn后，如果故障点已经排除，西门子MM440变频器复位到运行准备状态，显示设定频率5000闪烁；如果故障点仍然存在，则故障代码F0003重现。

2）西门子MM440变频器的调试

（1）调速前的准备工作。

① 拆卸状态显示面板。利用基本操作面板可以更改变频器的各个参数。在使用基本操作面板之前，应先将状态显示面板取下，然后安装基本操作面板，具体操作步骤如图5-8（a）、（b）所示。

第一步：按下卡扣。

第二步：取下状态显示面板。

② 设置电动机的频率。默认的电源频率设置值（工厂设置值）可以用状态显示面板下的DIP开关加以改变，如图5-9所示。

③ 安装基本操作面板，具体操作步骤如图5-8（c）、（d）所示。

第一步：将基本操作板的卡扣卡入槽内。

第二步：将基本操作板放入槽内。

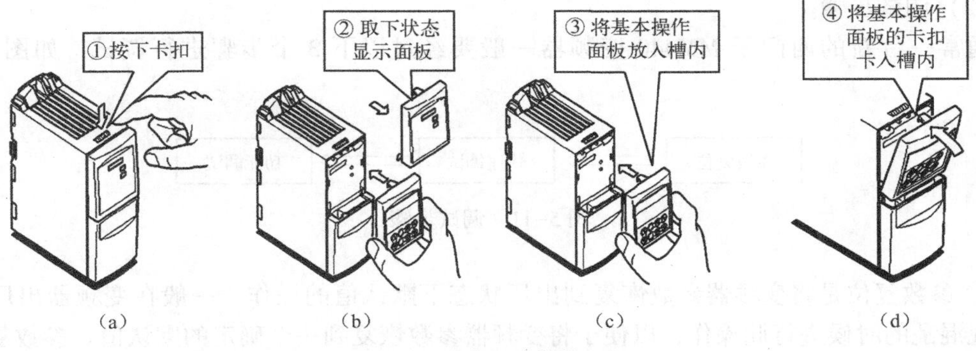

图 5-8　安装基本操作面板

- DIP开关2：
  - OFF位置：用于欧洲地区
    默认值为50Hz

    ON位置：用于北美地区
    默认值为60Hz
- DIP开关1：
  - 不供用户使用

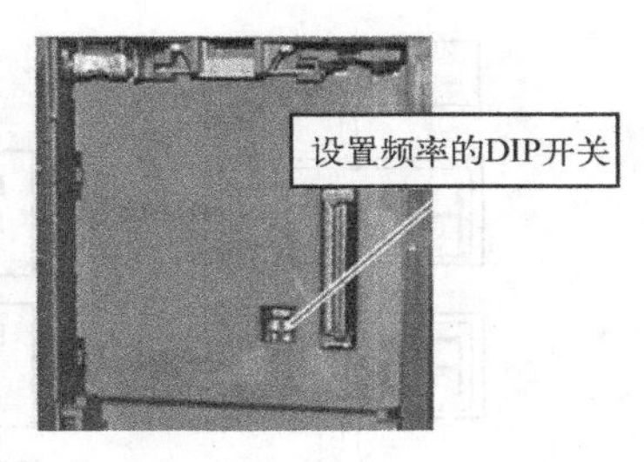

图 5-9　DIP 开关的设置

④ 了解西门子 MM440 变频器所带电动机的基本参数。在进行快速调速的设置时，应先查看电动机铭牌上的数据，以便在快速调速时输入参数的数值。电动机铭牌如图 5-10 所示。

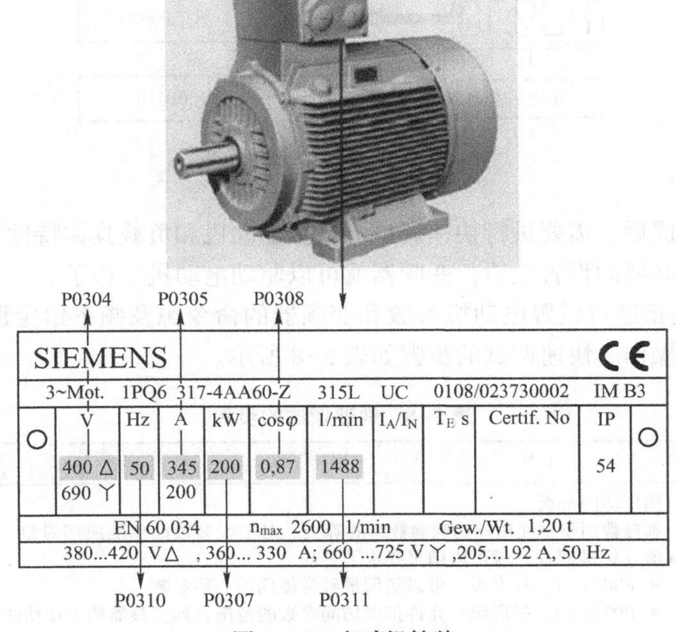

图 5-10　电动机铭牌

注：该图中变量符号未进行斜体处理。

（2）调试步骤。

通常一台新的西门子 MM440 变频器一般要经过以下 3 个步骤进行调试，如图 5-11 所示。

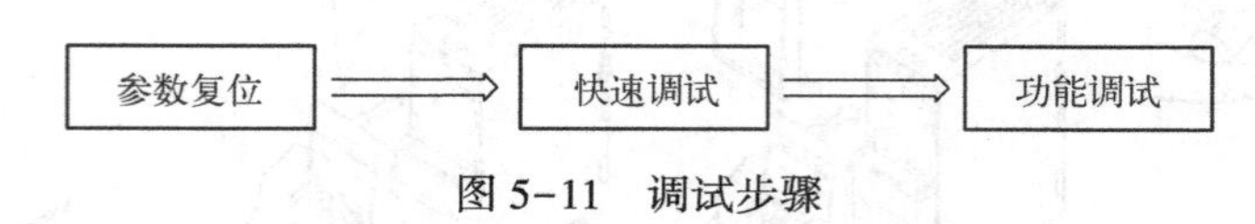

图 5-11　调试步骤

① 参数复位是将变频器参数恢复到出厂状态下默认值的操作。一般在变频器出厂和参数出现混乱的时候进行此操作，以便于将变频器参数恢复到一个确定的默认值。参数复位的步骤如图 5-12 所示。

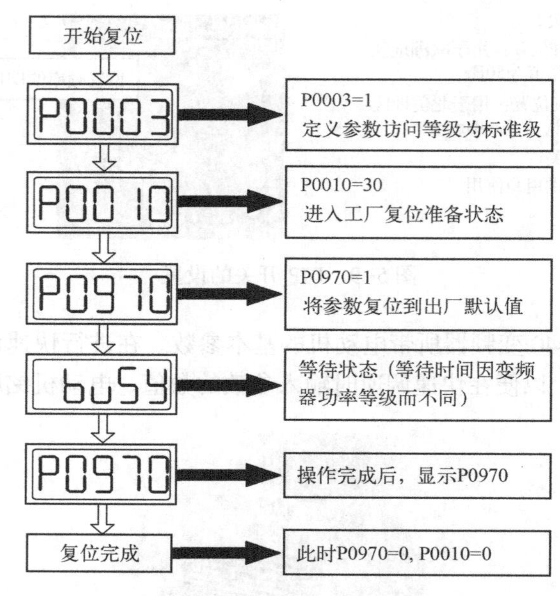

图 5-12　参数复位的步骤

在参数复位完成后，需要进行快速调试。根据电动机和负载具体特性，以及变频器的控制方式等信息进行必要的设置之后，变频器就可以驱动电动机工作了。

② 快速调试是指通过设置电动机参数和变频器的命令源及频率给定源，达到简单快速运转电动机的一种操作。快速调试的步骤如表 5-8 所示。

表 5-8　快速调试的步骤

步骤	参　数	说　明	推荐设置
1	P0003	用户访问等级 本参数用于定义用户访问参数组的等级。对于大多数简单的应用对象，采用默认值（标准模式）就可以满足要求了 • P0003＝1，标准级：可以访问最经常使用的一些参数 • P0003＝2，扩展级：允许扩展访问参数的范围，如变频器的 I/O 功能 • P0003＝3，专家级：只供专家使用	3

续表

步骤	参　数	说　明	推荐设置
2	P0010	调试参数过滤器 本参数用于过滤与调试相关的参数，只筛选出那些与特定功能组有关的参数 ● P0010=0，准备 ● P0010=1，快速调试 ● P0010=30，出厂设置（在复位变频器参数时，必须将参数 P0010 设定为 30。从设定 P0970=1 起，便开始参数复位。变频器将自动地把它的所有参数都复位为各自的默认值） 注意： ● 只有在 P0010=1 的情况下，电动机的主要参数才能被修改，如 P0304、P0305 等 ● 只有在 P0010=0 的情况下，变频器才能运行	1
3	P0100	使用地区：欧洲/北美 本参数与 I/O 板下的 DIP 开关一起用来选择电动机的基准频率 ● P0100=0，欧洲（功率单位采用 kW），频率默认值为 50Hz ● P0100=1，北美（功率单位采用 hp*），频率默认值为 60Hz ● P0100=2，北美（功率单位采用 kW），频率默认值为 60Hz	根据电动机选择
4	P0205	变频器的应用对象 选择变频器的应用对象。采用的变频器和电动机型号取决于负载要求的转速范围和转矩。不同的负载具有不同的转速-转矩特性 ● P0205=0，恒转矩（如皮带运输机、空气压缩机等负载） ● P0205=1，变转矩（如风机、水泵等负载）	0
5	P0300	选择电动机类型 ● P0300=1，异步电动机 ● P0300=2，同步电动机	1
6	P0304	电动机额定电压 电动机额定电压设定值范围：10~2000V，根据电动机铭牌上的数据可确定电动机额定电压。设置电动机额定电压为 400V，如下图所示。 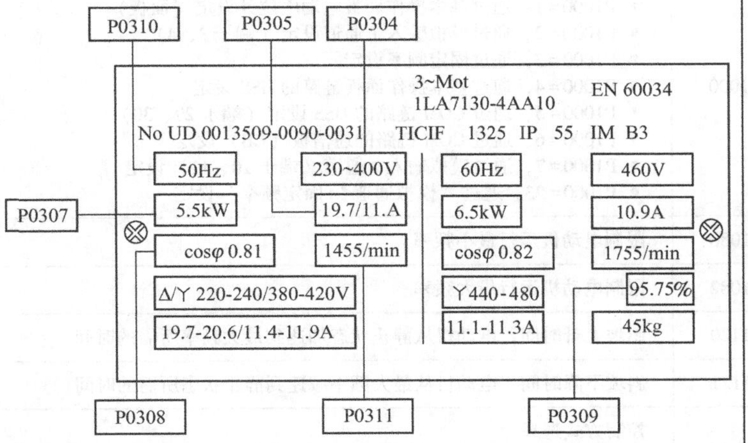 P0310　P0305　P0304 3~Mot　EN 60034 1LA7130-4AA10 No UD 0013509-0090-0031　TICIF　1325　IP　55　IM　B3 50Hz　230~400V　60Hz　460V P0307　5.5kW　19.7/11.A　6.5kW　10.9A cosφ 0.81　1455/min　cosφ 0.82　1755/min Δ/Y 220-240/380-420V　Y440-480　95.75% 19.7-20.6/11.4-11.9A　11.1-11.3A　45kg P0308　P0311　P0309 注意：输入变频器电动机铭牌上的数据必须与电动机的接线方式（星形接线或三角形接线）相一致。这就是说，如果电动机采取三角形接线，就必须输入电动机铭牌上三角形接线对应的数据 以下电动机额定参数的调试过程与此相似，在此不再赘述	根据电动机铭牌上的数据选择
7	P0305	电动机额定电流 设置电动机的额定电流为 11A	根据电动机铭牌上的数据设置

续表

步骤	参　数	说　　明	推荐设置
8	P0307	电动机额定功率 设置电动机的额定功率为5.5kW 如果P0100=0或2，单位为kW 如果P0100=1，单位为hp	根据电动机铭牌上的数据设置
9	P0308	电动机额定功率因素 设置电动机额定功率因素为0.81 在P0100=0或2（输入的功率单位为kW）时才能看到此参数	根据电动机铭牌上的数据设置
10	P0309	电动机额定效率 设置电动机额定效率为95.75%； 在P0100=1（输入的功率单位为hp）时才能看到此参数	根据电动机铭牌上的数据设置
11	P0310	电动机额定频率 设置电动机额定频率为50Hz	根据电动机铭牌上的数据设置
12	P0311	电动机额定转速 设定电动机额定转速的范围为0~40000r/min。在矢量控制方式下，必须准确设置此参数 设置电动机额定转速为1455r/min	根据电动机铭牌上的数据设置
13	P0700	命令源的选择 • P0700=0，工厂的默认设置 • P0700=1，基本操作面板设置 • P0700=2，由端子输入 • P0700=4，基本操作面板链路的USS设置 • P0700=5，COM链路的USS设置（端子29和30） • P0700=6，COM链路的通信板设置 注意：如果选择P0700=2，数字输入端的功能决定于P0701~P0708	2
14	P1000	设置频率给定源 • P1000=1，通过基本操作面板电动电位计设定（面板） • P1000=2，通过模拟输入1通道设定（端子3、4） • P1000=3，通过固定频率设定 • P1000=4，通过基本操作面板链路的USS设定 • P1000=5，通过COM链路的USS设定（端子29、30） • P1000=6，通过COM链路的通信板（CB）设定 • P1000=7，通过模拟输入2通道（端子10、11）设定 • P1000=23，通过“模拟通道1+固定频率”设定	2
15	P1080	限制电动机运行最小频率	0
16	P1082	限制电动机运行最大频率	50
17	P1120	斜坡上升时间，电动机从静止状态加速到最大频率所需的时间	10
18	P1121	斜坡下降时间，电动机从最大频率减速到静止状态所需的时间	10
19	P1300	控制方式选择 • P1300=0，线性特性的U/f控制，可用于可变转矩和恒定转矩的负载，如带式运输机和正排量泵类负载 • P1300=1，带磁通电流控制的U/f控制，可用于提高电动机的效率和改善其动态响应特性 • P1300=2，带抛物线特性（平方特性）的U/f控制，可用于二次方率负载2，如风机、水泵等负载 • P1300=3，特性曲线可编程的U/f控制，由用户定义控制特性 • P1300=20，无传感器的矢量控制 • P1300=21，有传感器的矢量控制	0

续表

步骤	参　数	说　　明	推荐设置
20	P3900	结束快速调试 ● P3900=0，结束快速调试，不进行电动机计算或复位到出厂默认值 ● P3900=1，结束快速调试，进行电动机计算和复位到出厂默认值 ● P3900=2，计算快速调试，进行电动机计算并将 I/O 设定恢复到出厂默认值 ● P3900=3，结束快速调试，进行电动机计算，但不将 I/O 设定恢复到出厂默认值	1

*：1hp=745.700W。

③ 功能调试是指按照具体生产工艺的需要进行的设置操作。这一部分的调速工作比较复杂，常常需要在现场进行多次调试。通常调试的功能如下。

- 数字量输入功能。
- 数字量输出功能。
- 模拟量输入功能。
- 模拟量输出功能。
- 加/减速时间。
- 频率限制。
- 多段速功能。
- 停车和制动。

3. 西门子 MM440 变频器面板控制电动机的启动、正/反转、加/减速、点动运行操作

操作内容：通过变频器的操作面板实现对电动机的启动、正/反转、加/减速、点动运行控制。

操作步骤：

1）接通电源

按图 5-13 接线，检查无误后，合上电源开关 QS。

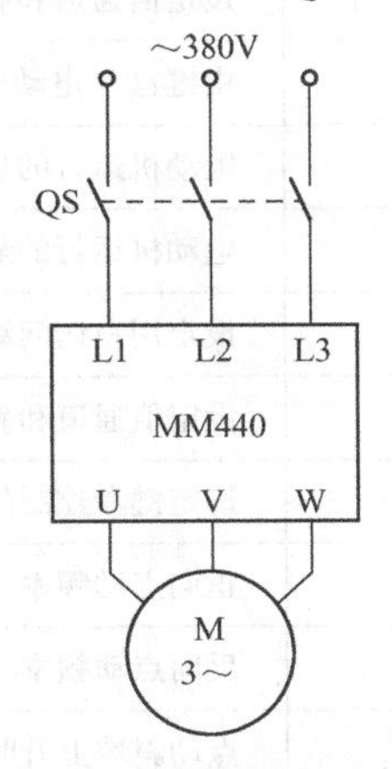

图 5-13　变频器的端子接线

2）参数设置

（1）恢复变频器出厂默认值。设置 P0010=30 和 P0970=1，按 P，开始复位。复位过程大约需要 3min，这样就可以保证变频器的参数恢复到出厂默认值。

（2）设置电动机参数。为了使电动机与变频器相匹配，需要设置电动机参数，如表 5-9 所示。将电动机参数设置完成后，设置 P0010=0。变频器当前处于准备状态，可正常运行。

表 5-9　电动机参数设置

参数	出厂默认值	设定值	说　明
P0003	1	1	设定用户访问级为标准级
P0010	0	1	快速调试
P0100	0	0	功率单位为 kW，频率为 50Hz
P0304	230	380	电动机额定电压（V）
P0305	3. 25	1. 05	电动机额定电流（A）
P0307	0. 75	0. 37	电动机额定功率（kW）
P0310	50	50	电动机额定频率（Hz）
P0311	0	1400	电动机额定转速（r/min）

（3）设置面板基本操作控制参数，如表 5-10 所示。

表 5-10　面板基本操作控制参数的设置

参数	出厂默认值	设定值	说　明
P0003	1	1	设定用户访问级为标准级
P0010	0	0	正确地进行运行命令的初始化
P0004	0	7	命令和数字 I/O
P0700	2	1	由键盘输入设定值（选择命令源）
P0003	1	1	设定用户访问级为标准级
P0004	0	10	设定值通道和斜坡函数发生器
P1000	2	1	由键盘（电动电位计）输入设定值
P1080	0	0	电动机运行的最低频率（Hz）
P1082	50	50	电动机运行的最高频率（Hz）
P0003	1	2	设定用户访问级为扩展级
P0004	0	10	设定值通道和斜坡函数发生器
P1040	5	20	设定键盘控制的频率值（Hz）
P1058	5	10	正向点动频率（Hz）
P1059	5	10	反向点动频率（Hz）
P1060	10	5	点动斜坡上升时间（s）
P1061	10	5	点动斜坡下降时间（s）

3）变频器运行操作

（1）变频器启动：在变频器的操作面板上按运行键，变频器将驱动电动机升速，并运行在由 P1040 所设定的 20Hz 频率对应的 560r/min 转速上。

（2）正/反转、加/减速运行：电动机的转速（运行频率）及旋转方向可直接通过按操作面板上的增加/减少键（▲/▼）来改变。

（3）点动运行：按变频器操作面板上的点动键jog，则变频器驱动电动机升速，并运行在由 P1058 所设置的正向点动 10Hz 频率上。当松开变频器操作面板上的点动键时，变频器将驱动电动机减速至零。这时，如果按变频器操作面板上的换向键，再重复上述点动运行操作，则电动机可在变频器的驱动下运行在由 P1059 所设置的反向点动 10Hz 频率上，进行反向点动运行。

（4）电动机停车：在变频器的操作面板上按停止键，则变频器将驱动电动机减速至零。

4. 西门子 MM440 变频器的常用功能参数

1）给定频率

给定频率是用户根据生产工艺的需要所设定的变频器输出频率。给定频率是与给定信号相对应的频率。例如，给定频率 30Hz，其设置方式有两种：一种是通过变频器的操作面板输入给定频率的数字量（P1040＝30）的设置方式；另一种是通过变频器控制电路的端子 3、4 或 10、11 输入外部给定信号（电压或电流）来调节频率的设置方式。其中，最常见的是通过外接电位器来完成给定频率的设置方式。

西门子 MM440 变频器通过设定参数 P1000 设定信号源的给定频率。

2）输出频率

输出频率即变频器实际输出的频率。当电动机所带的负载变化时，为使拖动系统稳定，变频器的输出频率会根据拖动系统情况不断地被调整。因此，输出频率经常在给定频率附近变化。变频器的输出频率就是整个拖动系统的运行频率。

3）最大频率（f_{max}）

在数字量给定（包括操作面板给定、外接升速/降速给定、外接多段速给定等）时，最大频率是变频器允许输出的最大频率，一般为变频器的额定频率，在模拟量给定时，是与最大给定信号对应的频率。在西门子 MM440 变频器中，最大频率在上限频率参数 P1082 中设定，如 P1082＝50Hz。在我国，工频为 50Hz，因此很多场合最高频率设为 50Hz，电动机自身转速超过 50Hz 的除外（如变频电动机）。

4）基本频率（f_b）

当变频器的输出电压等于额定电压时，变频器输出的最小频率称为基本频率，又称基准频率或基底频率。基本频率用来调节频率的基准。

f_{max}、f_b与电压 U 的关系如图 5-14 所示。西门子 MM440 变频器通过参数 P2000 设定基本频率。

5）上限频率（f_H）和下限频率（f_L）

上限频率（f_H）：允许变频器输出的最大频率。

下限频率（f_L）：允许变频器输出的最小频率。

设置f_H、f_L的目的：限制变频器的输出频率范围，从而限制电动机的转速范围，防止由于误操作造成事故。

设置f_H、f_L后，变频器的输入信号与输出频率之间的关系如图 5-15 所示。其中，X 指模拟量输入信号（电压或电流）。

变频器在运行前必须设定上限频率和下限频率，用 P1082 设定f_H。如果变频器输出频率高于f_H，则输出频率被钳位在f_H；用P1080设定f_L，若变频器输出频率低于f_L，则输出频率被钳位在f_L，如图5-15所示。

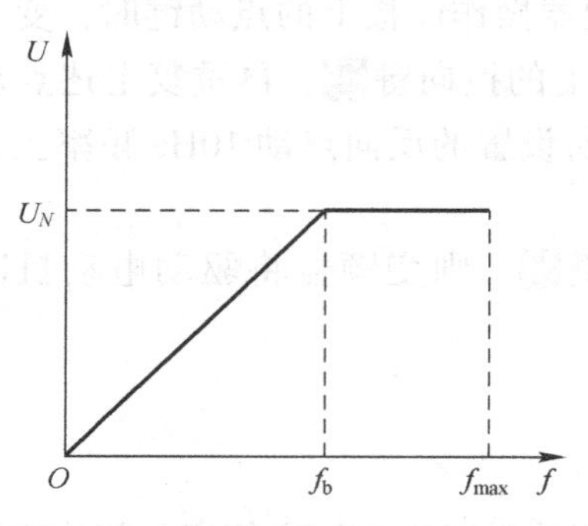

图5-14　f_{max}、f_b与电压U的关系

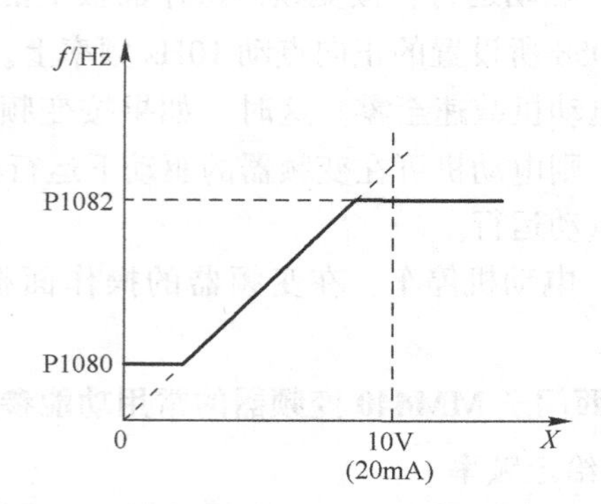

图5-15　变频器的输入信号与输出频率之间的关系

例如，预置f_H=40Hz，f_L=10Hz，若给定频率为30Hz，则变频器输出频率为30Hz，与给定频率一致；若给定频率为5Hz，低于f_L，则变频器输出频率为10Hz；若给定频率为45Hz，高于f_H，则变频器输出频率为40Hz。

6）跳转频率

跳转频率又称回避频率，是指不允许变频器连续输出的频率。跳转频率功能是为了防止与机械系统的固有频率产生谐振而使其跳过谐振发生的频率点。变频器在预置跳转频率时通常预置一个跳转区间。为方便用户使用，大部分的变频器都提供了2～4个跳转区间。MM440变频器最多可设置4个跳转区间，分别由P1091、P1092、P1093、P1094设置跳转区间的中心频率，由P1101设置跳转频率的频带宽度，如图5-16所示。如果P1091=40Hz，P1101=2Hz，则跳转频率的范围是38～42Hz。

7）点动频率

生产机械在调试时常常需要点动控制，以便观察各部位的运转状况。所谓点动是指驱动电动机以很低的转速转动。点动频率可以事先预置，如变频器运行前只要选择点动运行模式即可，这样就不必修改给定频率了。

点动相关参数的设定如表5-11所示。点动频率如图5-17所示。西门子MM440变频器的外部运行操作模式（由接在数字量输入端子上的开关控制）和面板运行操作模式（由基本操作面板的点动键控制）都可以进行点动操作。

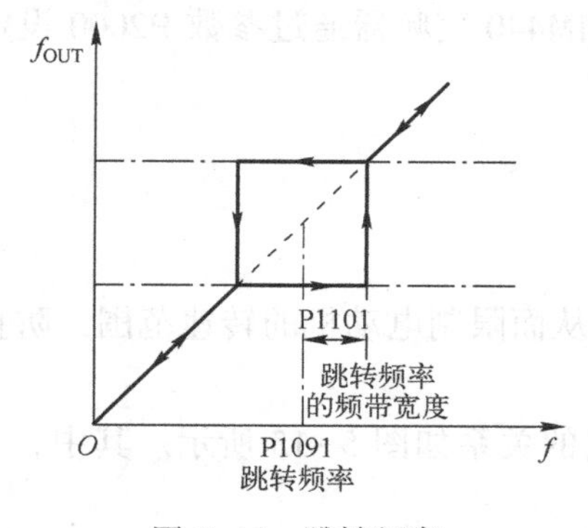

图5-16　跳转频率

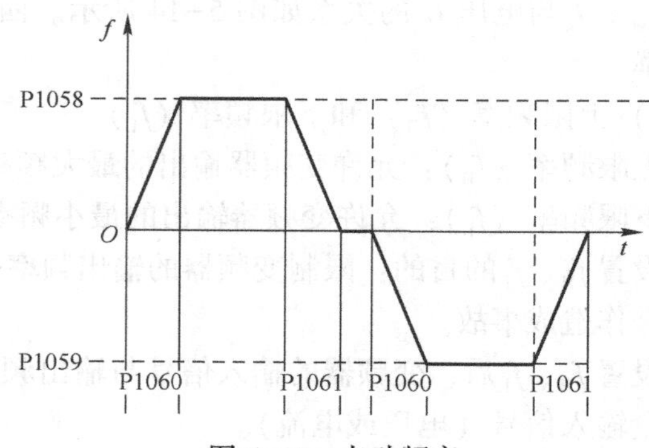

图5-17　点动频率

表 5-11　点动相关参数的设定

参　　数	出厂默认值	设 定 范 围	说　　明
P1058	5Hz	0~650Hz	正向点动频率
P1059	5Hz	0~650Hz	反向点动频率
P1060	10s	0~650s	点动斜坡上升时间
P1061	10s	0~650s	点动斜坡下降时间

8）加、减速时间

加、减速时间又称斜坡时间，分别指电动机从静止状态加速到最大频率所需要的时间和从最大频率减速到静止状态所需要的时间。加、减速时间参数说明如表 5-12 所示。

表 5-12　加速、减速时间参数说明

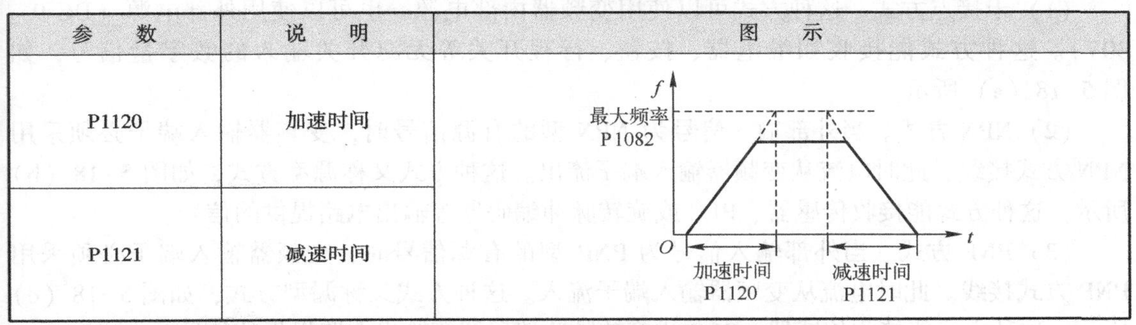

参　　数	说　　明	图　　示
P1120	加速时间	
P1121	减速时间	

注：P1120 设置过小可能导致变频器过电流；P1121 设置过小可能导致变频器过电压。

9）停车和制动

停车是指将电动机的转速降到零速的操作。西门子 MM440 变频器支持的停车方式包括 3 种，如表 5-13 所示。

表 5-13　停车方式说明

停 车 方 式	说　　明	应 用 场 合
OFF1	变频器按照 P1121 所设定的斜坡下降时间由全速降为零	一般场合
OFF2	变频器封锁脉冲输出，电动机处于惯性滑行状态，直至降速降为零	设备需要急停、配合机械抱闸
OFF3	变频器按照 P1135 所设定的斜坡下降时间由全速降为零速	设备需要快速停车

为了缩短电动机减速时间，西门子 MM440 变频器支持以下两种制动方式，可以实现电动机的快速制动，如表 5-14 所示。

表 5-14　制动方式说明

制动方式	说　　明	相 关 参 数
直流制动	变频器向电动机定子注入直流	P1230=1，使能直流制动 根据实际情况设置 { P1232 用于设置直流制动电流 P1233 用于设置直流制动持续时间 P1234 用于设置直流制动的起始频率
能耗制动	变频器通过制动单元和制动电阻，将电动机回馈的能量以热能的形式消耗掉	P1237=1~5，设置能耗制动的工作停止周期 P1240=0，禁止直流电压控制器，从而防止斜坡下降时间的自动延长

5.2.2　西门子 MM440 变频器外部端子控制的运行操作

1. 变频器输入端子的功能

1）变频器输入端子的分类

变频器的输入端子可以分为两大类：一类是模拟量输入端子，用于频率给定；另一类是数字量（开关量）输入端子，用于输入控制指令。数字量输入端子又分为两小类：一类是基本控制输入端子，一般用户不能更改输入其的控制指令，如正转、反转和停止，以及复位等控制指令；另一类是可编程控制端子，各端子的功能不定，可以由用户任意设定。

2）外接开关与数字量输入端子的接线方式

外接开关与数字量输入端子的接线方式非常灵活，主要有以下几种。

（1）干接点方式。这种方式可以使用变频器内部电源，也可以使用外部电源（DC 9~30V）。这种方式能接收如继电器、按钮、行程开关等无源开关输入的数字量信号，如图 5-18（a）所示。

（2）NPN 方式。当外部输入信号为 NPN 型的有源信号时，变频器输入端子必须采用 NPN 方式接线，此时电流从变频器输入端子流出。这种方式又称源型方式，如图 5-18（b）所示。这种方式能接收传感器、PLC 或旋转脉冲编码器等输出电路提供的信号。

（3）PNP 方式。当外部输入信号为 PNP 型的有源信号时，变频器输入端子必须采用 PNP 方式接线。此时电流从变频器输入端子流入。这种方式又称漏型方式，如图 5-18（c）所示。这种方式能接收传感器、PLC 或旋转脉冲编码器等输出电路提供的信号。

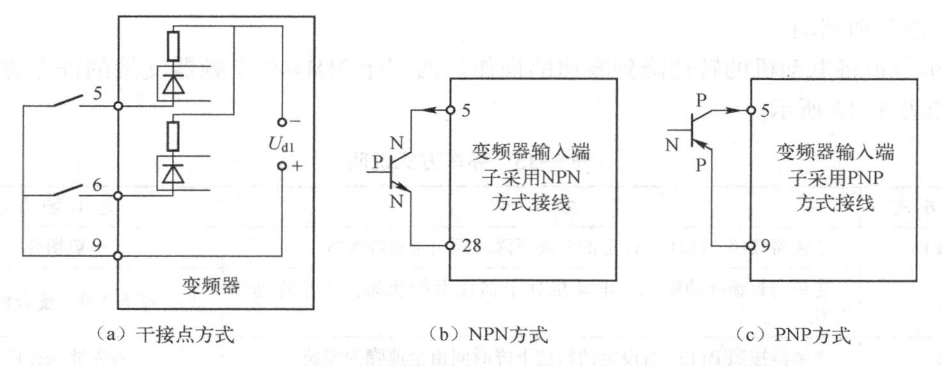

图 5-18　变频器输入端子在不同输入信号时的接线方式

变频器的 NPN 方式和 PNP 方式可以通过参数 P0725 进行转换。不同的变频器在出厂时默认的输入逻辑是不同的。西门子 MM440 变频器默认的是 PNP 输入逻辑。在变频器输入端子和传感器、晶体管输出的 PLC 进行连接时，特别要注意其逻辑是否相同，否则输入信号采集不到变频器中。

注意：三菱变频器输入端子的漏型方式和源型方式的输入逻辑和西门子 MM440 变频器刚好相反。

3）输入端子的配置和工作特点

各种变频器对输入端子的安排是各不相同的，名称各异。西门子 MM440 变频器的输入端子配置情况如图 5-19 所示。

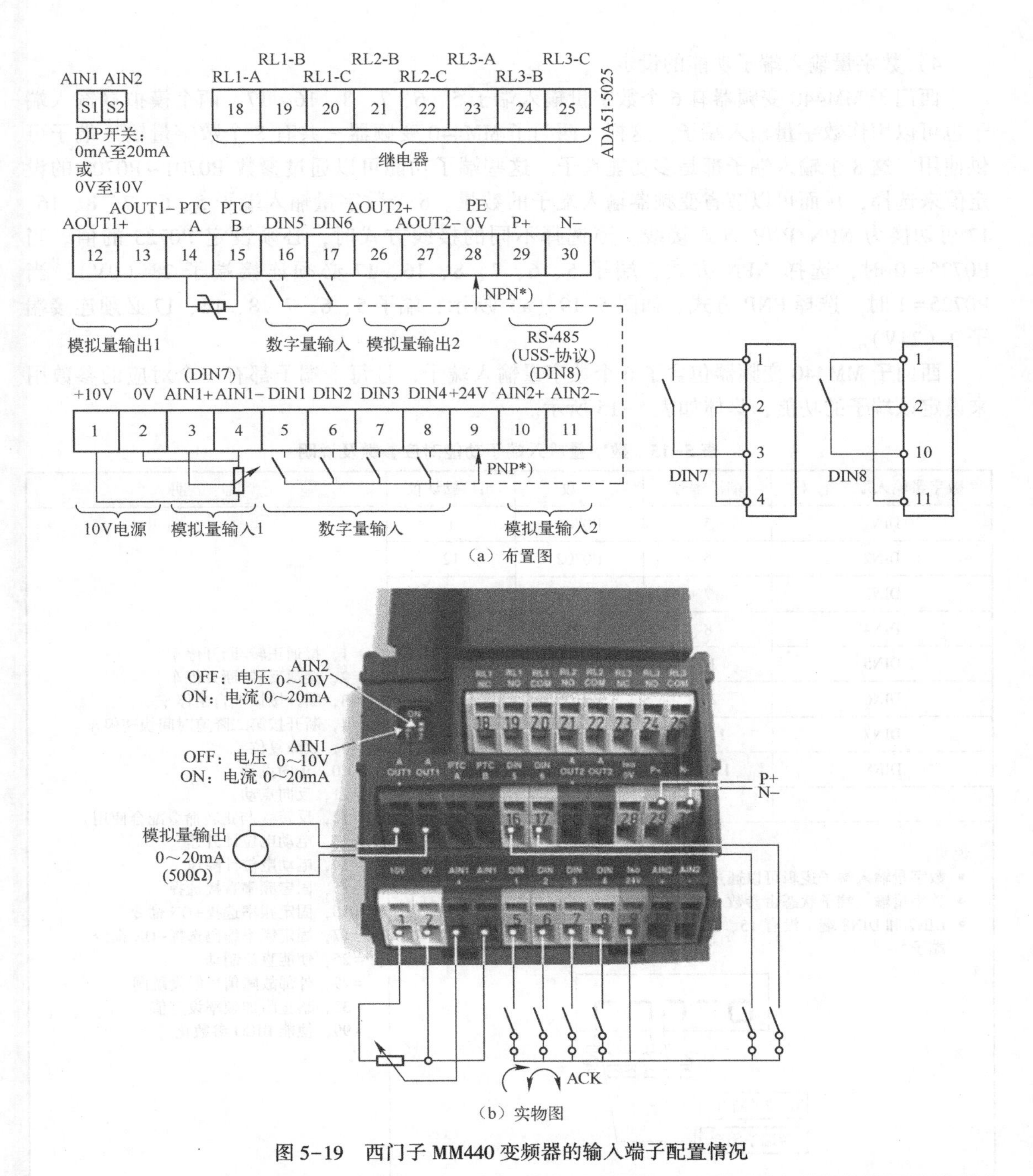

图 5-19 西门子 MM440 变频器的输入端子配置情况

变频器的基本运行控制输入端子包括正转端子、反转端子、复位端子和点动控制端子等。控制方式有以下两种。

（1）开关信号控制方式。当端子 5（P0701=1）或 6（P0702=2）处于闭合状态时，电动机正转或反转运行；当它们处于断开状态时，电动机即停止运行。

（2）脉冲信号控制方式。只需输入端子 5 或 6 一个脉冲信号，电动机即可维持正转或反转状态，犹如具有自锁功能一样。西门子 MM440 变频器可以通过自由功能块（如 RS 触发器）和 BICO 功能实现脉冲信号控制方式。

4）数字量输入端子功能的设定

西门子 MM440 变频器有 6 个数字量输入端子 5、6、7、8、16、17，两个模拟量输入端子也可以用作数字量输入端子。这样，西门子 MM440 变频器一共有 8 个数字量输入端子可供使用。这 8 个输入端子都是多功能端子。这些端子功能可以通过参数 P0701~P0708 的设定值来选择，从而可以节省变频器输入端子的数量。6 个数字量输入端子 5、6、7、8、16、17 可切换为 NPN/PNP 方式接线。当选择不同的接线方式时，必须设定 P0725 的值。当 P0725=0 时，选择 NPN 方式，端子 5、6、7、8、16、17 必须连接端子 28（0V）；当 P0725=1 时，选择 PNP 方式，如图 5-19（a）所示，端子 5、6、7、8、16、17 必须连接端子 9（24V）。

西门子 MM440 变频器包含了 6 个数字量输入端子，且每个端子都有一个对应的参数用来设定该端子的功能，具体如表 5-15 所示。

表 5-15　数字量输入端子功能对应参数及说明

数字量输入端子记号	端子编号	参数	出厂默认值	说　明
DIN1	5	P0701	1	=1，接通正转/断开停车 =2，接通反转/断开停车 =3，断开按惯性自由停车 =4，断开按第二降速时间快速停车 =9，故障复位 =10，正向点动 =11，反向点动 =12，反转（与正转命令配合使用） =13，电动电位计升速 =14，电动电位计降速 =15，固定频率直接选择 =16，固定频率选择+ON 命令 =17，固定频率编码选择+ON 命令 =25，使能直流制动 =29，外部故障信号触发跳闸 =33，禁止附加频率设定值 =99，使能 BICO 参数化
DIN2	6	P0702	12	
DIN3	7	P0703	9	
DIN4	8	P0704	15	
DIN5	16	P0705	15	
DIN6	17	P0706	15	
DIN7	1、3	P0707	0	
DIN8	1、10	P0708	0	
	9	公共端		

说明：
- 数字量输入端子逻辑可以通过 P0725 改变
- 数字量输入端子状态由参数 r0722 监控，开关闭合时相应笔画点亮
- DIN7 和 DIN8 端子没有 15、16、17 等设定值，因此不能用作多段速端子

DIN6 DIN5 DIN4 DIN3 DIN2 DIN1

6#端子断开

5#端子闭合

5）模拟量输入功能的设定

西门子 MM440 变频器可以通过外部给定电压或电流信号调节变频器的输出频率。这些电压和电流信号在变频器内部通过模数转换器（Analog-to-Digital Converter，ADC）转换成数字信号作为频率给定信号，控制变频器的输出频率。

（1）模拟量输入通道属性的设定

西门子 MM440 变频器有两路模拟量输入通道，即 AIN1（3、4 端子）和 AIN2（10、11 端子）。这两路模拟量输入通道既可以接受电压信号，还可以接受电流信号，并允许带监控

功能。两路模拟量以 in000 和 in001 区分，可以分别通过 P0756 [0]（ADC1）和 P0756 [1]（ADC2）设置两路模拟量通道属性，如表 5-16 所示。

表 5-16 模拟量输入功能及说明

参　数	设定值	功　能	说　明
P0756	0	单极性电压输入（0~10V）	带监控是指模拟量通道具有监控功能，当出现“断线”或“信号超限”时，报故障 F0080
	1	带监控的单极性电压输入（0~10V）	
	2	单极性电流输入（0~20mA）	
	3	带监控的单极性电流输入（0~20mA）	
	4	双极性电压输入（-10V~10V）	

为了从电压模拟量输入通道切换到电流模拟量输入通道，仅仅设置参数 P0756 是不够的。更确切地说，要求 I/O 板上的 2 个 DIP 开关也必须设定为正确的位置，如图 5-20 所示。

DIP 开关的设定值如下：

- OFF：电压输入（0~10V）；
- ON：电流输入（0~20mA）。

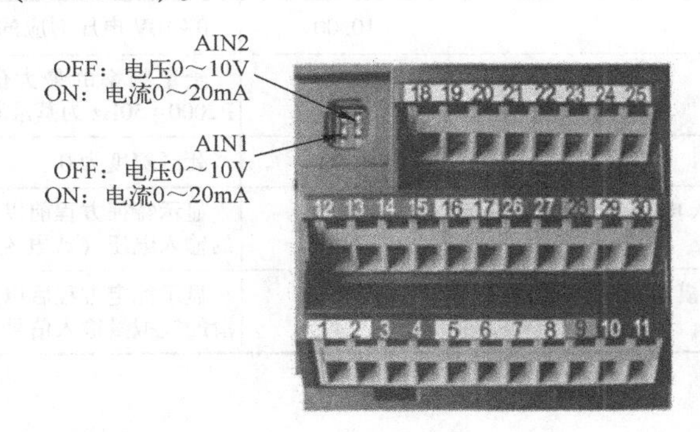

图 5-20 用于电压/电流信号输入的 DIP 开关

DIP 开关的安装位置与模拟量输入通道的对应关系如下：

- 左面的 DIP 开关（DIP 1）对应模拟量输入 1 通道
- 右面的 DIP 开关（DIP 2）对应模拟量输入 2 通道

（2）模拟量输入信号的标定

西门子 MM440 变频器给定电压、给定电流与给定频率之间存在线性关系，并可通过参数 P0757~P0760 的设置来标定模拟量输入信号，如图 5-21（a）所示，横轴表示给定电压或电流；纵轴表示与给定电压或给定电流对应的给定频率与基准频率（P2000）的百分比。只要确定 $A(x_1,y_1)$ 和 $B(x_2,y_2)$ 两点的坐标，就可以确定直线 AB。x_1、y_1、x_2、y_2 可以通过参数 P0757、P0758、P0759、P0760 来标定，如表 5-17 所示。通过以上 4 个参数的标定，把模拟量输入信号按线性关系转换为百分比。西门子 MM440 变频器默认的是 AIN1 通道输入 0~10V 的电压，对应的给定频率是 0~50Hz，如图 5-21（b）所示，此时应设置 P0757=0，P0758=0%（0V 电压对应的给定频率是 0Hz，与 P2000=50Hz 的百分比是 0%），P0759=10，P0760=100%（10V 电压对应的给定频率是 50Hz，与 P2000=50Hz 的百分比是 100%），P0761=0。

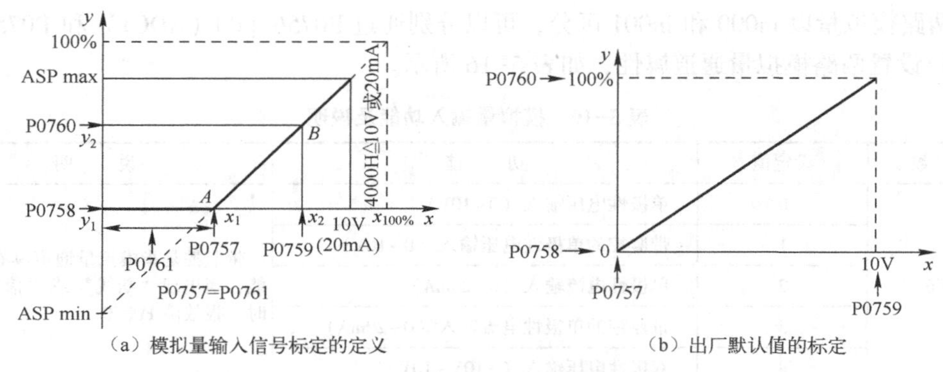

图 5-21　模拟量输入信号的标定

表 5-17　模拟量输入信号的参数设置

参数	参数功能	出厂默认值	说　明
P0757	标定 x_1	0	0~10V 电压对应的起始电压是 0V
P0758	标定 y_1	0.00	给定频率的最小值 0Hz 对应的百分比（以 P2000=50Hz 为基准频率）
P0759	标定 x_2	10.00	0~10V 电压对应的最大电压
P0760	标定 y_2	100.00	给定频率的最大值 50Hz 对应的百分比（以 P2000=50Hz 为基准频率）
P0761	死区宽度	0.00	死区宽度为 0
P0752	实际输入电压（V）或电流（A）	—	显示特征方程前以 V 或 mA 为单位的经过平滑的输入电压（或电流）值
P0754	标定后的模拟量输入信号实际值（%）	—	显示标定方程后以百分比的形式表示的经过平滑的模拟量输入信号

（3）举例。

【例 1】以 AIN1 的电压信号（2~10V）标定给定频率（0~50Hz）为例，其参数设置如表 5-18 所示。

表 5-18　电压信号标定给定频率的参数设置

参　数	设定值	参数功能	图　示
P0757[0]	2	电压 2V 对应 0% 的标度，即 0Hz	f　50Hz　0Hz　2V　10V　U
P0758[0]	0%		
P0759[0]	10	电压 10V 对应 100% 的标度，即 50Hz	
P0760[0]	100%		
P0761[0]	2	死区宽度	

【例 2】以 AIN2 的电流信号 4~20mA 标定给定频率（0~50Hz）为例，其参数设置如表 5-19 所示。

表 5-19　电流信号标定给定频率的参数设置

参　数	设定值	参数功能	图　示
P0757[0]	4	电压 2V 对应 0% 的标度，即 0Hz	
P0758[0]	0%		
P0759[0]	20	电压 10V 对应 100% 的标度，即 50Hz	
P0760[0]	100%		
P0761[0]	4	死区宽度	

2. 变频器输出端子的功能

变频器除了用输入端子接收各种输入控制信号外，还可以用输出端子输出与自己的工作状态相关的信号。变频器输出端子有两种：一种是数字量输出端子，如图 5-19（a）中的 3 组继电器，其规格为 DC 30V/5A（电阻负载）或 AC 250V/2A（电感负载）；另一种是模拟量输出端子，如图 5-19（a）中的端子 12、13 及 26、27，其规格为 0~20mA。

1）数字量输出端子功能

变频器当前的状态可以用数字量的形式通过输出继电器输出，以方便用户通过输出继电器的状态来监控变频器的内部状态量。每个输出逻辑是可以进行取反操作的，即更改 P0748 的每一位。输出继电器对应的参数及说明如表 5-20 所示。

表 5-20　输出继电器对应的参数及说明

输出继电器编号	对应参数	出厂默认值	功　能	说　明
输出继电器 1	P0731	52.3	故障监控	输出继电器失电
输出继电器 2	P0732	52.7	报警监控	输出继电器得电
输出继电器 3	P0733	52.2	变频器运行中	输出继电器得电

数字量输出信号的默认状态如与外部电气线路不一致，则可以通过 P0748 的数字反相功能来调节。参数 P0748 的设定值在变频器中是通过 7 段数码管显示的。7 段显示结构如图 5-22（a）所示，对应的位号点亮为“1”，对应的位号熄灭为“0”。P0748 定义 3 个继电器的数字反相功能，在变频器默认状态的设定值为 0，即 7 段数码显示的 0 位、1 位、2 位为“0”，相应的位号熄灭，如图 5-22（b）所示。如果设定 P0748＝1，即 7 段数码显示的 0 位、1 位、2 位为“1”，相应的位号点亮，如图 5-22（c）所示。

对于西门子 MM440 变频器，P0748 出厂默认值为 0，在变频器上显示为 b----。当 P0731＝52.3 时，变频器上电后，如果变频器无故障，对应的输出继电器 1 接通，常开触点 19、20 闭合，常闭触点 18、20 断开；如果变频器有故障，输出继电器 1 失电，常开触点 19、20 复位（断开），常闭触点 18、20 复位（闭合）。如果用户不需要这种逻辑，则可以将 P0748 设置为 1，在变频器上显示为 b----，变频器上电后，如果变频器无故障，对应的输出继电器 1 断开；如果变频器有故障，对应的输出继电器 1 接通，常开触点 19、20 闭合，常闭触点 18、20 断开。

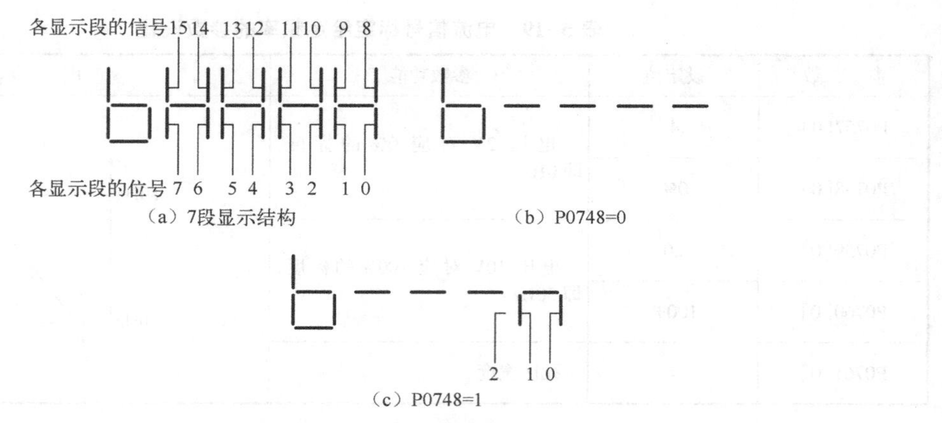

图 5-22 P0748 设定值的显示方式

2）模拟量输出端子功能

西门子 MM440 变频器有两路模拟量输出通道，图 5-19（a）中的端子 12、13 和 26、27，相关参数以 in000 和 in001 区分，出厂默认值为 0~20mA，可以标定为 4~20mA（P0778=4）。如果需要电压信号，则可以在相应端子并联一只 500Ω 电阻，从而得到 0~10V 的电压信号。

输出的物理量可以通过 P0771 设置，如表 5-21 所示。

表 5-21 设置物理量的参数及说明

参　数	设定值	功　能	说　明
P0771	21	实际频率	模拟量输出信号与所设置的物理量呈线性关系
	25	输出电压	
	26	直流电压	
	27	输出电流	

以模拟量输出信号（4~20mA）标定给定频率（0~50Hz）为例，参数设置如表 5-22 所示。

表 5-22 模拟量输出信号标定给定频率的参数设置

参　数	设定值	参数功能	图　示
P0777	0%	0Hz 对应输出电流为 4mA	I；20mA；4mA；0Hz；50Hz；f
P0778	4		
P0779	100%	50Hz 对应输出电流为 20mA	
P0780	20		

3）模拟量输出信号的应用

如图 5-23 所示，变频器故障信号端子 18、19、20（P0731=52.3，P0748=0）外接指示灯 HL_R 和 HL_G 乃蜂鸣器 HA。当变频器正常运行时，19、20 闭合，绿色指示灯点亮，一旦变频器发生故障时，18、20 闭合，将 HA 和 HL_R 接通，进行声光报警。

3. 西门子MM440变频器外部端子控制正/反转连续运行操作

操作内容：

用开关SA1和SA2控制MM440变频器，实现电动机的正转和反转功能。其中，变频器端子5（DIN1）用于正转控制，当SA1接通时电动机正转运行；端子6（DIN2）用于反转控制，当SA2接通时电动机反转运行。

用开关SA3和SA4控制西门子MM440变频器，实现电动机的正向点动和反向点动功能。其中，变频器端子7（DIN3）用于正向点动控制，当SA3接通时电动机正向点动运行；变频器端子8（DIN4）用于反向点动控制，当SA4接通时电动机反向点动运行。

操作步骤：

1）接通电源

按图5-24接线，检查无误后，合上电源开关QS。

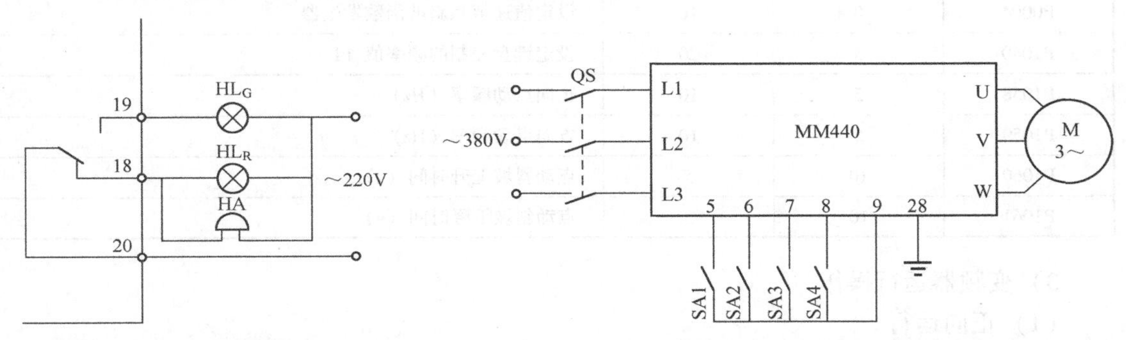

图5-23　变频器外接声光报警电路　　　　图5-24　MM440变频器外部运行接线图

2）参数设置

（1）恢复变频器出厂默认值。设置P0010=30和P0970=1，按P，开始复位。复位过程大约需要3min，这样就可以保证变频器的参数恢复到出厂默认值。

（2）设置电动机参数。为了使电动机与变频器相匹配，需要设置电动机参数，如表5-9所示。电动机参数设定完成后，设置P0010=0。变频器当前处于准备状态，可正常运行。

（3）设置数字信号操作控制参数，如表5-23所示。

表5-23　数字信号操作控制参数的设置

参　数	出厂默认值	设定值	说　明
P0003	1	1	设定用户访问级为标准级
P0004	0	7	命令和数字I/O
P0700	2	2	选择命令源“由端子输入”
P0003	1	2	设定用户访问级为扩展级
P0004	0	7	命令和数字I/O
P0701	1	1	ON正转接通，OFF停止
P0702	1	2	ON反转接通，OFF停止
P0703	9	10	正向点动

续表

参　数	出厂默认值	设定值	说　明
P0704	15	11	反向点动
P0003	1	1	设定用户访问级为标准级
P0004	0	10	设定值通道和斜坡函数发生器
P1000	2	1	由键盘（电动电位计）输入设定值
P1080	0	0	电动机运行的最低频率（Hz）
P1082	50	50	电动机运行的最高频率（Hz）
P1120	10	5	斜坡上升时间（s）
P1121	10	5	斜坡下降时间（s）
P0003	1	2	设定用户访问级为扩展级
P0004	0	10	设定值通道和斜坡函数发生器
P1040	5	20	设定键盘控制的频率值（Hz）
P1058	5	10	正向点动频率（Hz）
P1059	5	10	方向点动频率（Hz）
P1060	10	5	点动斜坡上升时间（s）
P1061	10	5	点动斜坡下降时间（s）

3）变频器运行操作

（1）正向运行。

当开关SA1接通时，变频器端子5为“ON”，电动机按P1120所设置的5s斜坡上升时间正向启动运行，经5s后稳定运行在560r/min的转速上。此转速与P1040所设置的20Hz对应。当开关SA1断开时，变频器端子5为“OFF”，电动机按P1121所设置的5s斜坡下降时间停止运行。

（2）反向运行。

当开关SA2接通时，变频器端子6为“ON”，电动机按P1120所设置的5s斜坡上升时间反向启动运行，经5s后稳定运行在560r/min的转速上。此转速与P1040所设置的20Hz对应。当开关SA2断开时，变频器端子6为“OFF”，电动机按P1121所设置的5s斜坡下降时间停止运行。

（3）电动机的点动运行。

① 正向点动运行：当开关SA3接通时，变频器端子7为“ON”，电动机按P1060所设置的5s点动斜坡上升时间正向启动运行，经5s后稳定运行在280r/min的转速上。此转速与P1058所设置的10Hz对应。当开关SA3断开时，变频器端子7为“OFF”。电动机按P1061所设置的5s点动斜坡下降时间停止运行。

② 反向点动运行：当开关SA4接通时，变频器端子8为“ON”，电动机按P1060所设置的5s点动斜坡上升时间反向启动运行，经5s后稳定运行在280r/min的转速上。此转速与P1059所设置的10Hz对应。当开关SA4断开时，变频器端子8为“OFF”。电动机按P1061所设置的5s点动斜坡下降时间停止运行。

（4）电动机的转速调节。

分别更改P1040和P1058、P1059的值，按上步操作过程，就可以改变电动机正常运行的转速以及正、反向点动运行转速。

4. 西门子MM440模拟量变频调速控制运行操作

操作内容：

通过开关SA1控制电动机正转、启动、停止；通过开关SA2控制电动机反转、启动、停止；通过调节模拟量输入端子外接的电位器控制电动机转速的大小。

操作步骤：

1）按要求接线

西门子MM440变频器外接模拟信号的接线如图5-24所示。检查电路正确无误后，合上主电源开关QS。

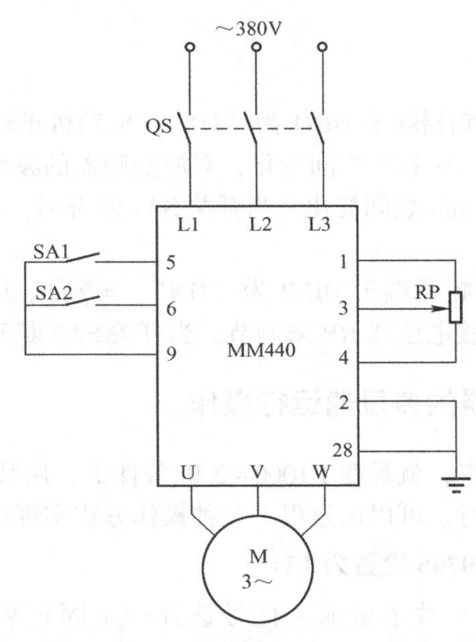

图5-25　西门子MM440变频器外接模拟信号的接线

2）参数设置

（1）恢复变频器出厂默认值。设定P0010=30和P0970=1，按下P键，开始复位。复位过程大约需要3min，这样就可以保证变频器的参数恢复到出厂默认值。

（2）设置电动机参数，电动机参数设置如表5-9所示。电动机参数设置完成后，设P0010=0。变频器当前处于准备状态，可正常运行。

（3）设置模拟信号操作控制参数，如表5-24所示。

表5-24　模拟信号操作控制参数设置

参数	出厂默认值	设置值	说　明
P0003	1	1	设定用户访问级为标准级
P0004	0	7	命令和数字I/O
P0700	2	2	选择命令源“由端子排输入”
P0003	1	2	设定用户访问级为扩展级
P0004	0	7	命令和数字I/O

续表

参数	出厂默认值	设置值	说　明
P0701	1	1	ON 正转接通，OFF 停止
P0702	1	2	ON 反转接通，OFF 停止
P0003	1	1	设定用户访问级为标准级
P0004	0	10	设定值通道和斜坡函数发生器
P1000	2	2	由模拟量输入通道设定频率
P1080	0	0	电动机运行的最低频率（Hz）
P1082	50	50	电动机运行的最高频率（Hz）

3）变频器运行操作

（1）电动机正转与调速

当开关 SA1 接通时，变频器端子 DIN1 为“ON”，电动机正转运行，转速由外接电位器 RP 来控制，模拟电压信号在 0~10V 之间变化，对应变频器的频率在 0~50Hz 之间变化，对应电动机的转速在 0~1400r/min 之间变化。当开关 SA1 断开时，电动机停止运行。

（2）电动机反转与调速

当开关 SA2 接通时，变频器端子 DIN2 为“ON”，电动机反转运行，与电动机正转相同，反转转速的大小仍由外接电位器 RP 来调节。当开关 SA2 断开时，电动机停止运行。

5.2.3　西门子变频器的多段速运行操作

多段速功能又称固定频率，就是在 P1000=3 的条件下，用数字量端子选择固定频率的组合，实现电动机多段速运行。可以通过以下 3 种操作方式实现电动机多段速运行。

1. 直接选择（P0701~P0706 设置为 15）

在这种操作方式下，一个数字量输入信号选择一个固定频率。参数说明如表 5-25 所示。

表 5-25　参数说明

端子编号	对应参数	对应频率设置参数	说　明
5	P0701	P1001	• 频率给定源参数 P1000 必须设置为 3 • 当多个选择的频率同时激活时，选定的频率是它们的总和
6	P0702	P1002	
7	P0703	P1003	
8	P0704	P1004	
16	P0705	P1005	
17	P0706	P1006	

2. 直接选择+ON 命令（P0701~P0706 设置为 16）

在这种操作方式下，数字量输入信号选择的过渡频率设置如表 5-26 所示。这种操作方式具备启动功能。

3. 二进制编码选择+ON 命令（P0701~P0704 设置为 17）

在这种方式下，最多可以选择 15 个固定频率。15 段速的频率设置如表 5-26 所示。

表 5-26　15 段速的频率设置

频率设置参数	端子 8	端子 7	端子 6	端子 5
P1001	0	0	0	1
P1002	0	0	1	0
P1003	0	0	1	1
P1004	0	1	0	0
P1005	0	1	0	1
P1006	0	1	1	0
P1007	0	1	1	1
P1008	1	0	0	0
P1009	1	0	0	1
P1010	1	0	1	0
P1011	1	0	1	1
P1012	1	1	0	0
P1013	1	1	0	1
P1014	1	1	1	0
P1015	1	1	1	1

5.3　故障诊断

西门子 MM440 变频器非正常运行时，会发生故障或者报警。当发生故障时，变频器停止运行，面板显示以 F 字母开头的故障代码，需要故障复位才能重新运行。当发生报警时，变频器继续运行，面板显示以 A 字母开头的报警代码；当报警消除后，报警代码自动消除。

为了使故障代码复位，可以采用以下 3 种方法中的一种。

（1）重新给变频器加上电源电压。

（2）在基本操作面板或高级操作面板上按Fn。

（3）输入“3”（默认设置）。

本章小结

本章主要介绍了西门子 MM440 变频器的结构与外形；主电路端子与控制电路端子功能；操作面板的组成和功能；不同运行模式下的操作与运行及相关参数设置；变频器的常用功能；变频器的故障信息等。

练　习　题

1. 填空题

（1）西门子 MM440 变频器输入端子中，有________个数字量可编程端子。

（2）西门子 MM440 变频器的模拟量输入端子可以接受的电压信号是________V，电流信号是

________mA。

（3）西门子 MM440 变频器的操作面板中，表示________，表示________，表示________。

（4）西门子 MM440 变频器选择命令给定源的是________参数，设置用户访问级的是________参数，设置频率给定源的是________参数。

（5）西门子 MM440 变频器设置加速时间的参数是________，设置上限频率的参数是________，设置下限频率的参数是________。

（6）某变频器需要跳转的频率范围为 18~22Hz，设置跳变频率的参数 P1091 为________Hz，设置跳转频率的频带宽度的参数 P1011 为________Hz。

（7）西门子 MM440 变频器需要设置电动机参数时，应设置参数 P0010 为________，要变频器运行时，需要将 P0010 设置为________。

（8）变频器的外接输入开关与数字量输入端子的接口方式有________、________、________3 种。

（9）西门子 MM440 变频器最多可以设置________段速。

2. 简答题

（1）西门子 MM440 变频器如何将变频器的参数复位为工厂默认值？

（2）简述西门子 MM440 变频器的运行操作模式。

（3）什么叫跳转频率？为什么设置跳转频率？

（4）西门子 MM440 变频器的模拟量输入端子有几个？如何通过 DIP 开关设置电压输入信号和电流输入信号？

（5）西门子 MM440 变频器的数字量输入端子有几个？

（6）西门子 MM440 变频器的输出继电器有几个？分别占用哪几个端子？其中常开触点、常闭触点是哪几个端子？

3. 分析题

（1）西门子 MM440 变频器工作在面板操作模式，试分析在下列参数设置的情况下，变频器的实际输出频率。

① 预置上限频率 P1082=60Hz，下限频率 P1080=10Hz，面板给定频率分别为 5Hz、40Hz、70Hz。

② 预置 P1082=60Hz，P1080=10Hz，P1091=30Hz，P1101=2Hz，面板给定频率如题表 5-1 所示，将变频器的实际输出频率填入题表 5-1。

题表 5-1　变频器的实际输出频率

给定频率/Hz	5	20	30	40	70
实际输出频率/Hz					

（2）利用操作面板控制电动机以 30Hz 正转、反转，电动机加、减速时间均为 4s，点动频率为 15Hz，上、下限频率分别为 60Hz、5Hz，采用面板给定频率。

① 写出将参数复位出厂默认值的步骤。

② 画出变频器的接线图。

③ 对变频器的参数进行设置。

第 6 章　三菱 FR-D700 变频器的运行与操作

【知识目标】

(1) 掌握三菱变频器的端子接线及其端子功能。

(2) 熟悉变频器的各项功能参数及预置。

(3) 熟悉变频器的主要功能及其他常见功能。

(4) 熟悉变频器的操作面板。

【能力目标】

(1) 能够熟练地使用三菱变频器进行各种参数设置。

(2) 能对三菱变频器进行简单的接线。

(3) 能够熟练地进行变频器面板操作及外部操作模式。

(4) 能够熟练地操控变频器的运行，并用不同的操作模拟来解决简单的变频调速项目。

目前，市场上变频器的产品类型众多，主要的生产厂家有台达、三菱、施奈德、西门子和 ABB 等。本章以三菱变频器为例详细介绍了变频器的相关功能参数、I/O 端子功能和基本控制线路等。

6.1　三菱 FR-D700 变频器的端子接线

三菱 FR-D700 变频器是多功能、紧凑型变频器，采用通用磁通矢量控制方式，功率范围为 0.4~7.5kW，具有 15 段速、PID 和漏-源型转换等功能。三菱 FR-D700 变频器的端子接线如图 6-1 所示。

6.1.1　主电路端子接线

三菱 FR-D700 变频器主电路如图 6-2 所示，主要包括整流电路、中间直流环节、逆变电路。主电路端子功能说明如表 6-1 所示。

主电路接线说明如下。

(1) 电源必须接在端子 R、S、T 上，绝对不能接在端子 U、V、W 上，否则会损坏变频器。

(2) 变频器和电动机间的布线距离最长为 500m。

(3) 变频器运行后，对于要进行改变接线的操作，必须在电源切断 10min 以上，用万用表检查电压后进行。变频器断电后一段时间内，电容上仍然有危险的高压电。

(4) 由于变频器内有漏电流，为了防止触电，变频器和电动机必须分别接地。

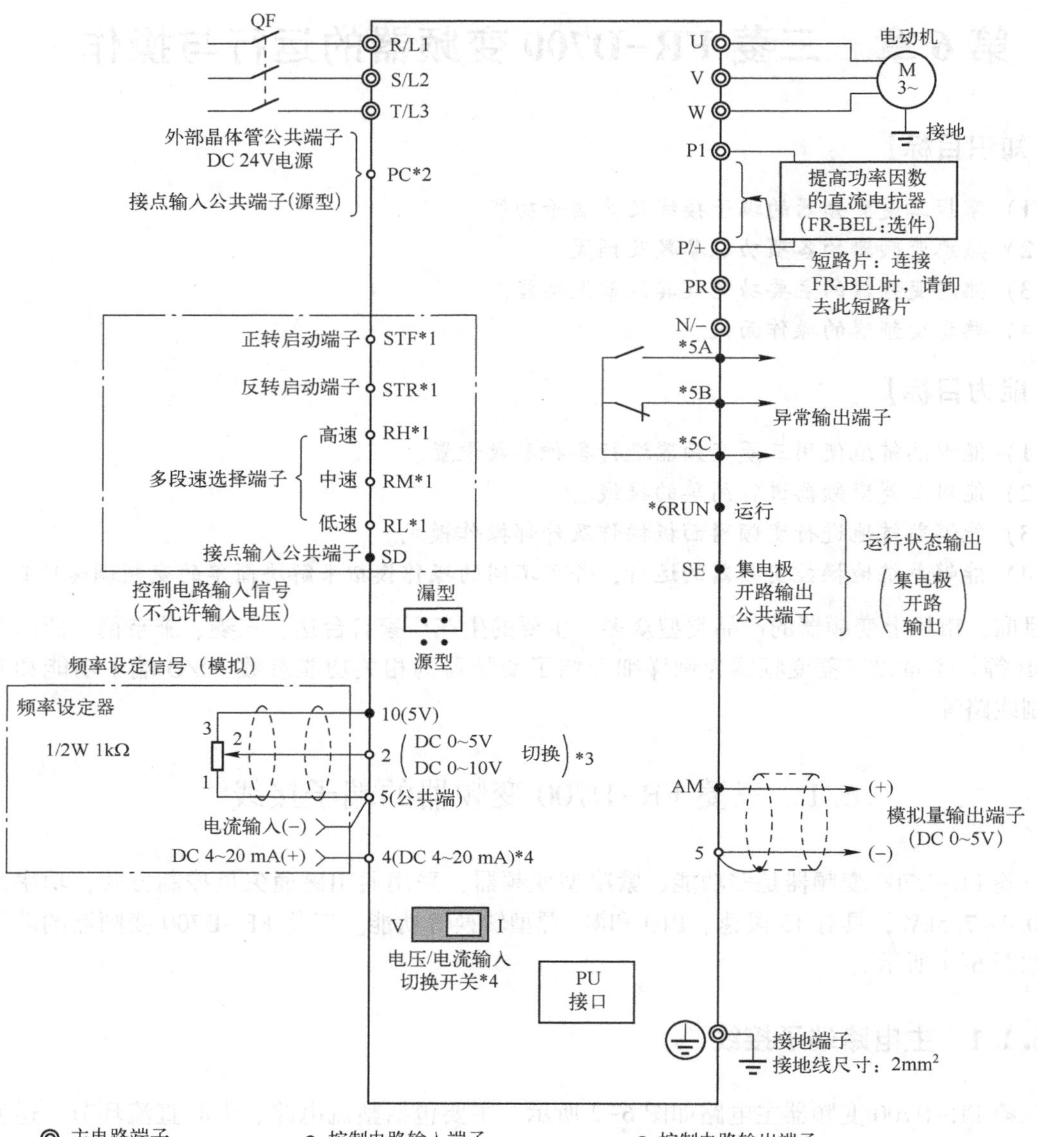

注：*1 可通过输入端子功能分配参数（Pr178~Pr182）变更端子的功能。

*2 端子PC、SD作为DC 24V电源端子使用时，请注意两端子间不要短路。

*3 可通过模拟量输入选择参数Pr73进行变更。

*4 可通过模拟量输入规格切换参数Pr267进行变更。当设为电压输入（0~5V/0~10V）时，请将电压/电流输入切换开关置于“V”位置，当设为电流输入（4~20mA）时，请将电压/电流输入切换开关置于“I”位置（初始位置）。

*5 可通过参数Pr192A、B、C端子功能选择变更端子的功能。

*6 可通过参数Pr190RUN端子功能选择变更端子功能。

图 6-1　三菱 FR-D700 变频器的端子接线

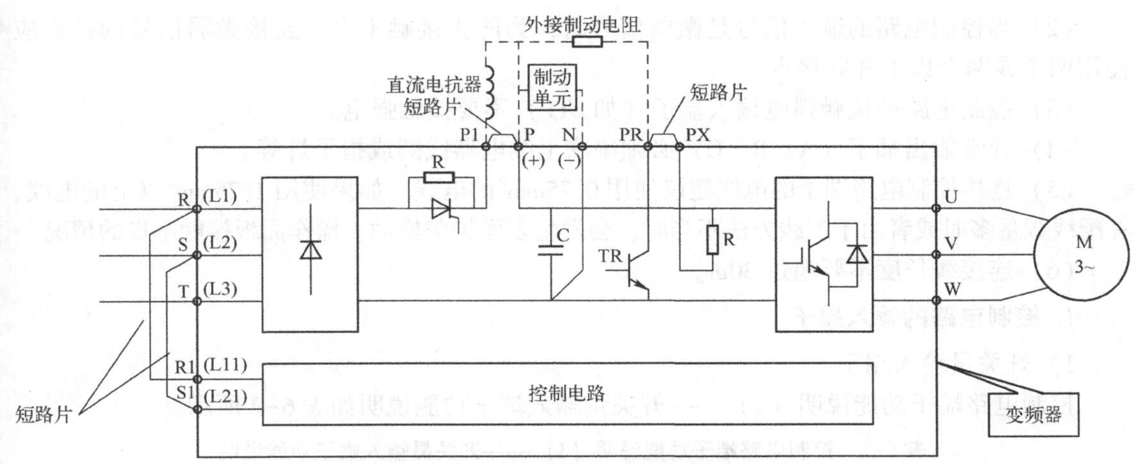

图 6-2　三菱 FR-D700 变频器主电路

表 6-1　主电路端子功能说明

端 子 记 号	端 子 名 称	端子功能说明
R/L1、S/L2、T/L3	交流电源输入端子	连接交流电源 当使用提高功率因素的变流器（FR-HC、MT-HC）及共直流母线变流器（FR-CV）时，在该端子与交流电源之间不要连接任何元器件
U、V、W	变频器输出端子	接笼型异步电动机
P/+、PR	连接制动电阻器端子	拆下端子 PR、PX 间的短路片，在端 P/+、PR 间连接制动电阻器
P/+、N/-	连接制动单元端子	连接制动单元或电源再生转换器单元及提高功率因素的变流器
P/+、P1	连接直流电抗器端子	对于 55kW 以下的变频器请拆下端子 P/+、P1 间的短路片，并在这两个端子间连接上 DC 电抗器。75kW 以上的变频器已配备 DC 电抗器，必须在这两个端子间连接 DC 电抗器。FR-740-55K 变频器在通过 LD 或 SLD 设定并使用时，必须设置直流电抗器
PR、PX	内置制动器回路连接端子	端子 PX、PR 间连接有短路片（初始状态）的状态下，内置的制动器电路有效
⏚	接地端子	变频器外壳接地用（该端子必须接大地）

6.1.2　控制电路端子接线

控制电路端子接线如图 6-1 所示，主要包括模拟量输入/输出端子和开关量输入/输出端子。其中，SE、SD、5 为控制电路的公共端子，使用时应注意以下 5 个方面。

（1）端子 SD、SE、5 都是输入/输出端子的公共端子（0V），各个公共端子相互绝缘，但是不要接大地。

（2）端子 SD 为接点输入端子（STF、STR、RH、RM、RL）的公共端子，采用开放式集电极，与内部控制电路是光耦隔离的。

（3）端子 5 是频率设定信号端子（2、4）、模拟量输出端子（AM）的公共端子，应采用屏蔽线或双绞线以避免受到外来噪声的影响。

（4）端子 SE 为 RUN 运行状态下的集电极开路输出公共端子，接点输入电路和内部控制电路是光耦隔离的。

控制电路端子接线的注意事项如下。

（1）控制电路端子的连接线应使用屏蔽线或双绞线。控制电路必须与主电路、强电电路（含 22V 继电器控制电路）分开布线。

（2）当控制电路的输入信号是微弱信号时，为防止接触不良，连接微弱信号的接点应使用两个或两个以上并联接点。

（3）控制电路的接触强电输入端子（如 STF）不要接触强电。

（4）异常输出端子（A、B、C）必须串联上继电器线圈或指示灯等。

（5）连接控制电路端子的电线建议使用 0.75mm^{2}的电线。如果使用 1.25mm^{2}以上的电线，在配线数量多时或者由于配线方法不当时，会发生表面护盖松动、操作面板接触不良的情况。

（6）连接线长度不要超过 30m。

1. 控制电路的输入端子

1）开关量输入端子

控制电路端子功能说明（1）——开关量输入端子功能说明如表 6-2 所示。

表 6-2　控制电路端子功能说明（1）——开关量输入端子功能说明

<table>
<tr><th>端子记号</th><th>端子名称</th><th colspan="2">端子功能说明</th><th>额定规格</th></tr>
<tr><td>STF</td><td>正转启动端子</td><td>STF 信号为“ON”，电动机正转，为“OFF”，电动机停止运行</td><td rowspan="2">STF、STR 信号同时为“ON”时，电动机停止运行</td><td rowspan="3">输入电阻为 4.7kΩ；开路时电压为 DC 21~27V，短路时电流为 DC 4~6mA</td></tr>
<tr><td>STR</td><td>反转启动端子</td><td>STR 信号为“ON”，电动机反转，为“OFF”，电动机停止运行</td></tr>
<tr><td>RH、RM、RL</td><td>多段速选择端子</td><td colspan="2">通过 RH、RM 和 RL 信号的组合可以进行多段速选择</td></tr>
<tr><td>SD</td><td>接点输入公共端子（漏型）</td><td colspan="2">该端子选择为漏型控制逻辑时，作为接点输入公共端子</td><td>—</td></tr>
<tr><td>PC</td><td>DC 24V 电源和外部晶体管公共端子、接点输入公共端子</td><td colspan="2">该端子选择为源型控制逻辑时，作为接点输入公共端子</td><td>电源电压范围为 DC 19.2~28.8V，消耗电流为 100mA</td></tr>
</table>

（1）改变控制逻辑。

三菱 FR-D700 变频器有漏型和源型两种控制逻辑，出厂默认为漏型控制逻辑。若要转换控制逻辑，就要转换控制电路端子台背面的跳线接线器。

① 漏型控制逻辑。

漏型控制逻辑如图 6-3 所示。正转、反转按钮的公共端子为 SD。当按下正转（或反转）按钮时，变频器内部电源产生电流从 STF（或 STR）端子流出，经正转（或反转）按钮从 SD 端子回到内部电源的负极，如图 6-3（a）所示。

当变频器内部三极管集电极开路时，SE 将作为变频器与外接电路的公共端子。如图 6-3（b）所示，外接电路的电流从 RUN 端子流入，经内部三极管从 SE 端子流出。

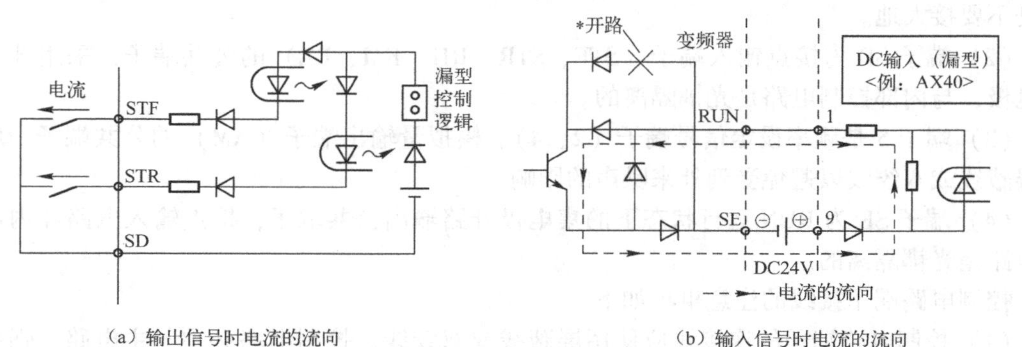

（a）输出信号时电流的流向　　（b）输入信号时电流的流向

图 6-3　漏型控制逻辑

② 源型控制逻辑。

源型控制逻辑是指信号输入端子中有电流流入时信号为“ON”的逻辑。

源型控制逻辑如图 6-4 所示。正转、反转按钮的公共端子为 PC。当按下正转（或反转）按钮时，变频器内部电源产生电流从 PC 端子流出，经正转（或反转）按钮从 STF（或 STR）端子回到内部电源的负极，如图 6-4（a）所示。

当变频器内部三极管集电极开路时，SE 将作为变频器与外接电路的公共端子。如图 6-4（b）所示，外接电路的电流从 SE 端子流入，经内部三极管从 RUN 端子流出。

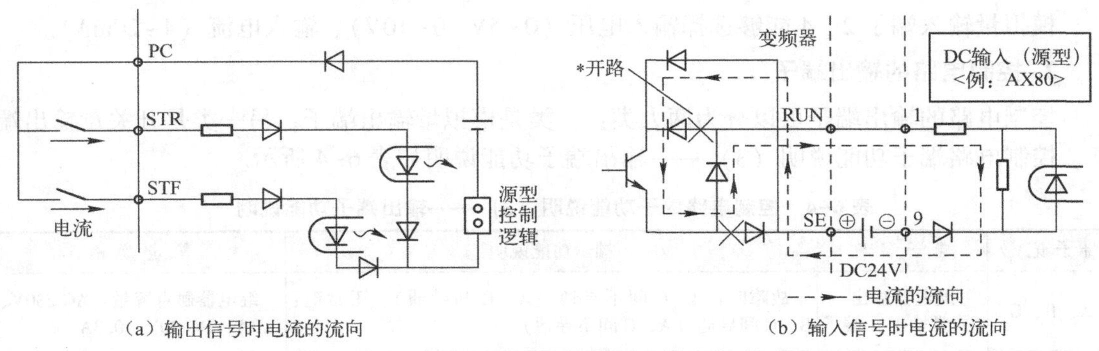

（a）输出信号时电流的流向　　（b）输入信号时电流的流向

图 6-4　源型控制逻辑

（2）通过无接点开关输入信号。

可以用无接点开关（晶体管）代替有接点开关连接变频器的接点输入端子，如图 6-5 所示。

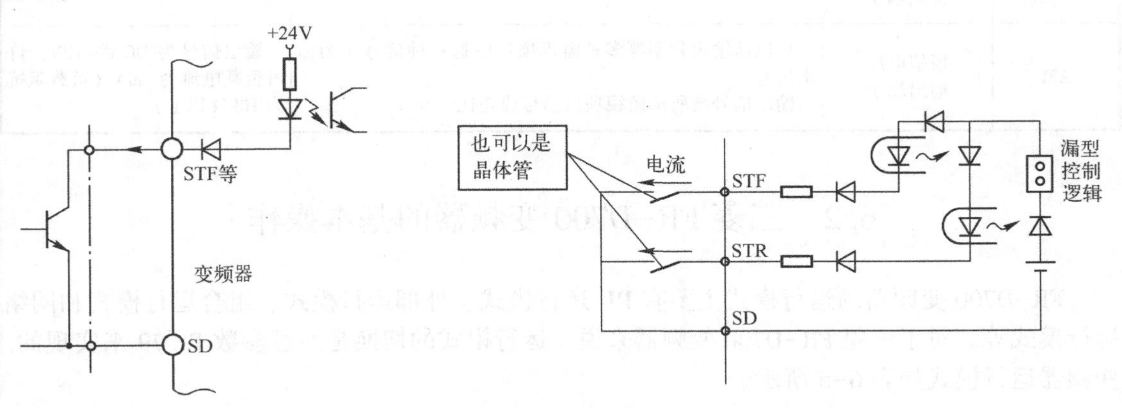

图 6-5　通过晶体管输入信号

2）模拟量输入端子

控制电路端子功能说明（2）——模拟量输入端子功能说明如表 6-3 所示。

表 6-3　控制电路端子功能说明（2）——模拟量输入端子功能说明

端子记号	端子名称	端子功能说明	额定规格
10	频率设定用电源端子	按出厂状态连接频率设定电位器时，与端子 10 连接	DC 5.2V±0.2V，容许负载电流为 10mA
2	频率设定（电压）端子	输入 DC 0~5V 或 0~10V 时，5V 或 10V 对应最大输出频率；输出频率与输入电压成正比；输入 DC 0~5V（初始设定）和 DC 0~10V 的切换由 Pr73 进行控制	在输入电压的情况下，输入电阻为 10kΩ±1kΩ，最大许可电压为 DC 20V

续表

端子记号	端子名称	端子功能说明	额定规格
4	频率设定（电流）端子	当输入 DC 4~20mA 时，20mA 对应最大输出频率。输出频率与输入电流成正比。只有 AU 信号置为"ON"时，此输入信号才会有效	在输入电流的情况下，输入电阻为 245Ω±5Ω，最大许可电流为 30mA
5	频率设定公共端子	频率设定信号端子（2，1 或 4）和模拟量输出端子 CA、AM 的公共端子，不要接大地	—

模拟量输入端子 2、4 能够选择输入电压（0~5V，0~10V）、输入电流（4~20mA）。

2. 控制电路的输出端子

控制电路的输出端子可以分为两大类：一类是模拟量输出端子；另一类是开关量输出端子。控制电路端子功能说明（3）——输出端子功能说明如表 6-4 所示。

表 6-4 控制电路端子功能说明（3）——输出端子功能说明

端子记号	端子名称	端子功能说明	额定规格
A、B、C	继电器输出（异常输出）端子	故障时：B、C 间不导通（A、C 间导通）。正常时：B、C 间导通（A、C 间不导通）	继电器触点容量：AC 230V、0.3A，DC 30V、0.3A
RUN	运行端子	该端子在变频器输出频率为启动频率（初始值为 0.5Hz）以上时输出低电平，在电动机停止或直流制动时输出高电平	容许负载为 DC 24V，0.1A
SE	集电极开路输出公共端子	该端子是端子 RUN、SU、OL、IPF、FU 的公共端子	—
AM	模拟电压输出端子	可以从输出频率等多种监视项目中选一种信号作为输出信号 输出信号与所选监视项目信号成正比	输出信号为 DC 0~10V，许可负载电流为 1mA（负载阻抗为 10kΩ 以上）

6.2 三菱 FR-D700 变频器的基本操作

FR-D700 变频器的运行模式主要有 PU 运行模式、外部运行模式、组合运行模式和网络运行模式等。对于三菱 FR-D700 变频器来说，运行模式的切换是通过参数 Pr. 79 来实现的。变频器运行模式如表 6-5 所示。

表 6-5 变频器运行模式

Pr79	功能	LED 显示 ▭：灭灯 ▭：亮灯
0	变频器处于外部运行模式。通过变频器操作面板上的按键 PU/EXT 可以切换 PU 运行模式与外部运行模式	外部运行模式 PU EXT NET PU运行模式 PU EXT NET
1	变频器处于 PU 运行模式。通过变频器操作面板可以设定变频器的运行频率	PU EXT NET

续表

Pr79	功　能	LED 显示 ▭：灭灯 ▭：亮灯
2	变频器处于外部运行模式。通过（端子 2、5）可以设定变频器的运行频率	外部运行模式 PU EXT NET 网络运行模式 PU EXT NET
3	变频器处于外部/PU 组合运行模式 1。通过变频器控制面板、多段速选择端子、端子 4 和 5（AU 信号为“ON”时有效）设定变频器的运行频率	PU EXT NET
4	变频器处于外部/PU 组合运行模式 2。通过端子 2 和 4、多段速选择端子设定变频器的运行频率	PU EXT NET
6	变频器处于切换模式，可进行 PU 运行模式、外部运行模式和网络运行模式的切换	PU运行模式 PU EXT NET 外部运行模式 PU EXT NET 网络运行模式 PU EXT NET
7	变频器处于外部运行模式，且该运行模式与 PU 运行模式是互锁关系的。当 X12 信号为“ON”时，可切换到 PU 运行模式，同时停止外部运行模式时的输出；当 X12 信号为“OFF”时，禁止切换到 PU 运行模式	PU运行模式 PU EXT NET 外部运行模式 PU EXT NET

6.2.1　三菱变频器面板控制的运行操作

1. 三菱 FR-D700 变频器面板的认知

通常可以通过变频器的操作面板设定变频器的运行频率、各种参数、监视操作命令和显示错误等。变频器的型号不同，其操作面板也不相同。三菱 FR-D700 变频器所配的是 FR-PU07 操作面板，其外形如图 6-6 所示。FR-PU07 操作面板的功能及说明如表 6-6 所示。

图 6-6　FR-PU07 操作面板的外形

表 6-6　FR-PU07 操作面板的功能及说明

显示/按键/旋钮	功　　能	说　　明
RUN 指示灯	亮灯/闪烁以指示变频器的相应操作	在电动机正转运行中，该指示灯慢闪烁（1.4s/次）；在电动机反转运行中，该指示灯快闪烁（0.2s/次） 以下几种情况该指示灯会亮灯 ● 按 RUN 或输入启动指令后，电动机都无法运行时 ● 输入启动指令后，变频器的输出频率在启动频率以下时 ● 输入 MRS 信号时
MON 指示灯	监视模式显示	监视模式时亮灯
PRM 指示灯	参数设定模式显示	参数设定模式时亮灯
PU 指示灯	PU 运行模式显示	PU 运行模式时亮灯
EXT 指示灯	外部运行模式显示	外部运行模式时亮灯
NET 指示灯	网络运行模式显示	网络运行模式时亮灯
LED（4 位）	监视器	显示输出频率、参数序号、故障代码等
Hz 指示灯	单位 Hz 显示	监视器显示频率时亮灯
A 指示灯	单位 A 显示	监视器显示电流时亮灯（显示电压时熄灯，显示设定频率时闪烁）
（M 旋钮）	变更监视器显示内容	按该旋钮，监视器可显示的内容 ● 监视模式时的设定频率 ● 校正时的当前设定值 ● 报警历史模式时的顺序
PU/EXT	切换 PU/外部操作模式	使用外部运行模式时，请按下此键，使 EXT 指示灯亮灯
RUN	启动	根据参数 Pr40 的设定，电动机按相应旋转方向运行
STOP/RESET	停止、复位	STOP：用于停止电动机运行 RESET：用于复位变频器（用于主要故障）
SET	确定各设定	用于确定频率和参数的设定。运行中按此按键则监视器显示：输出频率→输出电流→输出电压
MODE	模式切换	用于切换各设定模式；和 PU/EXT 同时按下也可以用来切换运行模式；长按此按键（2s）可以锁定操作

2. FR-PU07 操作面板的基本操作

1）模式切换的操作

对于变频器来说，要实现某项操作时，首先要通过操作面板切换到相应的模式，然后进行相应的操作。

变频器接通电源后，变频器自动进入外部运行模式（输出频率监视模式），按“PU/EXT”按键，进入PU运行模式（输出频率监视器），再按“MODE”按键进入参数设定模式，反复按“MODE”按键进入报警历史模式，最后回到外部运行模式，如图6-7所示。当切换到某个模式后，操作“SET”按键或M旋钮对该模式进行具体的操作。

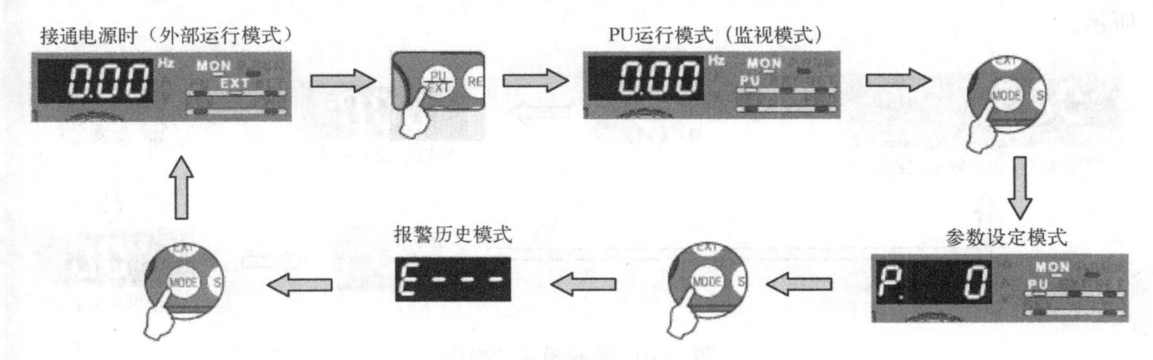

图6-7　模式切换的操作（一）

2）运行模式切换的操作

变频器接通电源后，变频器自动进入外部运行模式（监视模式），反复按“PU/EXT”按键就可以实现外部运行模式、PU运行模式、PU点动模式3种模式间的切换，如图6-8所示。

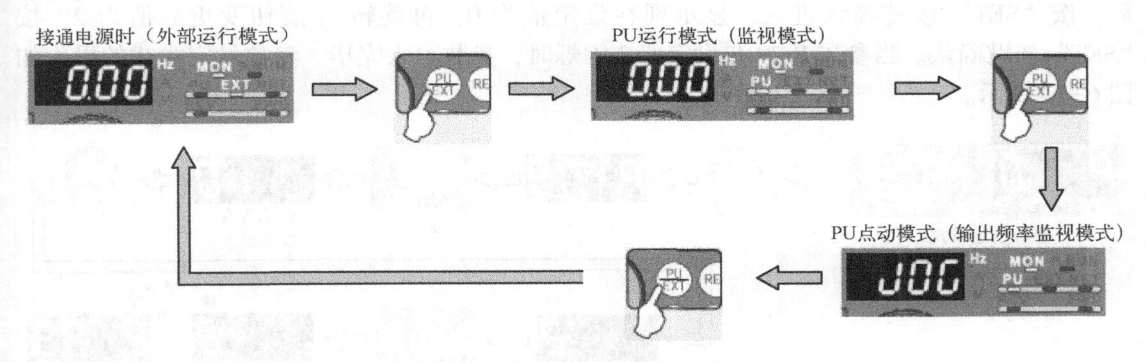

图6-8　模式切换的操作（二）

3）频率设定模式的操作

频率设定模式用于设置变频器的工作频率，也就是设置变频器逆变电路输出电源的频率。

频率设定模式的设置方法：先操作“MODE”按键切换到监视模式，旋转M旋钮变更频率数值，按“SET”按键确定设置。当“F”与频率交替闪烁时，频率设定写入完毕。频率设定模式的操作如图6-9所示。

图6-9　频率设定模式的操作

4）监视模式的操作

监视模式用于显示变频器的输出频率、电流、电压和报警信息，便于用户了解变频器的工作情况。

监视模式的设置方法：先操作“MODE”按键切换到输出频率监视模式，反复按“SET”按键，就可以循环显示输出电流、输出电压和输出频率。监视模式的操作如图 6-10 所示。

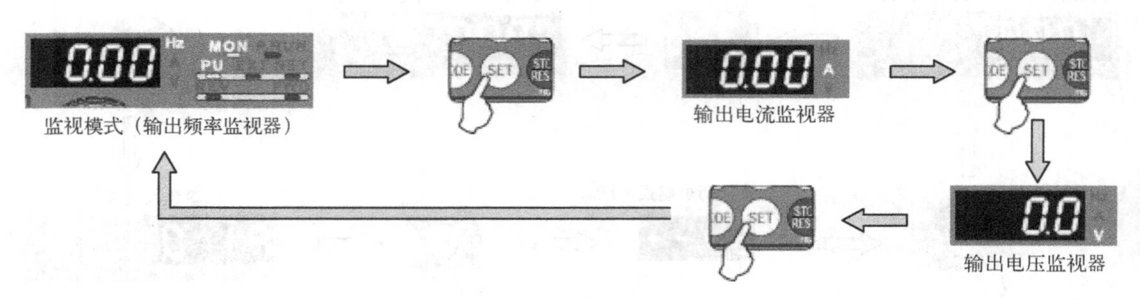

图 6-10　监视模式的操作

5）参数设定模式的操作

参数设定模式用于设置变频器的各种工作参数。三菱变频器有近千种参数，每种参数可以设置不同的值，下面以参数 Pr79=2 为例介绍参数设定的操作。

首先，操作“MODE”按键切换到参数设定模式，旋转 M 旋钮找到 Pr79 这个参数；然后，按“SET”按键确认进入，显示现在设定值为 0；再旋转 M 旋钮变更数值为 2，按“SET”按键确认。当参数 Pr79 与设定值 2 闪烁时，参数写入完毕。参数设定模式的操作如图 6-11 所示。

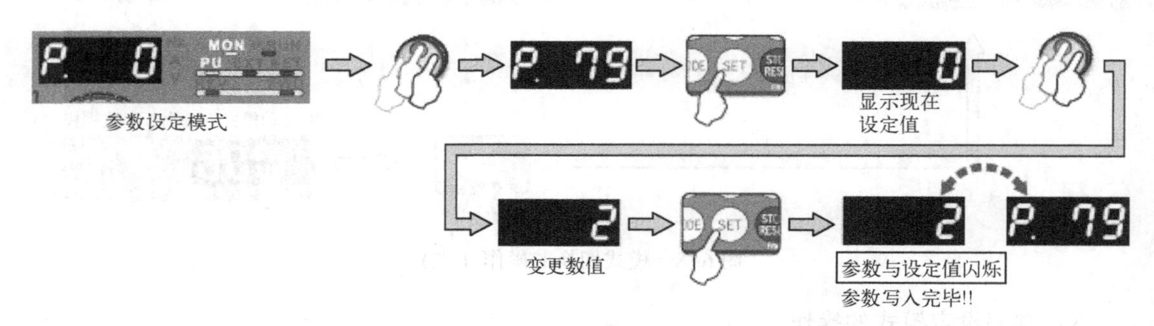

图 6-11　参数设定模式的操作

6）参数清除、参数全部清除、错误清除和参数复制的操作

操作“MODE”按键切换到参数设定模式，反复旋转 M 旋钮，会依次显示参数清除、参数全部清除、错误清除及参数复制的参数代码。参数清除、参数全部清除、错误清除和参数复制的操作如图 6-12 所示。

如果要执行某项功能，可按参数设定模式的操作来实现。首先，按下“SET”按键读取当前设定值；其次，旋转 M 旋钮变更参数值；最后，再次按下“SET”按键确认。参数值闪烁表示设置成功。

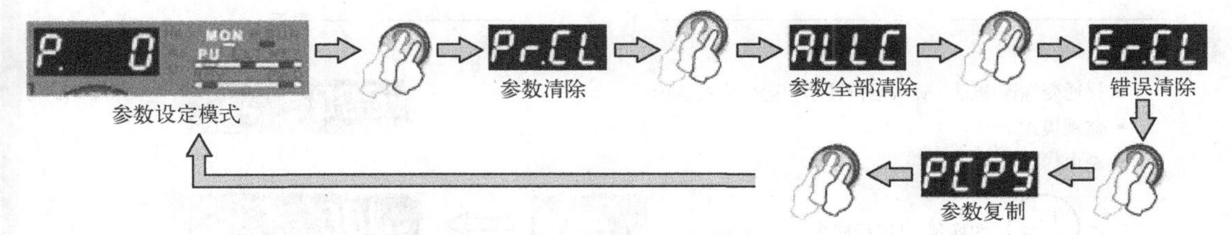

图 6-12　参数清除、参数全部清除、错误清除和参数复制的操作

7）报警历史模式的操作

若变频器的操作面板和参数单元操作或设定错误，运行中发生异常，会出现报警指示，错误信息以故障代码形式在操作面板监视器上显示。报警历史模式的操作如图 6-13 所示。

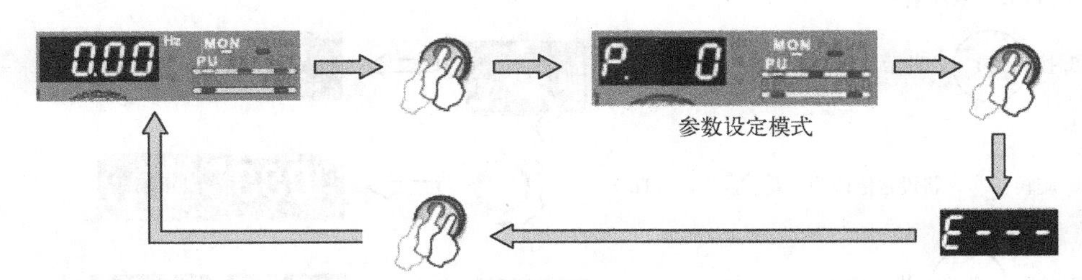

图 6-13　报警历史模式的操作

通过 M 旋钮可以旋出过去 8 次的报警历史信息，且最新的报警历史信息会附加显示“.”符号。无历史报警信息的情况下显示E 0。

3. PU 运行模式

PU 运行模式又称面板运行操作，主要通过变频器的操作面板设定变频器的输出频率、启动指令、监视操作命令、参数等。这种模式不需要外接其他的操作控制信号，可直接在变频器的操作面板上进行操作。操作面板也可以从变频器上取下来进行远距离操作。

按照图 6-14 将变频器的 R/L1、S/L2、T/L3 端子接交流电源，U、V、W 端子接电动机，合上电源开关，给变频器通电。

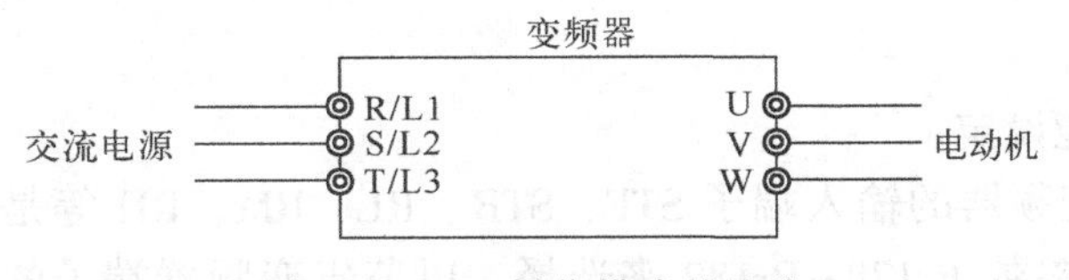

图 6-14　PU 操作模式的接线

1）PU 运行模式下的点动运行操作

点动运行操作可以进行机械设备的位置调整和设备试运行的调试等。假设点动频率为 10Hz。PU 运行模式下的点动运行操作与显示如图 6-15 所示。

2）PU 运行模式下的连续运行操作

在电动机连续运行时将频率设定为 40Hz，具体操作过程如图 6-16 所示。

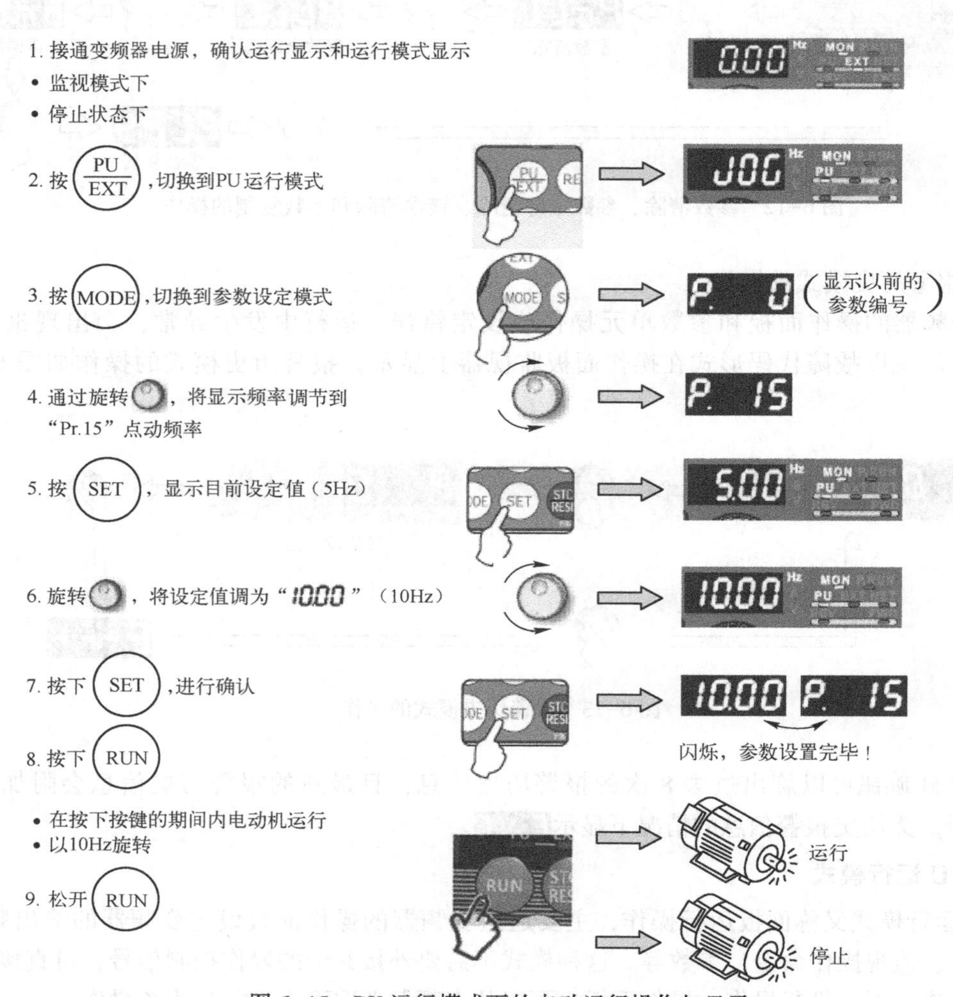

图 6-15　PU 运行模式下的点动运行操作与显示

6.2.2　三菱变频器端子控制的运行操作

1. 输入端子功能

1）输入端子功能设定

三菱 FR-D740 变频器的输入端子 STF、STR、RL、RM、RH 等是多功能端子。这些端子功能可以通过设定参数 Pr178～Pr182 来选择，以节省变频器端子的数量。输入端子功能设定参数如表 6-7 所示。

表 6-7　输入端子功能设定参数

参　数	说　明	初 始 值	初始值对应的功能	设 定 范 围
Pr178	STF 端子功能选择	60	正转指令	0～5，7，8，10，12，14，16，18，24，25，37，60，62，65～67，9 999
Pr179	STR 端子功能选择	61	反转指令	0～5，7，8，10，12，14，16，18，24，25，37，61，62，65～67，9 999

续表

参　数	说　明	初 始 值	初始值对应的功能	设 定 范 围
Pr180	RL 端子功能选择	0	低速运行指令	0~5，7，8，10，12，14，16，18，24，25，37，62，65~67，9 999
Pr181	RM 端子功能选择	1	中速运行指令	
Pr182	RH 端子功能选择	2	高速运行指令	

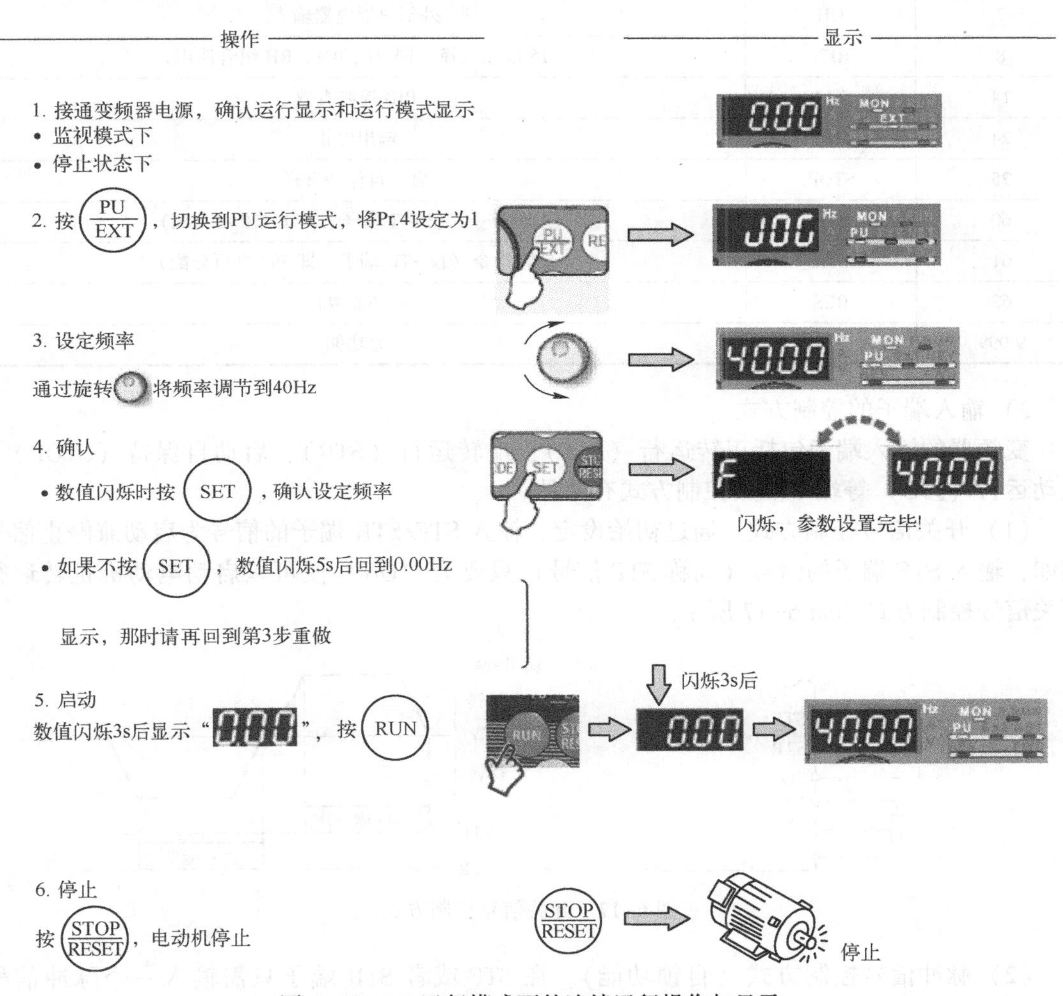

图 6-16　PU 运行模式下的连续运行操作与显示

输入端子功能设定参数的设定值与对应功能如表 6-8 所示。

表 6-8　输入端子功能设定参数的设定值与对应功能

设　定　值	端 子 记 号	功能	
		Pr59＝0（初始值）	Pr59＝1 或 2
0	RL	低速运行指令	遥控设定清除
1	RM	中速运行指令	遥控设定减速
2	RH	高速运行指令	遥控设定加速
3	RT	第 2 功能选择	

续表

设定值	端子记号	功能	
		Pr59=0（初始值）	Pr59=1或2
4	AU	端子4输入选择	
5	JOG	点动运行选择	
7	OH	外部热继电器输入	
8	REX	15段速选择（同RL、RM、RH组合使用）	
14	X14	PID控制有效	
24	MRS	输出停止	
25	STOP	启动自保持选择	
60	STF	正转指令（仅STF端子，即Pr178可分配）	
61	STR	反转指令（仅STR端子，即Pr179可分配）	
62	RES	变频器复位	
9 999	—	无功能	

2）输入端子的控制方式

变频器的输入端子包括正转运行（STF）、反转运行（STR）、启动自保持（STOP）和点动运行（JOG）等端子。其控制方式有两种。

（1）开关信号控制方式。通过初始设定，输入STF/STR端子的信号为启动兼停止信号，例如，输入STF端子的信号（简称STF信号）只要为“ON”便可以启动电动机正转运行。开关信号控制方式如图6-17所示。

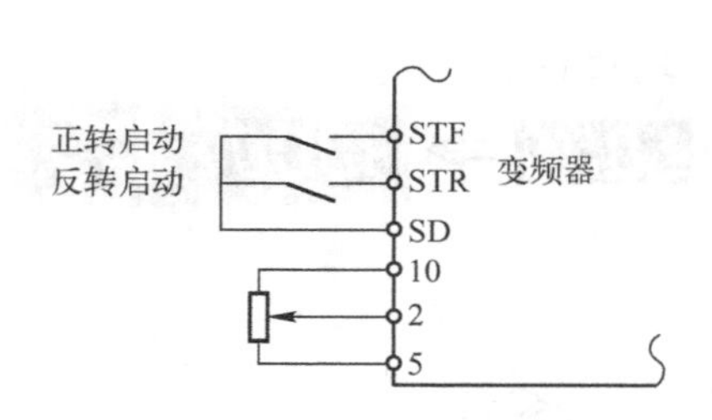

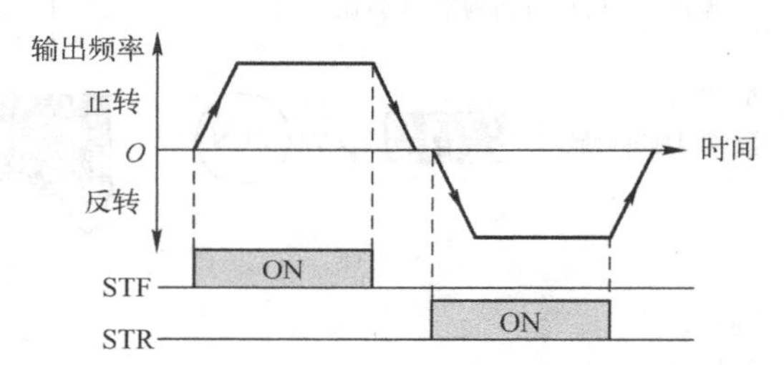

图6-17　开关信号控制方式

（2）脉冲信号控制方式（自锁功能）。在STF或者STR端子只需输入一个脉冲信号，电动机即可维持正转或反转，犹如具有自锁功能一样。此时需要用一个常闭按钮（停止按钮）连接变频器的STOP端子。如果要使电动机停止运行，必须断开停止按钮。脉冲信号控制方式如图6-18所示。

3）模拟量输入端子的应用

1）输入电压

频率设定信号在端子2、5之间输入DC 0~5V（或者0~10V）可设定变频器的输出频率。当将5V（10V）输入端子2、5之间时，变频器输出最大频率。变频器的供电电源可以使用内部电源5V（10V），也可以使用外部电源。输入电压的端子接线如图6-19所示。

2）输入电流

当要控制风扇、泵等压力和温度时，可将调节装置的输出信号DC 4~20mA输入端子4、

5之间。将AU信号置于“ON”时，端子4输入有效。输入电流的端子接线如图6-20所示。

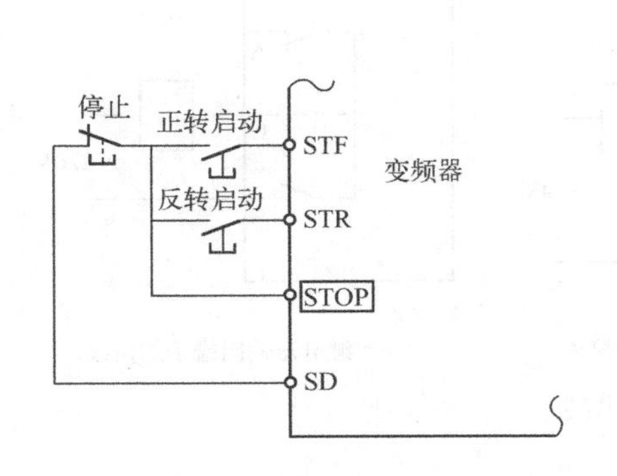

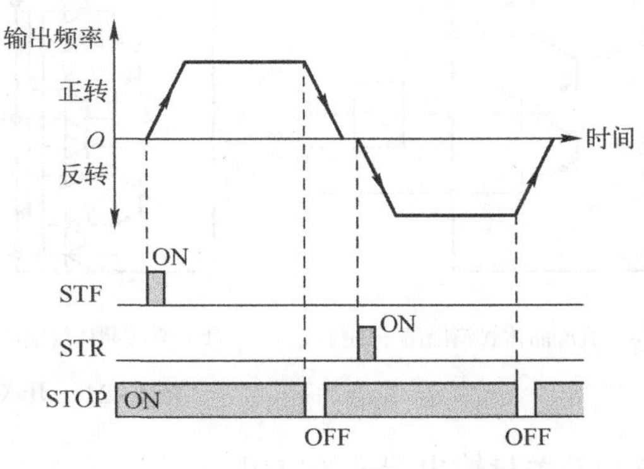

图6-18　脉冲信号控制方式

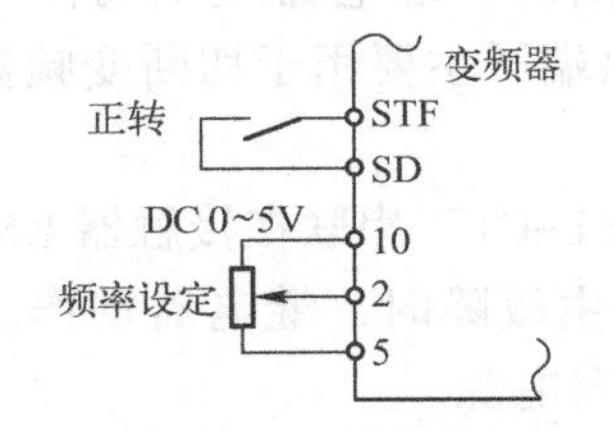

图6-19　输入电压的端子接线

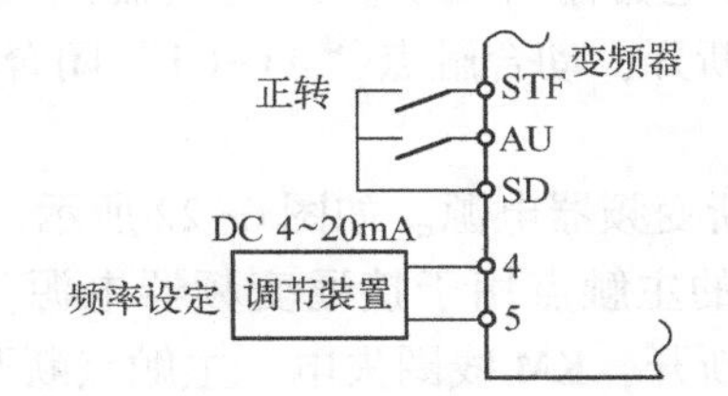

图6-20　输入电流的端子接线

2. 输出端子功能

1）输出端子的分类

输出端子可以分为以下几类。

（1）测量信号输出端子。该类端子主要用于向外接仪表提供与运行参数成正比的测量信号。测量信号可以是频率信号、电流信号、电压信号、转速信号等，由用户自行选定。测量信号输出端子输出的模拟信号也可以用作转速或电流等的反馈信号。

（2）报警输出端子。当变频器因故障而跳闸时，报警输出端子将发出报警信号。报警输出端子通常都采用继电器输出的结构形式，可以直接接到AC 220V的电路中。

（3）状态信号输出端子。该类端子可以输出变频器各种状态的信号，如运行信号、频率到达信号、频率检测信号等，可通过功能预置来设定输出哪种信号，故常称为多功能输出端子。

2）开关量输出端子的分类

（1）直流晶体管输出端子。直流晶体管输出端子的接线如图6-21（a）所示。该类端子采用集电极开路的结构形式。由于受到晶体管耐压的限制，故该类端子只能用于低压直流电路中。

（2）交流晶体管输出端子。交流晶体管输出端子的接线如图6-21（b）所示，该类端子采用集电极开路的结构形式。由于受到晶体管耐压的限制，故该类端子可用于低压直流或交流电路中。

（3）继电器输出端子。继电器输出端子的接线如图6-21（c）所示，该类端子采用继电器的结构形状。由于继电器的触点耐压较高，故该类端子可直接用于交流220V的电路中。

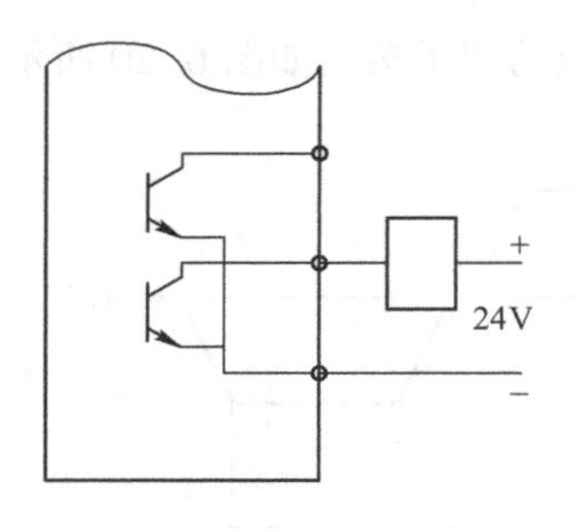

（a）直流晶体管输出端子的接线

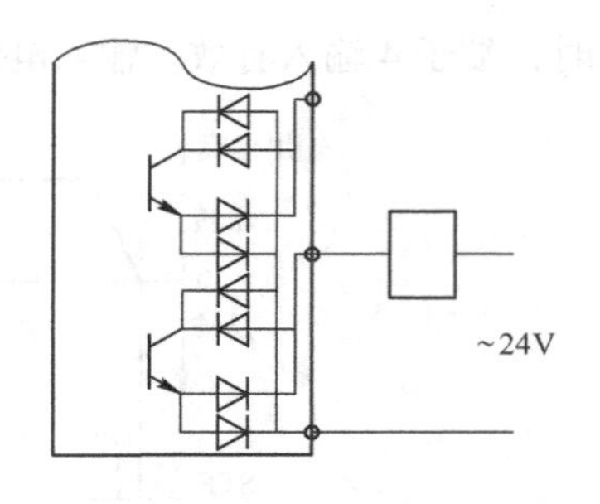

（b）交流晶体管输出端子的接线

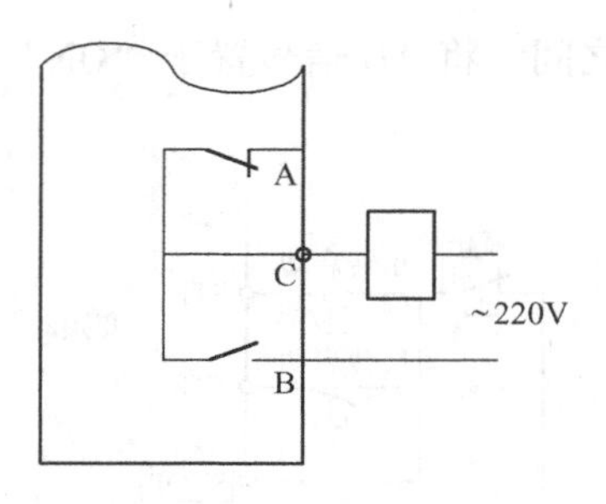

（c）继电器输出端子的接线

图 6-21　开关量输出端子

3）开关量输出端子的应用

（1）继电器输出端子。当变频器因发生故障而跳闸时，继电器立刻动作：动断触点“B1-C1”断开，动合触点“A1-C1”闭合。继电器输出端子主要用于切断变频器电源和声光报警。

① 切断变频器电源。如图 6-22 所示，动断触点“B1-C1”串联在接触器 KM 的线圈电路中，KM 的主触点用于接通变频器电源。当变频器发生故障时，继电器动作，动断触点“B1-C1”断开，KM 线圈失电，主触点断开，切断变频器电源。

② 声光报警。当变频器发生故障时，继电器动作，动合触点“A1-C1”闭合，指示灯 HL 和报警器 HA 发出声光报警。

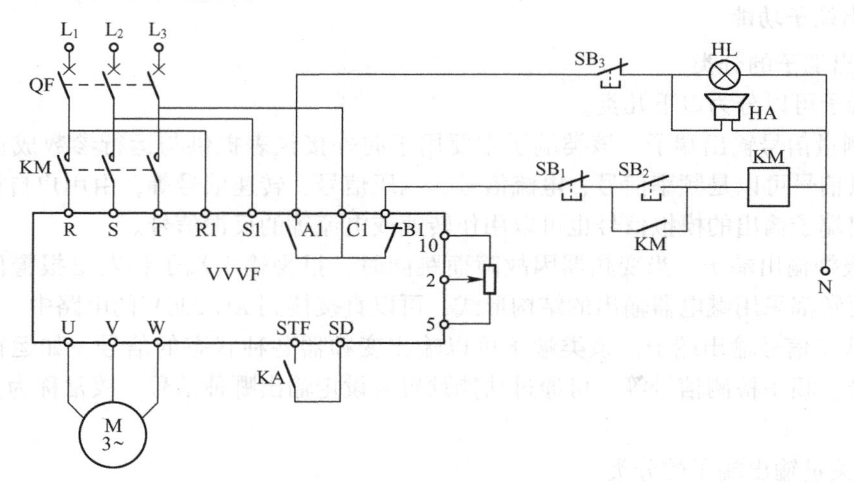

图 6-22　继电器输出端子应用

（2）频率到达（SU）端子。如图 6-23 所示，只要变频器的输出频率与运行频率相吻合，频率到达端子的输出信号（SU 信号）为“ON”，而该信号可作为相关机器的工作开始信号等。根据需要，还可以通过 Pr41 预置一个检测值。如果设定频率为 100%，Pr41 能够在 1%~100%的范围内调整。

（3）频率检测（FU）端子。如图 6-24 所示，当变频器的输出频率上升到需要检测的任意频率时，频率检测端子的输出信号（FU 信号）就开始为“ON”。可以通过 Pr190 对该端子进行正、负逻辑的选择。在正向运行时，需要检测的任意频率由 Pr42 设定；在反向运行时，需要检测的任意频率由 Pr43 设定。

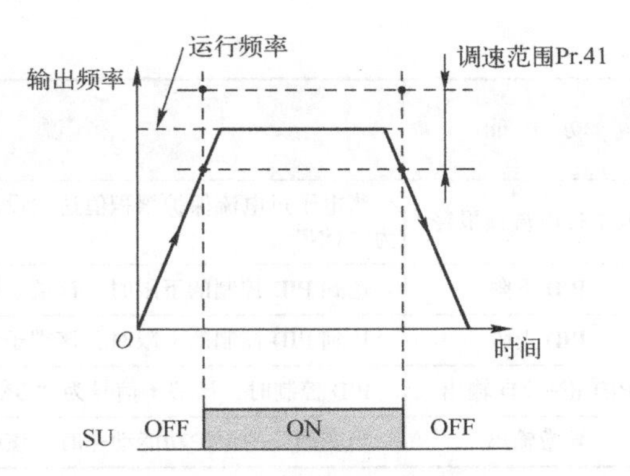

图 6-23　频率到达 SU 端子应用

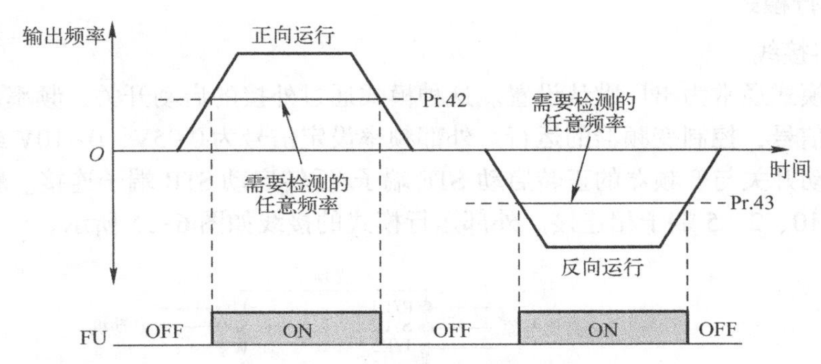

图 6-24　频率检测 FU 端子应用

4）输出端子的功能选择

通过输出端子功能选择参数可改变集电极开路和继电器输出端子的功能。输出端子功能选择参数如表 6-9 所示。

表 6-9　输出端子功能选择参数

参数	端子记号	端 子 名 称	出厂默认值	出厂设定端子功能	设 定 范 围
Pr190	RUN	集电极开路输出端子	0	变频器运行	0，1，3，4，7，8，11～16，25，26，46，47，64，70，90，91，93，95，96，98，99，100，101，103，104，107，108，111～116，125，126，146，147，164，170，190，191，193，195，196，198，199，9999
Pr192	A，B，C	继电器输出端子	99	异常输出	

参照表 6-9 即可设定相应参数。其中，0～99 为正逻辑，100～199 为负逻辑。输出端子的部分参数设定值及相应的功能如表 6-10 所示。

表 6-10　输出端子的部分参数设定值与相应的功能

设定值		端子记号	功　　能	说　　明
正逻辑	负逻辑			
0	100	RUN	变频器运行	当输出频率上升到或超过启动频率时，该端子信号开始为“ON”
1	101	SU	频率到达	输出频率到达设定频率时，该端子信号开始为“ON”
3	103	OL	过负荷报警	失速防止功能动作期间，该端子信号为“ON”
4	104	FU	输出频率检测	输出频率达到 Pr42 或 Pr43 设定的频率以上时，该端子信号开始为“ON”

续表

设定值		端子记号	功　能	说　明
正逻辑	负逻辑			
8	108	THP	电子过电流预报警	当电子过电流保护累积值达到设定值的85%时，该端子信号开始为“ON”
14	114	FDN	PID 下限	达到 PID 控制的下限时，该端子信号开始为“ON”
15	115	FUP	PID 上限	达到 PID 控制的上限时，该端子信号开始为“ON”
16	116	RL	PID 正-反向输出	PID 控制时，该端子信号为“ON”
99	199	ALM	异常输出	当变频器的保护功能动作时，该端子信号开始为“ON”

3. 外部运行模式

1）变频器接线

外部运行模式通常为出厂默认设置。这种模式通过外接的启动开关、频率设定电位器等产生外部操作信号，控制变频器的运行。外部频率设定信号为0~5V、0~10V或4~20mA的直流信号。启动开关与变频器的正转启动STF端子/反转启动STR端子连接。频率设定电位器与变频器的10、2、5端子相连接。外部运行模式的接线如图6-25所示。

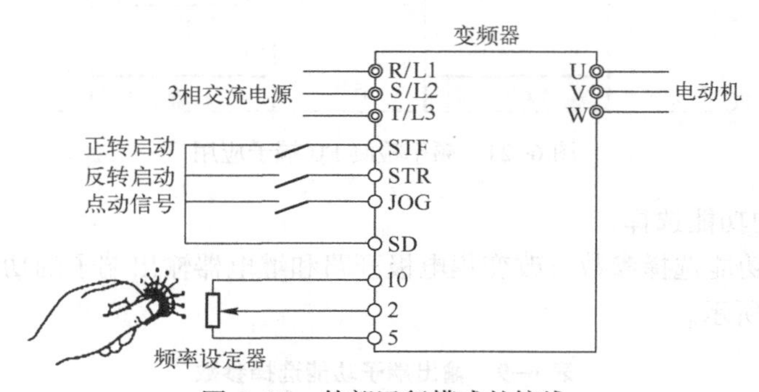

图6-25　外部运行模式的接线

2）变频器参数设置

首先对变频器参数进行清除，然后设置Pr79=2，选择外部运行模式，接着根据控制要求设置变频器的上限频率参数Pr1、下限频率参数Pr2、模拟量输入选择参数Pr73等。外部运行模式的相关参数设置如表6-11所示。

表6-11　外部运行模式的相关参数设置

参数名称	参　数	出厂默认值	设定值	说　明
上限频率	Pr1	120	50	设定上限频率为50Hz
下限频率	Pr2	0	0	设定下限频率0Hz
电子过电流保护	Pr9	变频器额定电流	2.5	一般将其设为电动机的额定电流
扩展参数的显示	Pr160	9 999	0	Pr160=9 999时，只显示简单模式的参数 Pr160=0时，可以显示简单模式和扩展参数
运行模式选择	Pr79	0	2	选择外部运行模式
启动频率	Pr13	0.5	5	设定启动频率为5Hz
模拟量输入选择	Pr73	1	1	设定端子2可以输入0~5V给定电压

续表

参数名称	参　　数	出厂默认值	设 定 值	说　　明
电动机容量	Pr80	9 999	1.1	设置电动机容量为 1.1kW
电动机额定电压	Pr83	400	380	设置电动机的额定电压为 380V
电动机额定频率	Pr84	50	50	设置电动机额定频率为 50Hz
STF 端子功能选择	Pr178	60	60	设置 STF 端子为启动正转功能端子
STR 端子功能选择	Pr179	61	61	设置 STR 端子为启动反转功能端子
RL 端子功能选择	Pr180	0	25	设置 RL 端子为启动自保持功能端子

3）操作运行

（1）变频器上电，确认运行状态。按 MODE 按键切换参数设定模式，将表 6-11 中的参数输入变频器中，并使 Pr79=2 或 0，确认 EXT 指示灯点亮（如 EXT 指示灯未亮，请切换到外部运行模式）。

（2）开关操作运行。

① 开始。按图 6-25 所示接好线，将启动开关（K1 或 K2）置于“ON”，表示运转状态的 RUN 灯闪烁。

② 加速。顺时针缓慢旋转电位器（频率设定电位器）到满刻度。显示的频率数值逐渐增大，电动机加速，当显示 45Hz 时，停止旋转电位器。此时，变频器运行在 45Hz 上，RUN 指示灯一直亮。

③ 减速。逆时针缓慢旋转电位器（频率设定电位器）到底。显示的频率数值逐渐减小到 0Hz，电动机减速，最后停止运行。

④ 停止。断开启动开关（K1 或 K2），电动机将停止运行。

6.2.3　三菱变频器的多段速运行操作

1. 相关知识

在变频器的外接输入端子中，通过功能预置，可以将若干（通常为 2~4）个输入端子作为多段速（3~16 挡）控制端子，而速度的切换由外接的开关器件通过改变输入端子的状态及组合来实现。各挡速度是按二进制的顺序排列的，故 2 个输入端子可以组合成 3 或 4 挡速度，3 个输入端子可以组合成 7 或 8 挡速度，4 个输入端子可以组合成 15 或 16 挡速度。

用参数将多种运行频率（速度）预先设定，用输入端子的不同组合进行速度选择。其中，参数 Pr4~ Pr6 用来设定高、中、低 3 段速度，参数 Pr24~Pr27 用来设定 4~7 段速度，参数 Pr232~ Pr239 用来设定 8~15 段速度。多段速参数设置如表 6-12 所示。

表 6-12　多段速参数设置

参　　数	出厂默认值/Hz	设定范围/Hz	功　　能	备　　注
Pr4	50	0~400	设定 RH 闭合时的频率	
Pr5	30	0~400	设定 RM 闭合时的频率	
Pr6	10	0~400	设定 RL 闭合时的频率	
Pr24~Pr27	9999	0~400，9 999	设定 4~7 段速	9999：未选择
Pr232~ Pr239	9 999	0~400，9 999	设定 8~15 段速	9999：未选择

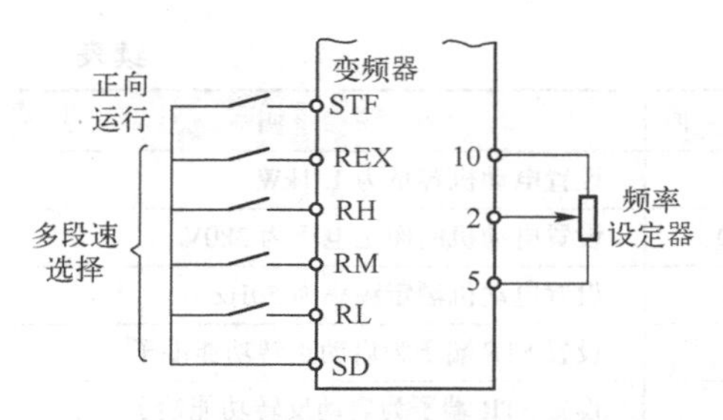

图 6-26　多段速控制时变频器的接线

可通过断开或闭合外部触点（RH、RM、RL、REX 信号）选择各种速度。多段速控制时变频器的接线如图 6-26 所示。

（1）3 段速的设定。RH 信号为“ON”时，变频器按 Pr4 中设定的频率运行；RM 信号为“ON”时，变频器按 Pr5 中设定的频率运行；RL 信号为“ON”时，变频器按 Pr6 中设定的频率运行。在初始设定情况下，同时选择 2 段速以上时，变频器则按照低速信号侧的设定频率运行。

（2）4 段速以上的设定。通过 RH、RM、RL 和 REX 信号的组合可以进行 4～15 段速的设定，且变频器的运行频率设定在参数 Pr. 24～Pr. 27、Pr. 232～Pr. 239 中；如果将 Pr. 178～Pr. 189（输入端子功能选择参数）设定为“8”，就可以对输入 REX 信号的端子进行功能分配。输入信号组合与各挡速度的对应关系如图 6-27 所示。

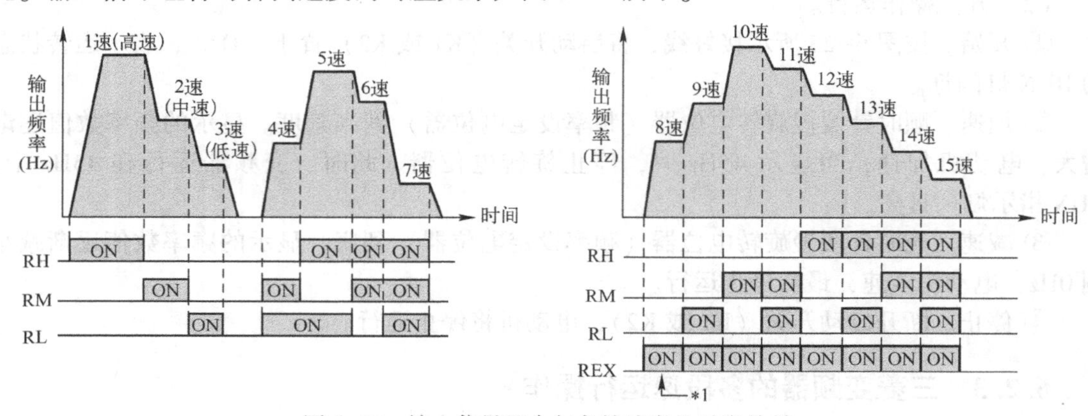

图 6-27　输入信号组合与各挡速度的对应关系

2. 三菱变频器的 7 段速运行操作

操作内容：

用开关 K3～K5 组合实现对变频器的 7 段速控制。

操作步骤：

1）接线

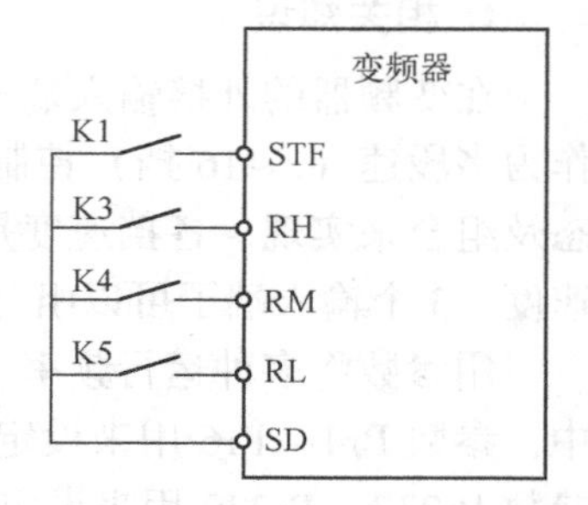

图 6-28　7 段速控制时变频器的接线

按图 6-28 接线，开关 K1 控制变频器的启动，开关 K3～K5 组合实现对变频器的 7 段速控制。

2）设置参数

对变频器的 7 段速控制，只能在外部运行模式（Pr79＝2）和组合运行模式（Pr79＝3、4）中有效。7 段速控制参数设置如表 6-13 所示。

表 6-13　7 段速控制参数设置

参数名称	参数	出厂默认值	设定值	说明
上限频率	Pr1	120	50	设定上限频率为 50Hz
下限频率	Pr2	0	0	设定下限频率为 0Hz
加速时间	Pr7	5	2	设定电动机加速时间为 2s

续表

参数名称	参数	出厂默认值	设定值	说明
减速时间	Pr8	5	2	设定电动机减速时间为 2s
扩展参数的显示	Pr160	9 999	0	Pr160=9 999，只显示简单模式的参数 Pr160=0，可以显示简单模式和扩展参数
运行模式选择	Pr79	0	3	PU/组合运行模式 1
STF 端子功能选择	Pr178	60	60	设置 STF 端子为启动正转功能端子
RH 闭合时的频率	Pr4	50	16	设定 RH 闭合时的频率为 16Hz
RM 闭合时的频率	Pr5	30	20	设定 RM 闭合时的频率为 20Hz
RL 闭合时的频率	Pr6	10	25	设定 RL 闭合时的频率为 25Hz
第 4 挡速度的频率	Pr24	9 999	30	设定第 4 挡速度的频率为 30Hz
第 5 挡速度的频率	Pr25	9 999	35	设定第 5 挡速度的频率为 35Hz
第 6 挡速度的频率	Pr26	9 999	40	设定第 6 挡速度的频率为 40Hz
第 7 挡速度的频率	Pr27	9 999	45	设定第 7 挡速度的频率为 45Hz

6.3　三菱 FR-D700 变频器的常用功能

6.3.1　设定 *U/f* 曲线

所谓 *U/f* 的控制就是通过调整转矩提升值来改善电动机机械特性的相关功能。设定 *U/f* 曲线所需的参数如表 6-14 所示。

表 6-14　设定 *U/f* 曲线所需的参数

目的	参数名称	参数
符合电动机的额定值	基准频率、基准频率电压	Pr. 3、Pr. 19、Pr. 47、Pr. 113
选择符合用途的 *U/f* 曲线	适用负荷选择	Pr. 14
手动设定启动转矩	手动转矩提升	Pr. 0、Pr. 46、Pr. 112

1. 基准频率、基准频率电压参数（Pr. 3 、Pr. 19、Pr. 47、Pr. 113）

基准频率与基准频率电压的关系如图 6-29 所示。其目的是使变频器的输出信号（电压、频率）符合电动机的额定值。基准频率、基准频率电压参数设置如表 6-15 所示。

表 6-15　基准频率、基准频率电压参数设置

参数	名称	初始值	设定范围	说明
Pr. 3	基准频率	50	0~400	将该参数设定为电动机额定转矩时的频率（50Hz/60Hz）
Pr. 19	基准频率电压	9999	0~1000	将该参数设定为基准电压
			8888	将该参数设定为电源电压的 95%
			9999	将该参数设定为电源电压
Pr. 47	2*U/f*（基准频率）	9999	0~400	将该参数设定为 RT 信号为“ON”时的基准频率
			9999	2*U/f* 无效
Pr. 113	3*U/f*（基准频率）	9999	0~400	将该参数设定为 X9 信号为“ON”时的基准频率
			9999	3*U/f* 无效

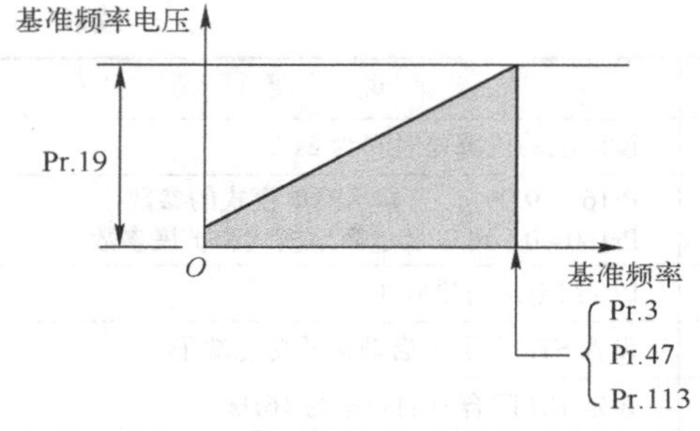

图 6-29　基准频率与基准频率电压的关系

1）设定基准频率（Pr. 3）

当使用标准电动机运行时，一般将基准频率（Pr. 3）设定为电动机的额定频率。当需要电动机在工频电源和变频器切换运行时，需要将基准频率（Pr. 3）设定为电源频率。

当电动机铭牌上记载的额定频率为 60Hz 时，必须将基准频率（Pr. 3）设定为 60Hz。

当使用三菱恒转矩电动机时，应将基准频率（Pr. 3）设定为 60Hz。

2）设定多个基准频率（Pr. 47、Pr. 113）

当使用一台变频器切换驱动多台电动机运行时，需要对基准频率进行更改，此时可以使用 Pr. 47 2*U/f*（基准频率）。Pr. 47 2*U/f*（基准频率）的 RT 信号为"ON"时有效；Pr. 113 3*U/f*（基准频率）的 X9 信号为"ON"时有效。输入 X9 信号的端子通过 Pr. 178 ~ Pr. 189（输入端子功能选择参数）进行端子功能的分配。

3）设定基准频率电压（Pr. 19）

设定基准频率电压就是对基准电压（电动机的额定电压等）进行设定。Pr. 19 中设定的电压如果低于电源电压，则变频器的最大输出电压是 Pr. 19 中设定的电压。Pr. 19 在以下情况下加以利用。

（1）在再生频度较高（如连续再生等），有可能会发生再生的时候，变频器的输出电压大于基准电压，电动机电流增加，从而引起过电流跳闸的情况。

（2）在电源电压变动较大时。电源电压一旦超过电动机的额定电压时，电动机转矩过大或电流的增加可能会引起电动机转速变动或电动机过热。

（3）在想要扩大变频器恒定输出信号范围时。想要在基准频率以下扩大变频器恒定输出信号范围时，可以通过在 Pr. 19 中设定比电源电压大的值来实现。

2. 适用负荷选择参数（Pr. 14）

通过适用负荷选择参数 Pr. 14，可以选择符合不同用途和负荷特性的最佳输出特性（*U/f* 特性）。适用负荷选择参数设置如表 6-16 所示。

表 6-16　适用负荷选择参数设置

参　数	参数名称	初始值	设定范围	说　明
Pr. 14	适用负荷选择	0	0	将该参数设定为适用恒转矩负荷
			1	将该参数设定为适用变转矩负荷
			2	将该参数设定为适用恒转矩升降负荷（反转时提升 0%）
			3	将该参数设定为适用恒转矩升降负荷（正转时提升 0%）
			4	将该参数设定为适用 RT 信号为"ON"时恒转矩负荷 将该参数设定为适用 RT 信号为"OFF"时恒转矩升降（反转时提升 0%）
			5	将该参数设定为适用 RT 信号为"ON"时恒转矩负荷 将该参数设定为适用 RT 信号为"OFF"时恒转矩升降（正转时提升 0%）

1）恒转矩负荷（设定值“0”、初始值）

当对运输机械、行车、辊驱动等即使转速变化但负载转矩恒定的设备进行驱动时，设定Pr. 14 为“0”。此时，在基准频率以下，变频器的输出电压相对于输出频率按直线变化，如图 6-30（a）所示。

2）变转矩负荷（设定值“1”）

当对风机、泵等负载转矩与转速的 2 次方按比例变化的设备进行驱动时，设定 Pr. 14 为“1”。此时，在基准频率以下，变频器的输出电压相对于输出频率按 2 次方曲线变化，如图 6-30（b）所示。

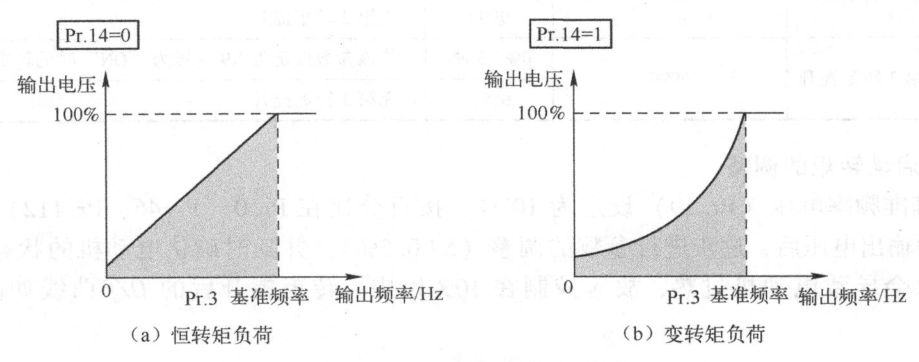

图 6-30　不同负荷下的 U/f 曲线

3）升降负荷（设定值“2”、“3”）

对于正转时运行负荷、反转时再生负荷的升降负荷，设定 Pr. 14 为“2”；正转时通过 Pr. 0 的转矩提升有效，反转时转矩提升自动成为“0%”。对于反转时运行负荷、正转时再生负荷的升降负荷，设定 Pr. 14 为“3”。升降负荷时的 U/f 曲线如图 6-31 所示。

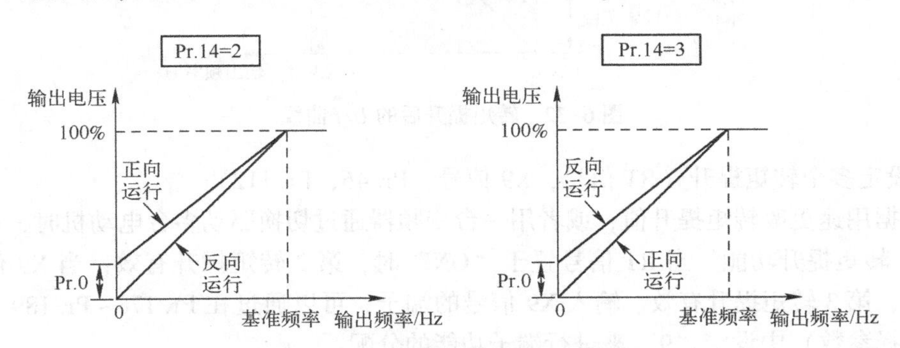

图 6-31　升降负荷时的 U/f 曲线

升降负荷在连续再生的情况下，为了抑制再生时的电流导致的跳闸，可以将 Pr. 19 基准频率电压设定为额定电压。

3. 手动转矩提升参数（Pr. 0 、Pr. 46、Pr. 112）

通过手动转矩提升功能可以实现对低频区的电压降低进行补偿，以改善电动机在低速范围内的转矩降低的情况。根据负载调整低频区的电动机转矩，以增大启动时的电动机转矩。通过端子的切换，可以切换 3 种启动转矩提升。手动转矩提升参数设置如表 6-17 所示。

表 6-17 手动转矩提升参数设置

参数	参数名称	初始值	设定范围	说明
Pr. 0	转矩提升	0. 4kW、0. 75kW 6%	0%~30%	将该参数按百分数设定为 0Hz 时的输出电压
		1. 5~3. 7kW 4%		
		5. 5kW、7. 5kW 3%		
		11~55kW 2%		
		75kW 以上 1%		
Pr. 46	第 2 转矩提升	9999	0%~30%	将该参数设定为 RT 信号为“ON”时的转矩提升值
			9999	无第 2 转矩提升
Pr. 112	第 3 转矩提升	9999	0%~30%	将该参数设定为 X9 信号为“ON”时的转矩提升值
			9999	无第 3 转矩提升

1）启动转矩的调整

将基准频率电压（Pr. 19）设定为 100%，按百分比在 Pr. 0（Pr. 46、Pr. 112）中设定 0Hz 时的输出电压后，逐步进行参数的调整（约 0. 5%），并随时确认电动机的状态。该设定值过大会导致电动机过热，故应控制在 10%以内。转矩提升后的 *U/f* 曲线如图 6-32 所示。

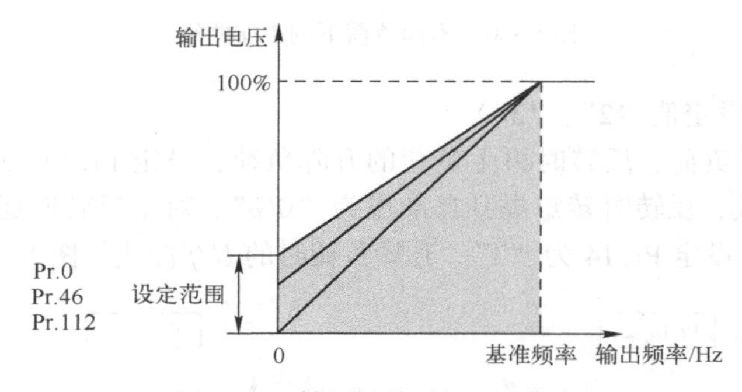

图 6-32 转矩提升后的 *U/f* 曲线

2）设定多个转矩提升（RT 信号，X9 信号，Pr. 46，Pr. 112）

当根据用途更改转矩提升值，或者用一台变频器通过切换驱动多台电动机时，可以使用第 2（3）转矩提升功能。当 RT 信号置于“ON”时，第 2 转矩提升有效；当 X9 信号置于“ON”时，第 3 转矩提升有效。输入 X9 信号的端子，可以通过在 Pr. 178~Pr. 189（输入端子功能选择参数）中设定“9”来进行端子功能的分配。

6. 3. 2 电动机启动、加/减速和制动

变频器通电后，电动机即按预置的加速时间从“启动频率”开始启动。所谓的加速时间是指变频器的输出频率从 0Hz 上升到基准频率所需要的时间。加速时间越长，意味着变频器的输出频率上升较慢，从而变频器在启动过程中能够保持较小的转差，启动平缓，启动电流也较小；加速时间越短，意味着变频器的输出频率上升较快，从而变频器在启动过程中转差较大，启动电流也较大。所谓的减速时间是指变频器的输出频率从基准频率下降到 0Hz 所需要的时间。电动机启动、加/减速及制动所需设定的参数如表 6-18 所示。

表 6-18 电动机启动、加/减速和制动所需设置的参数

目　　的	参数名称	参　　数
设定电动机加/减时间	加/减速时间	Pr. 7、Pr. 8、Pr. 20、Pr. 21
设定启动频率和启动频率维持	启动频率和启动频率维持时间	Pr. 13、Pr. 571
调整电动机制动转矩	直流制动	Pr. 10~Pr. 12
使电动机惯性停止	电动机停止方法的选择	Pr. 250

1. 加/减速时间参数的设定

加/减速时间参数（Pr. 7、Pr. 8、Pr. 20、Pr. 21）用于设定电动机的加/减速时间，且在缓慢加速时设定为较大值，快速加速时设定为较小值。电动机加/减速时间参数设置如表 6-19 所示。

表 6-19 电动机加/减速时间参数设置

参数	参数名称	初始值	设定范围	说　明
Pr. 7	加速时间	7.5kW 以下：5	0~3600/360	该参数用于设定电动机加速时间
		11kW 以上：15		
Pr. 8	减速时间	7.5kW 以下：5	0~3600/360	该参数用于设定电动机减速时间
		11kW 以上：15		
Pr. 20	加/减速基准频率	50	1~400	该参数用于设定加/减速基准频率
Pr. 21	加/减速时间单位	0.1	0~3600	该参数用于变更加/减速时间设定的单位和设定范围
		0.01	0~360	

1）加速时间参数的设定

将加速时间参数（Pr. 7）设定为变频器输出频率从 0 上升到 Pr. 20 所设定的加/减速基准频率所需的时间，并可通过下式设定加速时间：

$$加速时间=\frac{Pr.20}{最大输出频率-Pr.13}\times 从0上升到最大输出频率所需的时间 \tag{6-1}$$

2）减速时间参数的设定

将减速时间参数（Pr. 8）设定为变频器输出频率从 Pr. 20 所设定的加/减速基准频率下降到 0 所需的时间，并可通过下式设定减速时间：

$$减速时间=\frac{Pr.20}{最大输出频率-Pr.10}\times 从最大输出频率下降到0所需的时间 \tag{6-2}$$

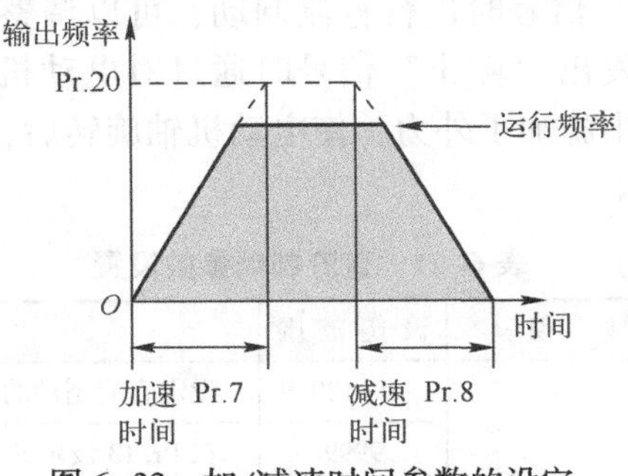

图 6-33 加/减速时间参数的设定

2. 启动频率和启动频率维持时间参数的设定

启动频率和启动频率维持时间参数设置如表 6-20 所示。

表 6-20　启动频率和启动频率维持时间参数设置

参　数	参数名称	初始值	设定范围	说　明
Pr. 13	启动频率	0. 5	0~60	启动频率能够在 0~60Hz 的范围内进行设定 设定启动信号变为“ON”时的启动频率
Pr. 571	启动频率维持时间	9999	0. 0~10. 0	设定 Pr. 13 启动频率维持时间
			9999	启动时，启动频率维持时间无效

1）启动频率参数的设定

变频器启动时的频率能够在 0~60Hz 的范围内进行设定。将启动频率参数（Pr. 13）设定为启动信号变为“ON”时的启动频率。当变频器输出频率小于 Pr. 13 时，变频器不启动，如图 6-34 所示。

2）启动频率维持时间参数的设定

为了使电动机在启动时顺利进行初始励磁，要使启动频率维持 Pr. 571 所设定的时间，该时间称为启动频率维持时间。在启动频率维持时间内，如果启动信号变为“OFF”，则从此时电动机开始减速；如果对电动机进行正反转切换，则启动频率有效，而启动频率维持时间无效。如果启动频率（Pr. 13）设定为 0Hz，则变频器输出频率在启动频率维持时间内保持在 0. 01Hz。如图 6-35 所示。

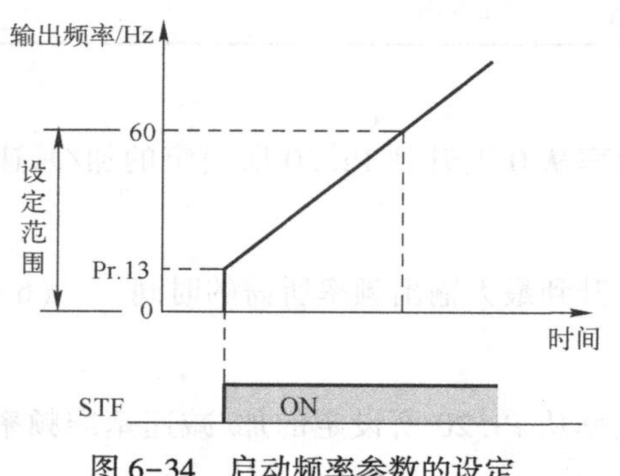

图 6-34　启动频率参数的设定

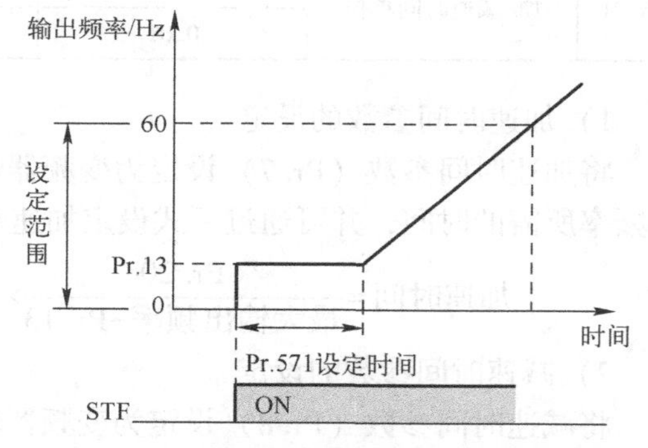

图 6-35　启动频率维持时间参数的设定

3. 直流制动（LX 信号，X13 信号，Pr. 10~Pr. 12）

在对电动机发出“停止”信号时进行直流制动，可以调整电动机的停止时间和制动转矩。直流制动是在对电动机发出“停止”信号时通过对电动机施加直流电压，使得电动机轴不会旋转。如果在此过程中施加了外力，使电动机轴旋转后，将无法返回原先位置。直流制动参数设置如表 6-21 所示。

表 6-21　直流制动参数设置

参　数	参数名称	初始值	设定范围	说　明
Pr. 10	直流制动动作频率	3	0~120	设定直流制动的动作频率
			9999	在 Pr. 13 设定的频率以下进行直流制动

续表

参　　数	参数名称	初　始　值	设定范围	说　　明
Pr. 11	直流制动动作时间	0.5	0	无直流制动
			0.1~10	设定直流制动的动作时间
			8888	在 X13 信号为“ON”时进行直流制动
Pr. 12	直流制动电压转矩	7.5kW 以下：4%	0%~30%	设定直流制动电压/转矩 如果该参数设定为 0%，则无直流制动
		11~55kW：2%		
		75kW 以上：1%		

1）直流制动动作频率参数的设定

在 Pr. 10 中设定直流制动的动作频率后，当变频器输出频率降到该频率后便产生直流制动动作。设定 Pr. 10 为 9999 后，当变频器输出频率降至 Pr. 13 中设定的频率时，便产生直流制动动作。直流制动参数的设定如图 6-36 所示。

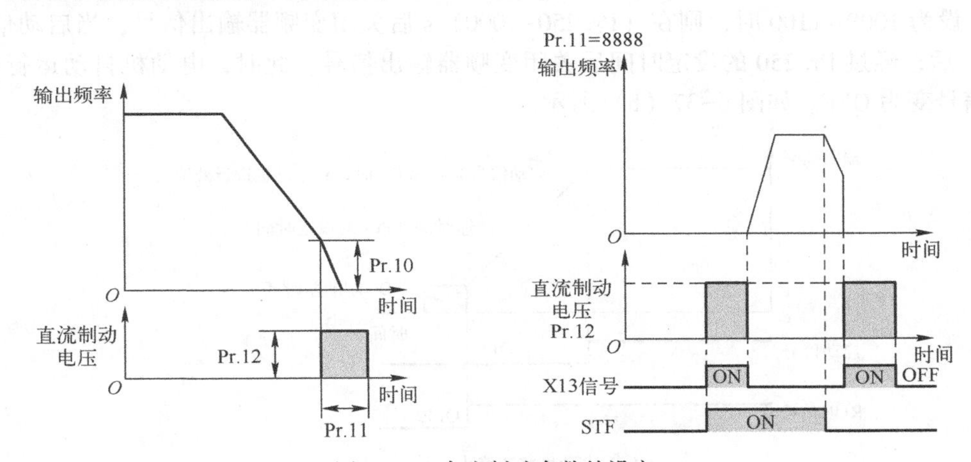

图 6-36　直流制动参数的设定

2）直流制动动作时间参数的设定

在 Pr. 11 中设定实施直流制动的时间。若设定 Pr. 11 为 0 时，则无直流制动；若设定 Pr. 11 为 8888 时，在 X13 信号为“ON”期间，产生直流制动动作；若在运行过程中，使 X13 信号为“ON”，则变为直流制动。输入 X13 信号的端子通过在 Pr. 178 ~ Pr. 189 中设定“13”来进行端子功能的分配。当负载惯量大，电动机不停止时，增大 Pr. 11 的设定值将会有效。

3）直流制动电压/转矩参数的设定（Pr. 12）

Pr. 12 对电源电压的百分数进行设定。如果 Pr. 12 为 0%，则无直流制动。

4. 电动机停止方法的选择参数的设定

变频器的停止选择功能是指当启动信号处于“OFF”时，选择停机的方法（减速停止或自动运行）。主要用于启动信号处于 OFF 的同时，通过机械制动使电动机停止的情况。另外，也可以选择启动信号（STF/STR）的工作。电动机停止方法的选择参数设置如表 6-22 所示。

表 6-22　电动机停止方法的选择参数设置

参　数	参数名称	初始值	设定范围	说　明
Pr. 250	电动机停止方法的选择	9999	0~100	当启动信号变为“OFF”时，在该参数设定的时间后电动机自动运行停止
			1000~1100	当启动信号变为“OFF”时，在（Pr. 250-1000）s 后电动机自动运行停止
			9999	当启动信号处于“OFF”时，电动机减速停止
			8888	

1）电动机减速停止

当设定 Pr. 250 参数为 9999（初始值）或 8888 时，启动信号（STF/STR）处于“OFF”后，电动机减速停止，如图 6-37（a）所示。

2）电动机自动运行停止

可以通过 Pr. 250 设定从启动信号为“OFF”时到关闭变频器输出信号时的时间。当将 Pr. 250 设为 1000~1100 时，则在（Pr. 250-1000）s 后关闭变频器输出信号；当启动信号为“OFF”后，经过 Pr. 250 的设定时间后关闭变频器输出信号。此时，电动机自动运行停止，RUN 信号变为 OFF。如图 6-37（b）所示。

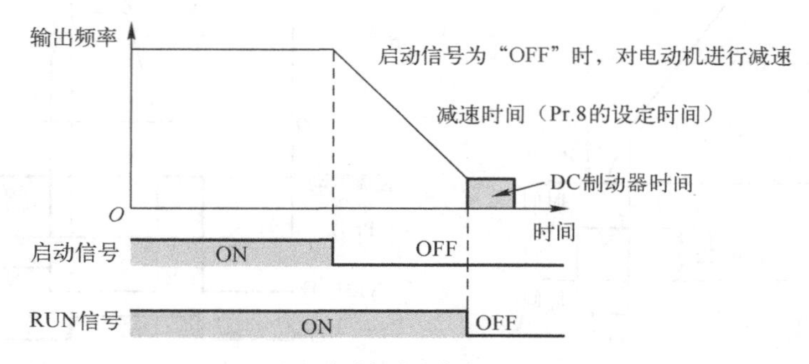

（a）电动机减速停止

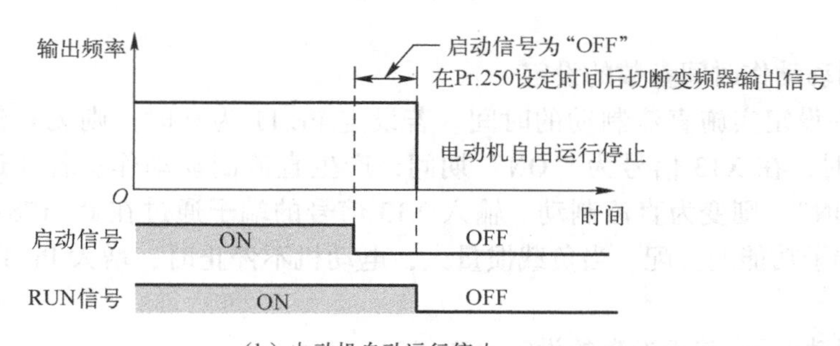

（b）电动机自动运行停止

图 6-37　电动机停止方法的选择参数的设定

6.3.3　其他功能参数的使用

1. 上、下限频率参数（Pr. 1、Pr. 2、Pr. 18）

通过设定变频器输出频率的上、下限频率，可以限制电动机的转速。上限频率是指不允许超过变频器的最高输出频率。下限频率则是指不允许低于变频器的最低输出频率。上、下限频率参数设置如表 6-23 所示。

表 6-23　上、下限频率参数设置

参　数	参数名称	初始值	设定范围	说　明
Pr. 1	上限频率	55kW 以下：120	0~120	该参数用于设定上限频率
		75kW 以上：60		
Pr. 2	下限频率	0Hz	0~120	该参数用于设定下限频率
Pr. 18	高速上限频率	55kW 以下：120	120~400	该参数用于设定 120Hz 以上的上限频率
		75kW 以上：60		

1）上限频率参数的设定

在 Pr. 1 中，设定上限频率。即使变频器的设定频率大于上限频率，变频器输出频率也会被钳位于上限频率。如果想要变频器输出频率超过 120Hz，则在 Pr. 18 中设定高速上限频率。

2）下限频率参数的设定

在 Pr. 2 中设定下限频率。即使变频器的设定频率小于 Pr. 2 中的下限频率，变频器输出频率也会被钳位于 Pr. 2 中的下限频率，且不会低于 Pr. 2 中的下限频率。

上、下限频率参数的设定如图 6-38 所示。

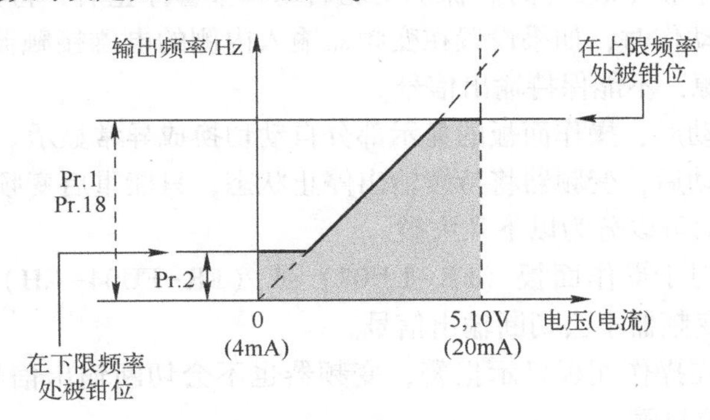

图 6-38　上、下限频率参数的设定

2. 电动机过热保护参数（Pr. 9）

Pr. 9 用于设定电动机额定电流，以进行电动机的过热（过电流）保护，从而得到电动机低速运行时，包含电动机冷却能力降低在内的较合适的保护特性。电动机过热保护的参数功能及设定值如表 6-24 所示。

表 6-24　电动机过热保护的参数功能及设定值

参　数	参数名称	初始值	设定范围	说　明
Pr. 9	电动机过热保护	变频器额定输出电流的 50%	55kW 以下：0~500	设定电动机额定电流
			75kW 以上：0~3600	

检测电动机的过负载（过热），中止变频器输出信号。在 Pr. 9 中设定电动机额定电流值（A）。电动机使用外部热继电器时，为了不过电流工作，Pr. 9 设定为 0，但是变频器的输出晶体管的保护功能（E. THT）工作。

使用电动机过热保护（过电流）（Pr. 9）功能的注意事项如下。

（1）电动机（过电流）保护功能是通过变频器的电源复位以及输入信号复位为初始值实现的，避免不必要的复位及电源切断。

（2）当变频器连接多台电动机时，电动机过电流保护功能不起作用，需要在每台电动机上安装外部热继电器。

（3）当变频器和电动机容量相差过大和 Pr. 9 的设定值过小时，电动机过电流保护特性将恶化。在此情况下，需要安装外部热继电器。

（4）特殊电动机不能用过电流保护，需要安装外部热继电器。

（5）晶体管在保护过电流时，如果增大 Pr. 72（PWM 频率选择）设定值，工作时间将会缩短。

（6）对于矢量控制专用电动机（SF-V5RU），因为其内置了过电流保护器，所以 Pr. 9 设定为 0。

6.4 变频器故障显示信息

1. 变频器的异常显示类型

如果变频器出现异常（重故障），保护功能启动，报警停止后，将会出现下列状况。

（1）当保护功能动作时，如果设置在变频器输入内侧的电磁接触器（MC）被断开，则变频器将失去控制电源，不能保持输出信号。

（2）保护功能启动后，操作面板的显示部分自动切换成异常显示。

（3）保护功能启动后，变频器将持续输出停止状态，只能重启变频器。

变频器的故障显示可以分为以下几大类。

（1）错误信息：对于操作面板（FR-DU07）或（FR-FU04-CH）的操作错误设定错误，显示相关信息。变频器不会切断输出信号。

（2）报警：即使在操作面板显示报警，变频器也不会切断输出信号，但如果不采取相应措施，可能会引发重故障。

（3）轻故障：变频器不会切断输出信号。通过参数设定可以清除轻故障信号。

（4）重故障：保护功能动作后切断变频器的输出信号。

2. 变频器的异常显示

变频器保护功能启动后，操作面板的显示部分会自动切换成异常显示，并通过信息代码的形式来提示故障的名称。异常显示如表 6-25 所示。

表 6-25 异常显示

操作面板显示		名 称	操作面板显示		名 称
E---	E---	报警历史	rE1~rE4	Re1~4	复制操作错误
HOLd	HOLD	操作面板锁定			
Er1~Er4	Er1~4	参数写入错误	Err.	Err.	错误
			OL	OL	失速防止（过电流）

续表

操作面板显示		名　　称
oL	oL	失速防止（过电压）
rb	RB	再生制动预报警
rH	TH	过电流保护预报警
PS	PS	PU 停止
nr	MT	维护信号输出
CP	CP	参数复制
SL	SL	速度限位显示（速度限制中输出）
Fn	FN	风扇故障
E.OC1	E. OC1	加速时过电流跳闸
E.OC2	E. OC2	恒速时过电流跳闸
E.OC3	E. OC3	减速/停止时过电流跳闸
E.Ou1	E. OV1	加速时再生过电压跳闸
E.Ou2	E. OV2	恒速时再生过电压跳闸
E.Ou3	E. OV3	减速/停止时再生过电压跳闸
E.rHr	E. THT	变频器过负载跳闸（过流保护）
E.rHn	E. EHW	电动机过负载跳闸（过流保护）
E.FIn	E. FIN	风扇过热
E.IPF	E. IPF	瞬时停电
E.UUr	E. UVT	电压不足
E.ILF	E. ILF *	输入缺相
E.OLr	E. OL	失速防止
E. GF	E. GF	输出侧接地故障（过电流保护）
E. LF	E. LF	输出缺相
E.OHr	E. OHF	外部热继电器动作
E.PrC	E. PTC	PTC 热敏电阻动作
E.OPr	E. OPT	选件异常
E.OP3	E. OP3	通信选件异常

操作面板显示		名　　称
E. 1~ E. 3	E. 1~E. 3	选件异常
E. PE	E. PE	变频器参数存储器异常
E.PUE	E. PUE	PU 脱离
E.rEr	E. RET	再试次数溢出
E.PE2	E. PE2 *	变频器参数存储器异常
E. 6/ E. 7/ E.CPU	E. 6/E. 7/ E. CPU	CPU 错误
E.CrE	E. CTE	操作面板用电源短路、RS-485 端子用电源短路
E.P24	E. P24	DC 24V 电源输出短路
E.CdO	E. CDO *	输出电流超过检测值
E.IOH	E. IOH *	侵入电流抑制电路异常
E.SEr	E. SER *	通信异常（主机）
E.AIE	E. ALE *	模拟量输入异常
E. OS	E. OS	发生过速度
E.OSd	E. OSD	速度偏差过大检测
E.ECr	E. ECT	断线检测
E. Od	E. OD	位置误差大
E.Mb1~ E.Mb7	E. MB1~ E. MB7	制动序列错误
E.EP	E. EP	编码器相位错误
E. bE	E. BE	制动晶体管异常检测
E.USb	E. USB *	USB 通信异常
E. 11	E. 11	反转减速错误
E. 13	E. 13	内部电路异常

3. 变频器的复位方法

变频器在保护功能启动后将持续输出停止状态，只有处理好故障后，在对其进行复位，变频器才能重新开始运转。变频器的复位方法有以下3种。

（1）使用操作面板，通过“STOP/RESET”按键进行复位。这种复位方法仅变频器保护功能（重故障）动作时能够复位，如图6-39（a）所示。

（2）重新断电一次，在合闸，如图6-39（b）所示。

（3）接通复位信号“RES”0.1s以上。在维持“RES”信号为“ON”时，显示“Err”（闪烁），通知正处于复位状态，如图6-39（c）所示。

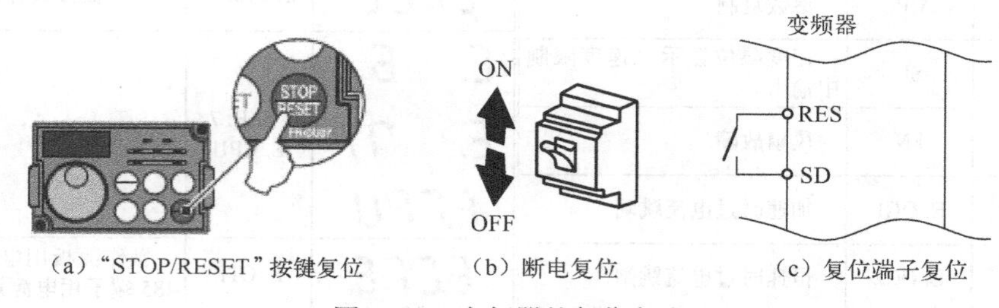

（a）“STOP/RESET”按键复位　（b）断电复位　（c）复位端子复位

图6-39　变频器的复位方法

本章小结

本章主要介绍了三菱FR-700系列变频器的结构与外形；主电路端子与控制电路端子功能；操作面板的组成和功能；不同运行模式下的操作与运行及相关参数设置；变频器的常用功能；变频器的故障信息等。

练　习　题

1. 填空题

（1）三菱变频器的主电路中，R、S、T端子接________，U、V、W端子接________。

（2）三菱变频器输入端子中，STF代表________，STR代表________。

（3）三菱变频器的运行操作模式有________、________、________、________4种

（4）三菱系列变频器设置启动频率的参数是________；设置上限频率的参数是________；设置运行模式选择的参数是________。

（5）若需要将三菱变频器的所有参数都显示出来，需要将________设置为________。

（6）若需要对参数进行清除，需要将________设置为________。

（7）若需要在变频器运行过程中显示电流值，需要按________按键。

（8）FR-D740变频器的操作面板上，RUN指示灯点亮表示________，PU指示灯点亮表示________，EXT指示灯点亮表示________。

2. 简答题

（1）变频器的运行频率为30Hz，上限频率为49Hz，下限频率为20Hz，请采用面板运行模式，写出变频器功能预置的步骤。

（2）如果用变频器的RL端子进行点动正反转控制，点动频率为10Hz，点动加减速时间为3s，变频器如何进行接线？如何设置变频器的参数？

（3）一个变频器控制系统，上限频率、下限频率分别为60Hz和10Hz，加/减速时间均为5s，启动信号用操作面板键盘设定，频率信号用外部0~10V给定电压加到2、5端子上，试画出变频器的接线图，并写出参数如何预置。

第7章　变频调速系统的设计、安装与维护

【知识目标】

(1) 掌握变频调速系统主电路的结构及各部分的作用。
(2) 掌握变频器控制方式的选择方法。
(3) 掌握变频器容量选择的计算方法。
(4) 掌握变频调速系统外围元器件的选择方法。
(5) 掌握变频调速系统典型控制电路的分析方法。
(6) 掌握变频器抑制各种干扰的措施。
(7) 掌握变频器安装过程中的各种要求及调试方法。

【能力目标】

(1) 能够根据不同需要选择变频器。
(2) 能够根据不同需要选择变频调速系统的外围元器件。
(3) 会设计变频调速系统的控制电路。
(4) 能够安装与调试变频调速系统。

7.1　变频调速系统主电路的结构

变频调速系统的主电路是指系统中实现主要控制任务的电路，如图7-1所示，主要包括断路器、交流接触器、交流电抗器、电动机、变频器及其他外围设备等。由于变频器自身具有比较完善的过电流和过载保护功能，且断路器也具有过电流保护功能，所以变频调速系统的进线侧可以不接熔断器，并且在变频器只拖动一台电动机的情况下，也可不接热继电器。各元器件在电路中的作用如下。

1. 断路器

断路器又称空气开关，主要用于控制变频调速系统电源的接通和断开。断路器主要有以下两个作用。

(1) 隔离作用。当变频器在检修或因某种因素长时间不用时，通过断路器切断电源，从而起到将变频器与电源隔离的作用。

(2) 保护作用。当变频调速系统的输入侧出现过电流或短路等故障时，通过断路器自动切断电源，从而起到对变频调速系统保护的作用。

2. 交流接触器

交流接触器的主要作用有两个：一是可以实现远距离接通和断开三相交流电源，但不可直接用于控制变频器的启动和停止，否则会大大降低变频器的使用寿命；二是当变频器因故障跳闸时，可使变频器及时脱离电源。当电网停电后又恢复供电时，交流接触器可以防止变

频调速系统自动投入，以保护变频调速系统设备的安全及人身安全。

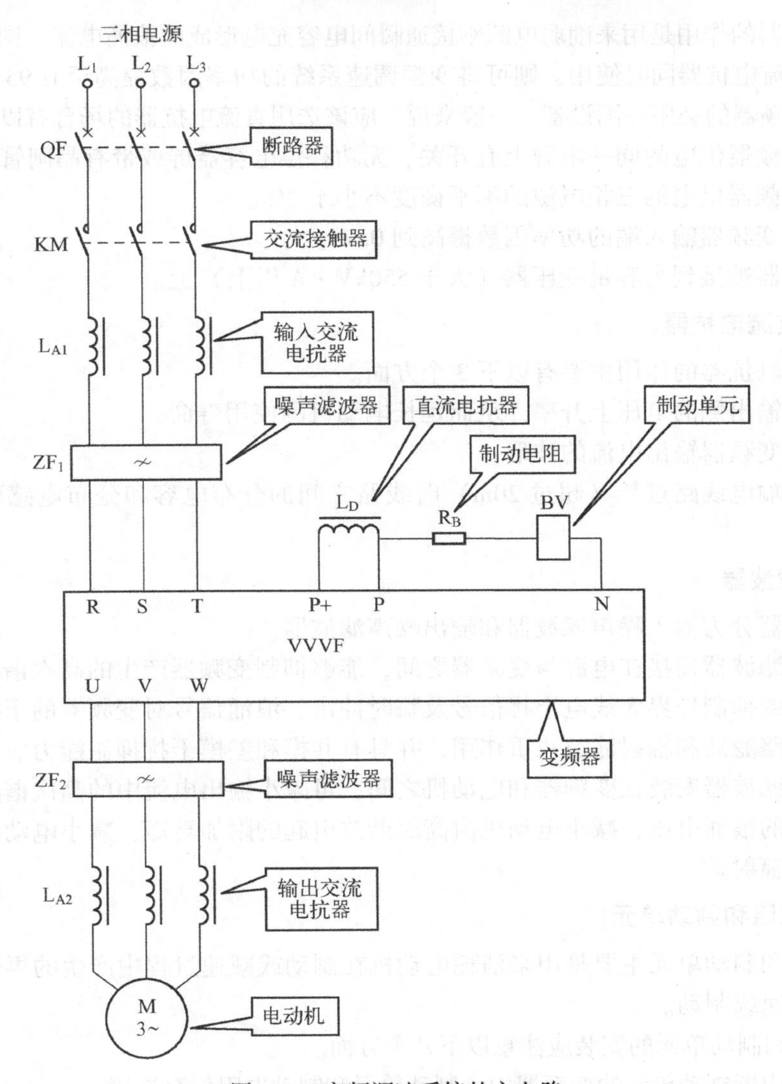

图 7-1　变频调速系统的主电路

3. 输入交流电抗器

输入交流电抗器的主要作用是用来削弱高次谐波电流，改善功率因数（可提高至 0.85 以上），提高变频器的电能利用效率，抑制变频器输入侧谐波电流对其他设备的影响。输入交流电抗器不是变频器的必用外围设备。一般来说，应该选用输入交流电抗器的场合有以下几种。

（1）电源变压器容量很大（超过 500kV · A），达到变频器容量的 10 倍以上。

（2）同一电网内接有较大的晶闸管变流器，或在电源端带有开关控制调整功率因数的补偿电容器。

（3）三相供电电源不平衡度超过 3%。

（4）变频器的功率大于 30kW。

（5）变频器的输入电流含有较多的高次谐波。

4. 直流电抗器

直流电抗器的作用是用来削弱电源刚接通瞬间电容充电形成的浪涌电流，同时还可提高功率因数。与交流电抗器同时使用，则可将变频调速系统的功率因数提高至0.95以上。直流电抗器也不是变频器的必用外围设备。一般来说，应该选用直流电抗器的场合有以下几种。

（1）给变频器供电的同一电源上有开关、无功补偿电容器屏或带有晶闸管调压负载。

（2）给变频器供电的三相电源的不平衡度不小于3%。

（3）要求变频器输入端的功率因数提高到0.93。

（4）变频器被接到大容量变压器（大于550kV·A以上）上。

5. 输出交流电抗器

输出交流电抗器的作用主要有以下3个方面。

（1）减小输出侧的电压上升率，从而延长电动机的使用寿命。

（2）改善变频器输出电流的波形。

（3）抑制输电线路过长（超过20m）时线路之间的分布电容和分布电感引起的电动机震动。

6. 噪声滤波器

噪声滤波器分为输入噪声滤波器和输出噪声滤波器。

输入噪声滤波器连接在电源与变频器之间，能够抑制变频器产生的高次谐波通过电源传到其他设备，或抑制外界无线电干扰信号及瞬时冲击、浪涌信号对变频器的干扰。输入噪声滤波器具备线路滤波和辐射滤波双重作用，并具有共模和差模干扰抑制能力。

输出噪声滤波器安装在变频器和电动机之间，可减小输出电流中的高次谐波成分，抑制变频器输出侧的浪涌电压，减小电动机由高次谐波引起的附加转矩，减小电动机噪声，并抑制高次谐波的辐射。

7. 制动电阻和制动单元

制动电阻和制动单元主要是用来消耗电动机在制动或减速过程中产生的再生能量，并使电动机迅速减速或制动。

制动电阻和制动单元的安装应注意以下几个方面。

（1）在无内置制动单元的变频器中，制动单元和制动电阻配套选用。

（2）将制动电阻接在制动单元上，再将制动单元按要求连接到变频器上。

（3）由于制动单元和制动电阻都是发热单元，安装时要互相有一定的距离，以便于散热。

7.2 变频器的选择

变频器的选择主要包括控制方式和容量的选择。

7.2.1 变频器控制方式的选择

变频器控制方式的选择，主要根据负载的类型来进行。负载的类型众多，但按其转速—转矩特性，主要有二次方律负载、恒功率负载、恒转矩负载。

1. 二次方律负载

二次方律负载是指转矩正比于转速平方的负载，即 $T_L \propto n^2$，如风机、泵类。对于二次方律负载，在负载转速低时，负载转矩较小，随着负载转速的增大，所需的负载转矩也越来越大。二次方律负载是最普通的负载，对变频器的要求不是很高，通常情况下使用普通 U/f 控制方式的变频器即可。目前，市场上有很多风机、泵类负载的专业变频器，应用更方便，价格也比较低廉。

2. 恒功率负载

恒功率负载是指转矩与转速成反比，而功率基本不变的负载，如机床、轧机、造纸机、塑料薄膜生产线中的卷曲机和开卷机等。通常在没有特殊要求的情况下，选用普通 U/f 控制方式的变频器即可；对于高性能和精确度要求高的轧机、卷曲机等负载，必须选用高性能矢量控制方式的变频器。

3. 恒转矩负载

恒转矩负载是指负载转矩大小只取决于负载的质量，而与负载转速大小无关的负载，如挤压机、搅拌机、传送带、厂内运输电车、桥式起重机和带式输送机等。对于恒转矩负载，当调速范围不大且对机械性能要求不高时，可选用 U/f 控制方式的变频器或无反馈矢量控制方式的变频器；当负载转矩波动较大时，应考虑选用高性能矢量控制方式的变频器；对于要求有高动态响应的负载，应选用有反馈矢量控制方式的变频器。

7.2.2 变频器容量的选择

通常应根据电动机的额定电流或电动机在实际运行中的电流来选择变频器容量。变频器容量的选择遵循的基本原则是“最大电流原则”，即变频器的额定电流必须大于电动机的额定电流或电动机在运行过程中的最大电流。

1. 电动机连续运行场合

由于变频器提供给电动机的是脉动电流，其脉动电流比工频电源提供给电动机的电流要大，因此选择变频器容量时应留有适当的裕量。一般令变频器的额定电流大于或等于（1.05~1.1）倍的电动机的额定电流或电动机在实际运行中的最大电流，即

$$I_N \geqslant (1.05 \sim 1.1) I_{MN} \tag{7-1}$$

或

$$I_N \geqslant (1.05 \sim 1.1) I_{Mmax} \tag{7-2}$$

式中 I_{MN}——电动机的额定电流，单位为 A；

I_N——变频器的额定电流，单位为 A；

I_{Mmax}——电动机的最大运行电流，单位为 A。

如果按电动机在实际运行中的最大电流来选择变频器容量，则变频器容量可以适当减小。

2. 电动机加/减速运行场合

电动机的最大输出转矩由变频器的最大输出电流决定。在一般情况下，对于短时间的电

动机加/减速运行场合而言，变频器的输出电流可以达到其额定电流的130%~150%（视变频器容量而定）。因此，在短时间的电动机加/减速运行场合，电动机的输出转矩也可以增大；反之，当只需要较小的电动机的输出转矩时，也可以降低变频器容量。由于电流的脉动原因，此时应将变频器的最大输出电流降低10%后再进行变频器容量的选择。

3. 电动机频繁加/减速运行场合

对于电动机频繁加/减速运行场合，可根据加速、恒速、减速等各种运行状态下电动机的平均电流来确定变频器的额定电流，即

$$I_N=\frac{I_1t_1+I_2t_2+\cdots+I_nt_n}{I_1+I_2+\cdots+I_n}K_0 \tag{7-3}$$

式中　I_1，I_2，…，I_n——各种运行状态下电动机的平均电流，单位为A；

t_1，t_2，…，t_n——各种运行状态下的时间，单位为s；

K_0——安全系数，电动机加/减速频繁时取1.2，其他条件下取1.1。

4. 电动机的电流变化不规则的场合

不均匀负载或冲击负载造成电动机的电流不规则变化。此时，不易获得电动机运行特性曲线。可根据电动机在输出最大转矩时将其电流限制在变频器的额定电流内的原则来选择变频器容量，即遵循“最大电流原则”。

$$I_N \geqslant I_{Mmax} \tag{7-4}$$

5. 电动机直接启动的场合

当电动机直接启动时，电动机启动电流很大，是电动机额定电流的5~7倍。此时，变频器容量就要成倍地增加，并按式（7-5）确定变频器的额定电流，即

$$I_N \geqslant \frac{I_K}{K_g} \tag{7-5}$$

式中　I_K——在额定电压、额定频率下电动机启动电流，单位为A；

K_g——变频器允许的过载倍数，一般取1.3~1.5。

6. 多台电动机共用一台变频器供电的场合

当多台电动机共用一台变频器供电时，变频器容量的选择主要有以下两种情况。

1）多台电动机同时启动

如图7-2（a）所示，在多台电动机同时启动时，在选择变频器的容量时，只要根据变频器的额定电流大于各台电动机的最大运行电流之和的原则来选择变频器容量，即

$$I_N \geqslant I_{Mmax\Sigma} \tag{7-6}$$

式中　$I_{Mmax\Sigma}$——各台电动机最大运行电流之和。

2）多台电动机分别启动

如图7-2（b）所示，在多台电动机分别启动时，变频器的额定电流为

$$I_N \geqslant \frac{I_{MN\Sigma}+I_{Smax}}{K_g} \tag{7-7}$$

式中　$I_{MN\Sigma}$——各台电动机的额定电流之和，单位为A；

I_{Smax}——最大容量电动机的启动电流，单位为A。

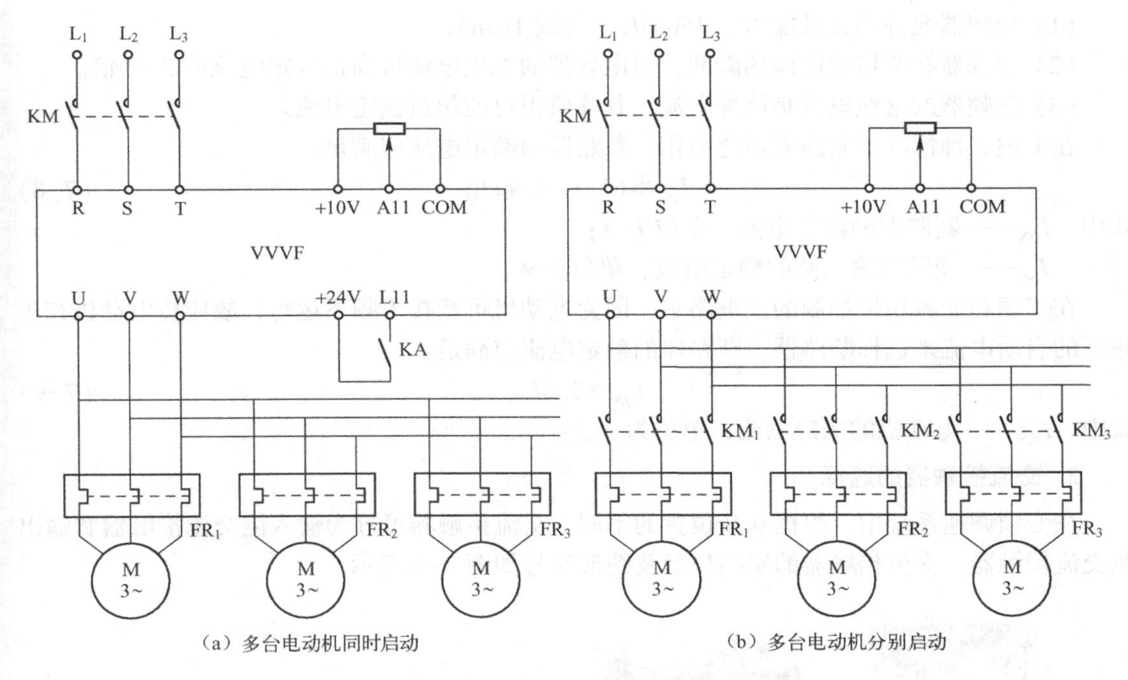

（a）多台电动机同时启动　　（b）多台电动机分别启动

图 7-2　多台电动机共用一台变频器供电的电路

7.3　变频器外围设备的选择

为了确保变频调速系统的正常工作，变频器的运行离不开某些外围设备。这些外围设备包括常规配件和专业配件，其具体接线如图 7-1 所示。其中，断路器和交流接触器属于常规配件，交流电抗器、噪声滤波器、制动电阻和制动单元均属于专业配件。

1. 断路器的选择

断路器的实物外形及图形符号如图 7-3 所示。断路器的选择应该注意断路器的保护功能与变频器工作电流之间的配合。在变频器单独控制的主电路中，属于正常过电流的情况有以下几种。

（a）实物外形

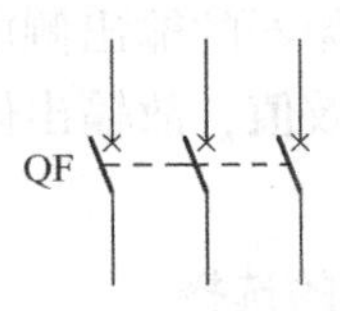

（b）图形符号

图 7-3　断路器的实物外形及图形符号

（1）变频器允许的过载能力为 150%I_N（持续 1min）。

（2）变频器在刚接通电源的瞬间，对电容器的充电电流可高达额定电流的 2~3 倍。

（3）变频器的进线电流是脉冲电流，其峰值很可能超过额定电流。

在上述 3 种情况下断路器不会动作。断路器的额定电流应满足：

$$I_{QN} \geqslant (1.3 \sim 1.4) I_{SN} \tag{7-8}$$

式中 I_{QN}——断路器的额定电流，单位为 A；

I_{SN}——变频器输入侧的额定电流，单位为 A。

在工频和变频切换控制的主电路中，因为电动机可能在工频下运行，故应按电动机在工频下的启动电流来选择断路器。断路器的额定电流应满足：

$$I_{QN} \geqslant 2.5 I_{MN} \tag{7-9}$$

式中 I_{MN}——电动机的额定电流，单位为 A。

2. 交流接触器的选择

在变频调速系统中，根据安装位置的不同，交流接触器可分为输入侧交流接触器和输出侧交流接触器。交流接触器的实物外形及图形符号如图 7-4 所示。

（a）实物外形

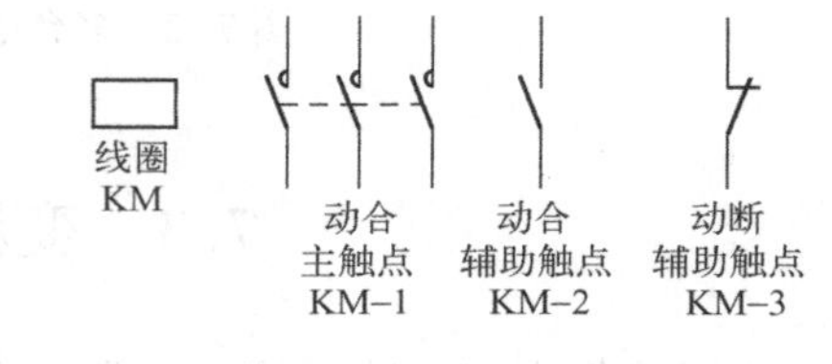

（b）图形符号

图 7-4 交流接触器的实物外形及图形符号

1）输入侧交流接触器的选择

输入侧交流接触器主触点的额定电流应该比变频器输入侧的额定电流大，即

$$I_{KN} \geqslant I_{SN} \tag{7-10}$$

式中，I_{KN}——交流接触器的额定电流，单位为 A。

2）输出侧交流接触器的选择

输出侧交流接触器用于工频与变频的切换。一旦变频器的输出侧接入工频电网，则会损坏变频器。由于变频器的输出侧电流含有较多的谐波成分，其电流的有效值应略大于电动机工频运行电流的有效值，故输出侧交流接触器的主触点额定电流应选大些，即

$$I_{KN} \geqslant 1.1 I_{MN} \tag{7-11}$$

3. 交流电抗器的选择

交流电抗器的实物外形及图形符号如图 7-5 所示。

交流电抗器的选择主要依据以下两条。

1）额定电流

输入交流电抗器的额定电流应大于变频器输入侧的额定电流的 82%，即

（a）实物外形

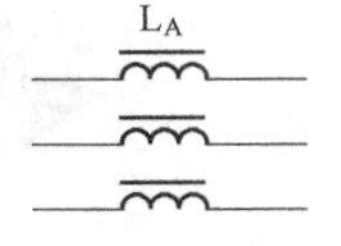

（b）图形符号

图 7-5　交流电抗器的实物外形及图形符号

$$I_{LA} \geqslant 82\% I_{SN} \tag{7-12}$$

式中　I_{LA}——输入交流电抗器的额定电流，单位为 A。

2）电感量

输入交流电抗器的电压降应该在变频器输入侧的额定相电压的 5%以内，即

$$\Delta U_{LA} \leqslant 5\% U_{SN} \tag{7-13}$$

式中　ΔU_{LA}——输入交流电抗器的电压降，单位为 V。

U_{SN}——变频器输入侧的额定相电压，单位为 V。

则

$$L_A \leqslant \frac{\Delta X_{LA}}{2\pi f} \leqslant \frac{\Delta U_{LA}}{2\pi f I_{LA}} \tag{7-14}$$

式中　L_A——输入交流电抗器的电感量，单位为 mH。

在工程上，输入交流电抗器的电感量的简便计算公式为

$$L_A = \frac{21}{I_{SN}} \tag{7-15}$$

交流电抗器还可查表选取。常用交流电抗器的规格如表 7-1 所示。

表 7-1　常用交流电抗器的规格

电动机的额定功率/kW	30	37	45	55	75	90	10	32	60
变频器的额定功率/kW	30	37	45	55	75	90	110	132	160
电感量/mH	0. 32	0. 26	0. 21	0. 18	0. 13	0. 11	0. 09	0. 08	0. 06

4. 直流电抗器的选择

直流电抗器的实物外形及图形符号如图 7-6 所示。

在工程上，直流电抗器的电感量的简便计算公式为

$$L_D = \frac{53}{I_{SN}} \tag{7-16}$$

式中　L_D——直流电抗器的电感量，单位为 mH。

直流电抗器也可查表选取。常用直流电抗器的规格如表 7-2 所示。

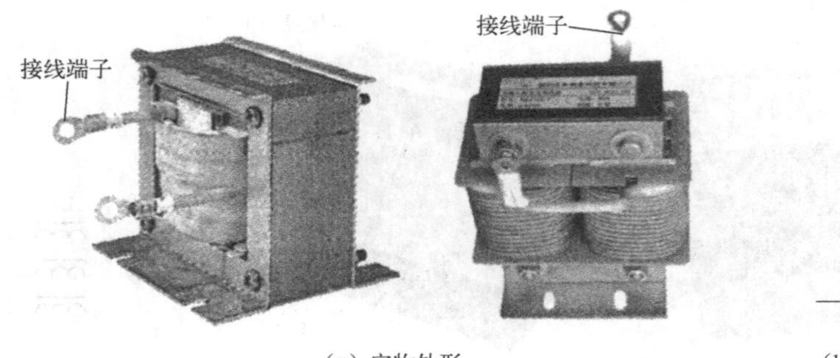

（a）实物外形　　　　（b）图形符号

图 7-6　直流电抗器的实物外形及图形符号

表 7-2　常用直流电抗器的规格

电动机的额定功率/kW	30	37~55	75~90	110~132	160~200	220	280
允许电流/A	75	150	220	280	370	560	740
电感量/μH	600	300	200	140	110	70	55

5. 制动电阻的选择

制动电阻和制动单元的实物外形如图 7-7 所示。

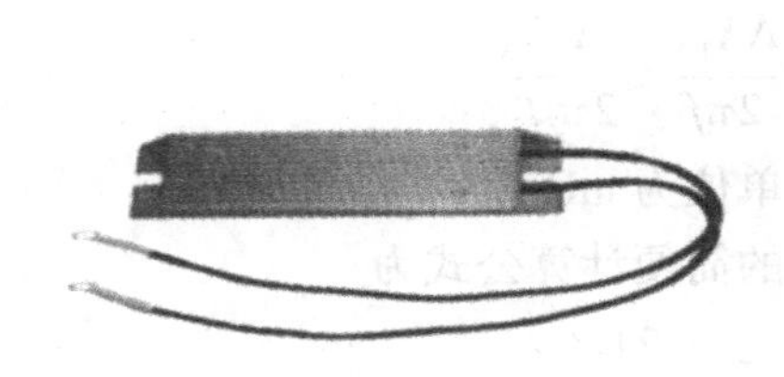

（a）制动电阻的实物外形　　　　（b）制动单元的实物外形

图 7-7　制动电阻和制动单元的实物外形

制动电阻的精确计算很复杂，一般情况下可粗略估算为

$$R_B = \frac{2U_{DH}}{I_{MN}} \tag{7-17}$$

式中　U_{DH}——直流电压的上限值，单位为 V（多数变频器的 U_{DH} 为 700V，少数变频器的 U_{DH} 可高达 800V）；

I_{MN}——电动机的额定电流，单位为 A；

R_B——制动电阻，单位为 Ω。

制动电阻可估算为

$$P_{BS} = K_C P_{MN} \tag{7-18}$$

式中　P_{BS}——制动电阻的功率，单位为 kW；

P_{MN}——电动机的额定功率，单位为 kW；

K_C——容量修正系数，一般取 $K_C = 0.08 \sim 0.2$。

制动电阻还可查表选取。常用制动电阻的规格（电源电压：380V）如表 7-3 所示。

表 7-3　常用制动电阻的规格（电源电压：380V）

电动机的额定功率/kW	制动电阻值/Ω	制动电阻功率/kW	电动机的额定功率/kW	制动电阻值/Ω	制动电阻功率/kW
0.40	1000	0.14	37	20.00	8
0.75	750	0.18	45	16.00	12
1.50	350	0.40	55	13.60	12
2.20	250	0.55	75	10.00	20
3.70	150	0.90	90	10.00	20
5.50	110	1.30	110	7.00	27
7.50	75	1.80	132	7.00	27
11.00	60	2.50	160	5.00	33
15.00	50	4.00	200	4.00	40
18.50	40	4.00	220	3.50	45
22.00	30	5.00	280	2.70	64
30.00	24	8.00	315	2.70	64

6. 输出交流电抗器的选择

在工程上，输出交流电抗器的电感量的简便计算公式为

$$L_{OL}=\frac{5.25}{I_{MN}} \tag{7-19}$$

式中　L_{OL}——输出交流电抗器的电感量，单位为 mH；

I_{MN}——电动机的额定电流，单位为 A。

7. 噪声滤波器的选择

噪声滤波器的实物外形及图形符号如图 7-8 所示。一般情况下，可以不安装噪声滤波器。若想安装噪声滤波器，建议安装变频器专业的噪声滤波器。

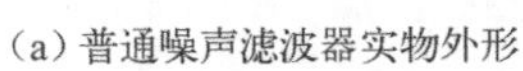
（a）普通噪声滤波器实物外形

（b）电容器型噪声滤波器实物外形（变频器输入侧专用）

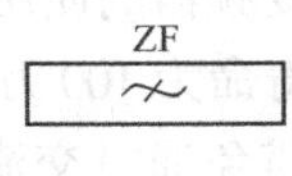

（c）图形符号

图 7-8　噪声滤波器的实物外形及图形符号

7.4　变频调速系统的典型控制电路

通过前面的学习，我们知道变频调速系统包括主电路和控制电路两大部分。本节主要介绍几个变频调速系统的典型控制电路。

在设计变频调速系统控制电路（简称变频调速控制电路）时，应该注意以下两个方面。

第一，不能使用变频器输入侧的交流接触器直接启动、停机电动机，如图 7-9 所示。这样相当于变频器通过交流接触器 KM 接通电源。此时，如果电位器 RP 并不处于“0”位的话，

电动机将开始启动并升速。这种方法控制电动机的启动或停机是不适宜的，其原因如下。

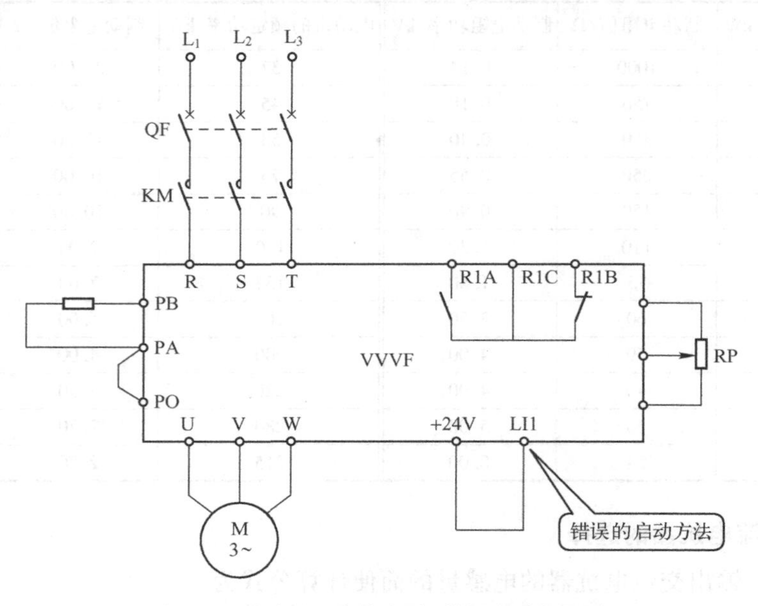

图 7-9　通过 KM 直接启动/停机电动机电路

（1）容易出现误动作。在变频器内，主电路的时间常数较小，故直流电压上升至稳定值也较快；控制电路的时间常数较大，故控制电路在直流电压未充到正常电压之前，工作状况有可能出现紊乱。所以，不少变频器在说明书中明确规定：禁止用这种方法来启动电动机。

（2）电动机不能准确停机。变频器在切断电源后，其逆变电路将立即被“封锁”，其输出电压为零。因此，电动机将处于自由制动状态，而不能按预置的减速时间进行减速。

（3）容易对电源形成干扰。变频器在刚接通电源的瞬间，有较大的充电电流。如果经常用这种方式来启动电动机，将使电网受到冲击信号干扰。

（4）缩短变频器的使用寿命。电源投入时浪涌电流的反复侵入会导致变频器开关器件的寿命（开关器件寿命为 100 万次左右）缩短。

因此，应避免通过交流接触器 KM 频繁开关变频器。正确控制方法如下。

（1）接触器 KM 只起到使变频器接通电源的作用。

（2）电动机的启动和停机通过继电器 KA 控制变频器的输入端来实现，如图 7-10 所示。

（3）接触器 KM 和继电器 KA 的触点之间应该是联锁的：一方面，只有在接触器 KM 的触点动作，使变频器接通电源后，继电器 KA 的触点才能动作；另一方面，只有在继电器 KA 的触点断开，电动机减速并停机后，接触器 KM 的触点才能断开，切断变频器的电源。

第二，交流接触器、继电器的线圈都具有较大的电感，在接通或断开的瞬间，电流的突变会产生很大的自感电动势，可能使变频器内部的开关器件击穿。因此，当由变频器的输出端直接控制接触器和继电器时，应在接触器、继电器的线圈旁并联阻容吸收电路，如图 7-11 所示。

下面以施耐德 Altivar 系列变频器为例，介绍几种典型的变频调速控制电路。

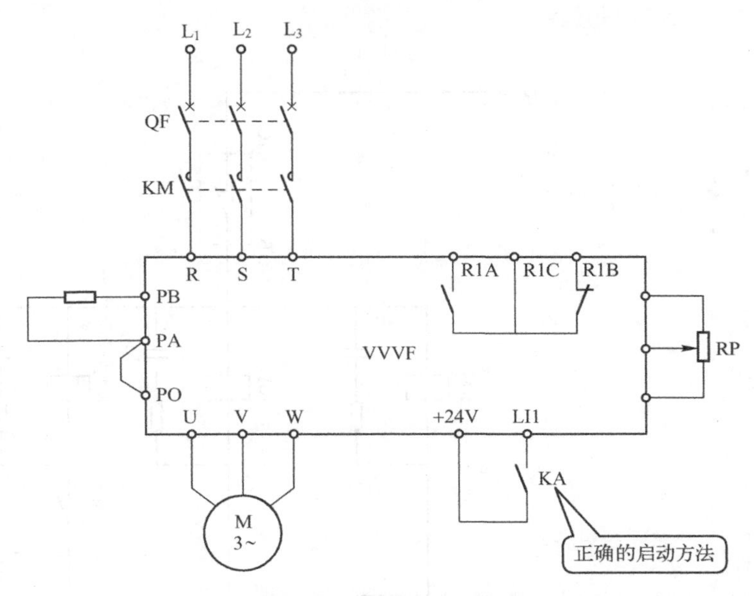

图 7-10　通过 KA 启动/停机电动机电路

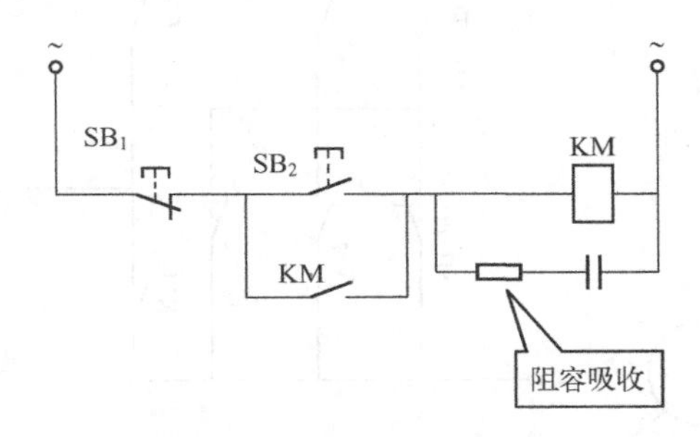

图 7-11　阻容吸收电路

7.4.1　点动与连续运行变频调速控制电路

图 7-12 所示为典型的异步电动机点动与连续运行变频调速控制电路，主要包括主电路和控制电路两大部分。其中，主电路包括断路器 QF、交流接触器 KM、变频器主电路、三相异步电动机；控制电路包括按钮 SB_1～SB_5、继电器 KA_1与 KA_2、变频器频率给定电位器、变频器故障继电器的动断触点。

1. 点动运行控制过程

图 7-13 所示为异步电动机点动运行变频调速控制电路。

(1) 闭合主电路断路器 QF，接通三相电源。

(2) 按下启动按钮 SB_2，交流接触器 KM 线圈得电而使以下触点动作。

(3) 交流接触器 KM 线圈得电使动合辅助触点 KM_{-1}闭合并自锁。

(4) 交流接触器 KM 线圈得电使动合主触点 KM 闭合，变频器主电路输入端 R、S、T 接通电源，控制电路部分也接通电源进入准备运行状态。

(5) 交流接触器 KM 线圈得电使动合辅助触点 KM_{-2}闭合，点动运行进入准备运行状态。

(6) 按下点动启动控制按钮 SB_3，继电器 KA_1线圈得电而使以下触点动作。

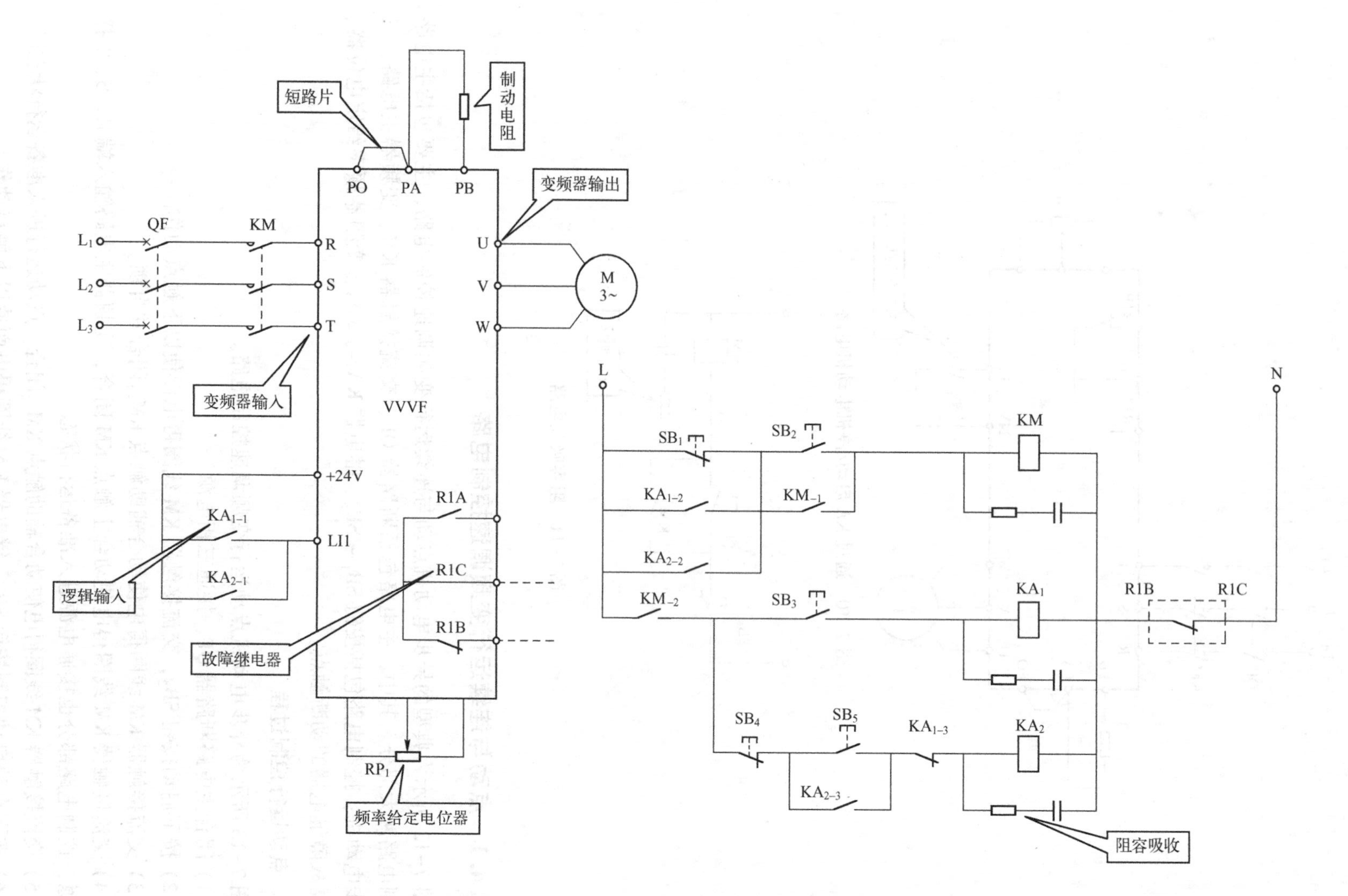

图7-12　典型的异步电动机点动与连续运行变频调速控制电路

（7）继电器 KA_1线圈得电使动断触点 KA_{1-3}断开实现联锁控制，以防止继电器 KA_2线圈得电。

（8）继电器 KA_1线圈得电使动合触点 KA_{1-2}闭合，以防止交流接触器 KM 线圈失电而引起变频器主电路失电。

（9）继电器 KA_1线圈得电使动合触点 KA_{1-1}闭合，变频器的输入端 LI1 通过 KA_{1-1}与变频器内置的+24V 接通，变频器开始工作，U、V、W 端输出变频电压，三相交流电动机按变频器预置的升速时间启动，最后电动机运行。

（10）通过调节频率给定电位器 RP_1，就可以获得三相交流电动机点动运行时需要的工作频率。

（11）松开按钮 SB_3，继电器 KA_1线圈失电，其动合触点断开、动断触点闭合，变频器输入端 LI1 失电，变频器停止工作，三相交流电动机失电停机。

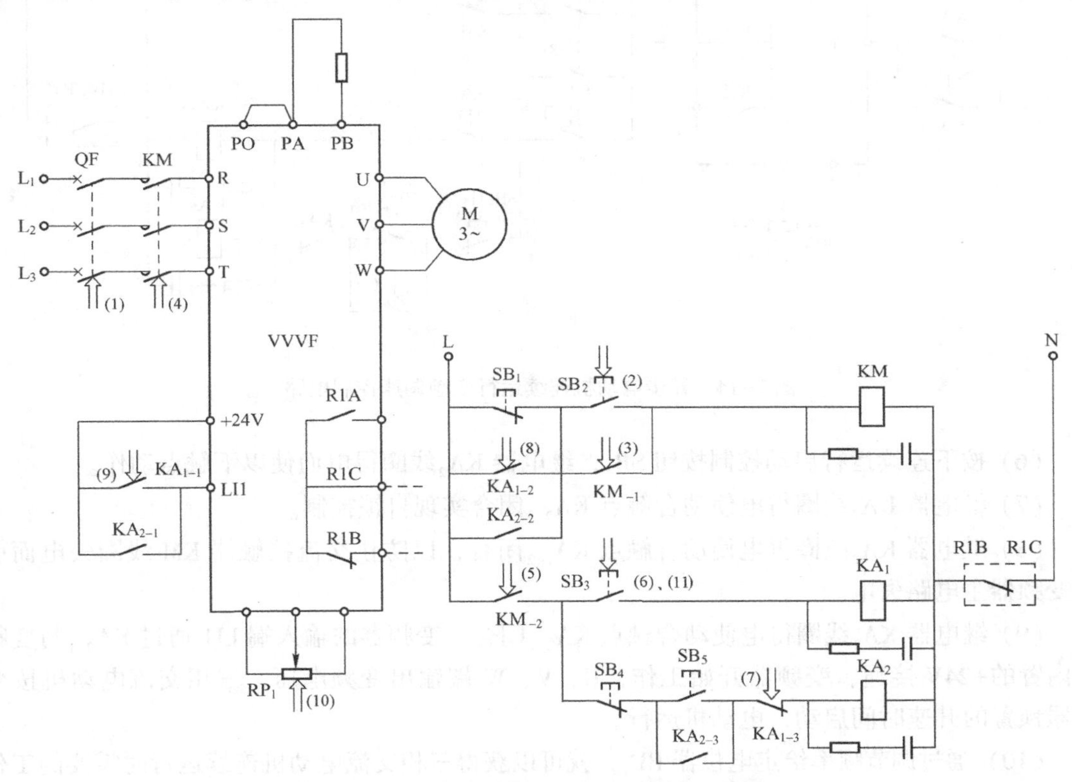

图 7-13　异步电动机点动运行变频调速控制电路

2. 连续运行控制过程

图 7-14 所示为异步电动机连续运行变频调速控制电路。

（1）闭合主电路断路器 QF，接通三相电源。

（2）按下启动按钮 SB_2，交流接触器 KM 线圈得电而使以下触点动作。

（3）交流接触器 KM 线圈得电使动合辅助触点 KM_{-1}闭合并自锁。

（4）交流接触器 KM 线圈得电使动合主触点 KM 闭合，变频器主电路输入端 R、S、T 接通电源，控制电路部分也接通电源进入准备运行状态。

（5）交流接触器 KM 线圈得电使动合辅助触点 KM_{-2}闭合，连续运行进入准备运行状态。

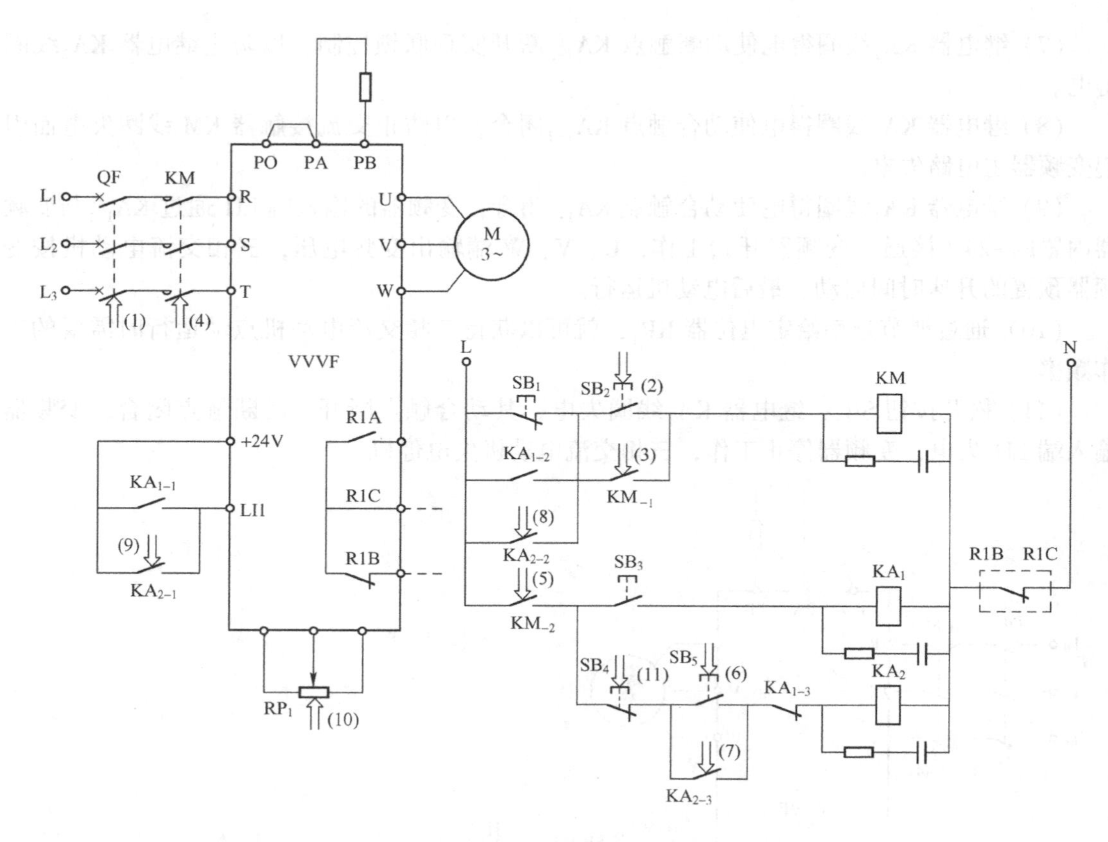

图 7-14　异步电动机连续运行变频调速控制电路

（6）按下连续运行启动控制按钮 SB_5，继电器 KA_2线圈得电而使以下触点动作。

（7）继电器 KA_2线圈得电使动合触点 KA_{2-3}闭合实现自锁控制。

（8）继电器 KA_2线圈得电使动合触点 KA_{2-2}闭合，以防止交流接触器 KM 线圈失电而引起变频器主电路失电。

（9）继电器 KA_2线圈得电使动合触点 KA_{2-1}闭合，变频器的输入端 LI1 通过 KA_{2-1}与变频器内置的+24V 接通，变频器开始工作，U、V、W 端输出变频电压，三相交流电动机按变频器预置的升速时间启动，电动机运行。

（10）通过调节频率给定电位器 RP_1，就可以获得三相交流电动机连续运行时需要的工作频率。

（11）按下停机按钮 SB_4，继电器 KA_2线圈失电，其动合触点断开，变频器输入端 LI1 失电，变频器停止工作，三相交流电动机失电停机。

3. 停机过程

按下停机按钮 SB_1，交流接触器 KM 线圈失电，其主触点 KM 断开，变频器控制电路与电源断开。最后断开断路器 QF，变频调速系统与电源完全断开。

若在上述过程中，三相交流异步电动机出现过载或过电流故障，则变频器内置的故障继电器的动断触点断开，切断控制电路部分的电源，各继电器线圈均失电，变频器停止输出信号，三相交流电动机停机。

7.4.2 正、反转变频调速控制电路

图 7-15 所示为典型的异步电动机正、反转变频调速控制电路，主要包括主电路和控制电路两大部分。其中，主电路包括断路器 QF、交流接触器 KM、变频器主电路、三相异步电动机；控制电路包括按钮 $SB_1 \sim SB_6$、继电器 KA_1与 KA_2、变频器频率给定电位器、变频器故障继电器的动断触点。

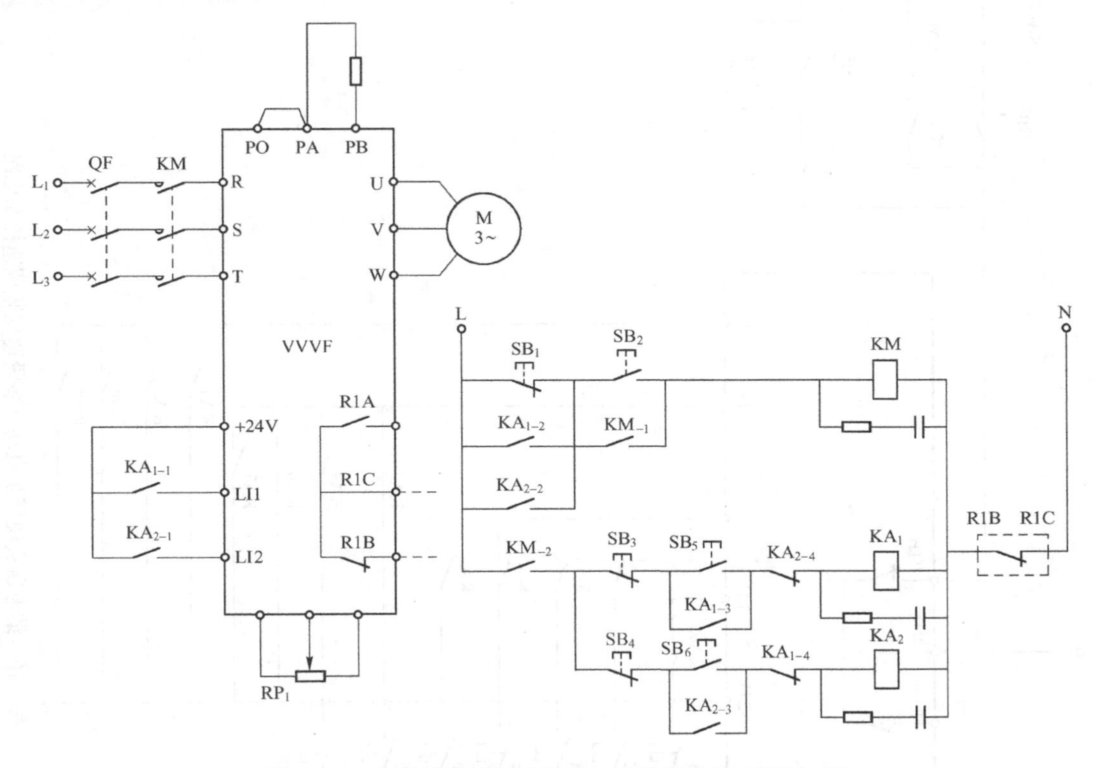

图 7-15 典型的异步电动机正、反转变频调速控制电路

按钮 SB_2、SB_1用于控制交流接触器 KM，从而控制接通或切断变频器电源。

按钮 SB_5、SB_3用于控制正转继电器 KA_1，从而控制电动机的正转运行与停机。

按钮 SB_6、SB_4用于控制反转继电器 KA_2，从而控制电动机的反转运行与停机。

在停机按钮 SB_1两端并联继电器 KA_1、KA_2的动断触点，以防止电动机在运行状态下通过 KM 直接停机。

接触器 KM 的动断触点 KM_{-2}，确保了只有在接触器 KM 得电、变频器已经通电的状态下才能控制电动机正转和反转运行。

施耐德 Altivar 系列变频器在两线控制方式下，默认 LI1 为正向输入端，LI2 为反向输入端。

7.4.3 多段速变频调速控制电路

图 7-16 所示为异步电动机多段速变频调速控制电路，由继电器来转换转速挡位，7 个按钮开关 $SB_1 \sim SB_7$分别控制 7 个小继电器 $KA_1 \sim KA_7$。这 7 个按钮是带有机械联锁的，即任

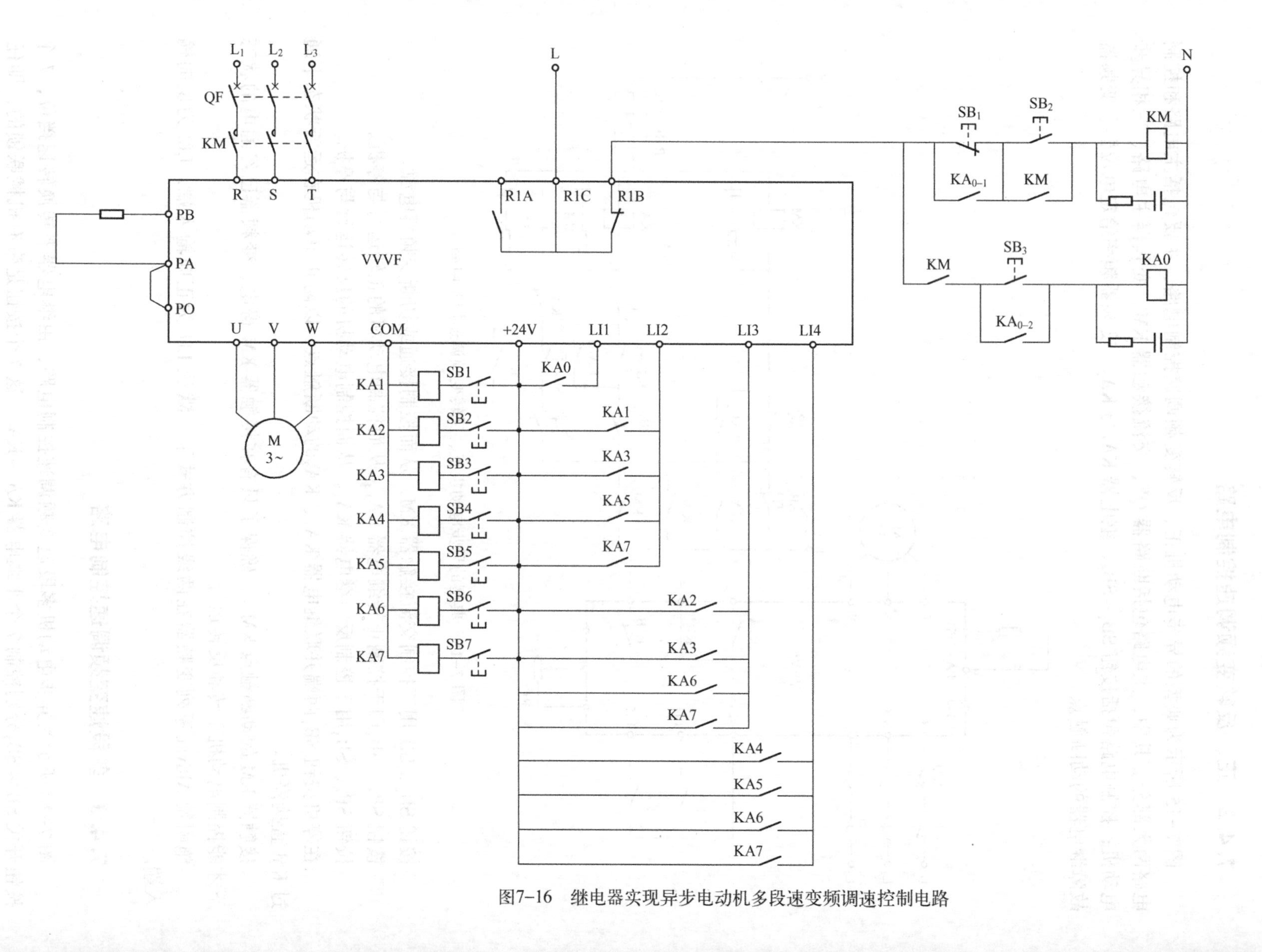

图7-16　继电器实现异步电动机多段速变频调速控制电路

何一个按钮被按下后，其余 6 个按钮都处于断开状态。继电器可选择 24V 的直流继电器，并可以直接利用变频器提供的 24V 电源。Altivar 系列变频器 24V 电源所能提供的最大电流是 100mA，所以在选择继电器时，其线圈电阻必须大于 240Ω。

多段速控制输入端状态与转速挡位如表 7-4 所示。例如，要实现第 3 挡位的转速，多段速控制输入端状态为 011，则 KA_3 线圈得电，LI2 和 LI3 同时接通 24V 电源。

用小继电器来实现多段速控制，不但控制方法简单，而且也很经济，便于实现。在实际中，也常用 PLC 来控制多段速控制输入端的状态，而该方法相较于上述控制方法成本就昂贵得多。

表 7-4　多段速控制输入端状态与转速挡位

多段速控制输入端状态			转速挡位
LI4	LI3	LI2	
0	0	1	1
0	1	0	2
0	1	1	3
1	0	0	4
1	0	1	5
1	1	0	6
1	1	1	7

7.4.4　声光报警电路

在具体实施过程中，上述典型控制电路还可以利用故障继电器的触点设置声光报警功能，使变频调速系统的保护功能更完善。在设置声光报警电路时需要注意的是，要保证报警电路在变频调速系统发生故障时能够继续接通电源，直至手动停机才可以结束报警。

如图 7-17 所示，当电动机运行过程中发生故障时，故障继电器动作，“R1B—R1C”动断

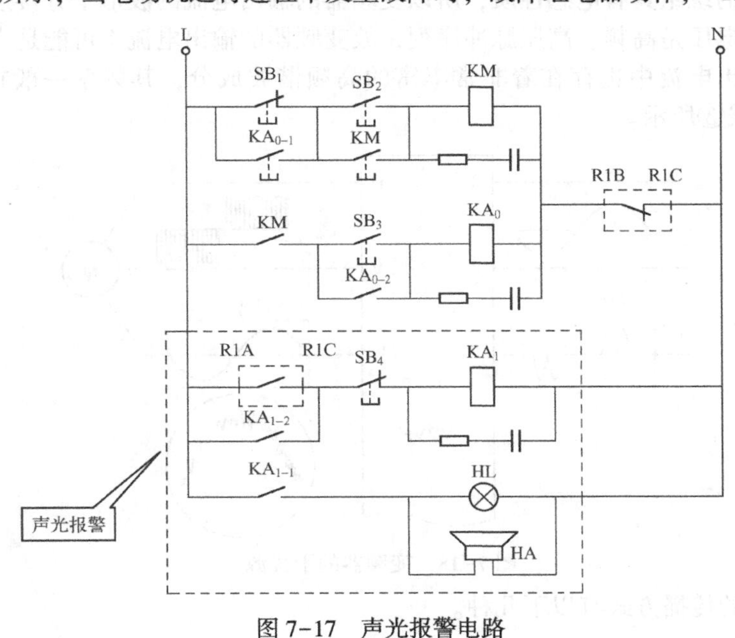

图 7-17　声光报警电路

触点断开，变频器停止工作，并切断其电源。同时，"R1A—R1C"动合触点闭合，继电器 KA_1 线圈得电，其动合触点 KA_{1-1} 闭合，声光报警电路接通电源；继电器 KA_1 线圈得电，动合触点 KA_{1-2} 闭合，可保证变频器断电后，声光报警电路继续接通电源。按下停机按钮 SB_4，报警结束。

7.5 变频器的抗干扰

在变频器的输入和输出电路中，除了含有较低频率的谐波成分外，还含有许多频率很高的谐波成分。这些谐波除了增加变频器输入侧的无功功率、降低功率因数（主要是频率较低的谐波）外，还将以各种方式把自己的能量传播出去，形成对其他设备的干扰信号，严重的甚至使某些设备无法正常工作。

7.5.1 变频器产生的干扰

变频器在运行过程中，要产生以下 3 个干扰源。

1. 变频器的输入电流

变频器在运行过程中，其输入电压为正弦波。变频器中间电路存在直流电压，当电源电压小于直流电压时，变频器电路中电流为零，最终导致变频器输入电流的波形是非正弦的。如图 7-18 中的曲线①所示，它具有十分丰富的高频谐波成分，其频率一般在 3kHz 以下。这些高频谐波成分将影响其他设备的正常运行。

2. 变频器的输出电压

变频器的输出电压波形是经正弦脉宽调制的高频、高压脉冲序列，如图 7-18 中的曲线②所示。这种具有陡边沿的脉冲信号将产生很强的电磁干扰信号，其频率为载波频率，并可高达 2~15kHz。

3. 变频器的输出电流

由于电动机的绕组具有电感性质，所以变频器的输出电流的波形十分接近正弦波。但因为变频器的输出电压是高频、高压脉冲序列，故变频器的输出电流不可能是十分光滑的正弦波。变频器的输出电流中也存在着非常丰富的高频谐波成分，其频率一般在 10kHz 以上，如图 7-18 中曲线③所示。

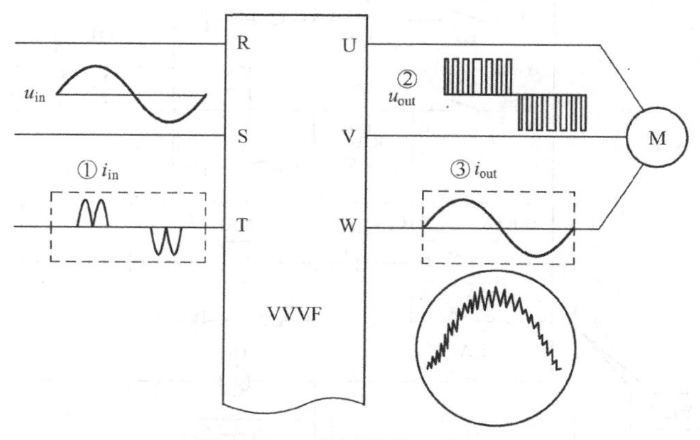

图 7-18 变频器的干扰源

这些干扰源的传播方式有以下几种。

1. 线路传播方式

线路传播方式即通过相关的电路传播干扰信号。线路传播方式具体的传播途径如下。

（1）通过电源网络传播。这是变频器输入电流干扰信号的主要传播途径。变频器的输入电流中有丰富的高频谐波成分。这些高次谐波成分使网络电压产生相应的脉动信号，并传播到同一网络中的其他电子设备，如图 7-19（a）中的途径①所示。

（2）通过漏电流传播。这是变频器输出侧干扰信号的主要传播途径。因为变频器的输出线路与大地之间或地线之间存在着分布电容，所以变频器输出的高频脉冲电压通过分布电容流向大地的漏电流是比较可观的。这些高频漏电流又通过地线而传播到其他设备，如图 7-19（a）中的途径②所示。

2. 电磁波传播方式

变频器的输入电流和输出电流中的高次谐波成分所产生的电磁场具有辐射能力，使其他设备因接收到电磁波信号而受到干扰，如图 7-19（b）中的途径③所示。这种传播途径主要针对一些遥控装置和通信设备。

3. 感应耦合传播方式

当变频器的输入电路或输出电路附近有其他电气设备时，变频器的高频谐波成分将通过感应的方式耦合到其他设备中去。感应耦合传播方式有以下两种方式。

（1）电磁感应传播方式。这是电流干扰信号的主要传播方式。变频器的输入电流和输出电流中的高频谐波成分要产生高频磁场。该磁场的高频磁力线穿过其他设备的控制线路而产生感应干扰电流。电磁感应方式产生的干扰电流，是以控制电路为回路的，并叠加到控制电流上去，如图 7-19（c）中的途径④所示。具有这种特点的干扰信号，通常称为差模干扰信号。

（2）静电感应传播方式。这是电压干扰信号的主要传播方式，是变频器输出的高频电压通过线路的分布电容传播给控制电路的，如图 7-19（d）中的途径⑤所示。静电感应传播方式产生的干扰电流在两根控制线内的瞬间电流将具有相同的方向，且共同与大地构成回路。具有这种特点的干扰信号，通常称为共模干扰信号。

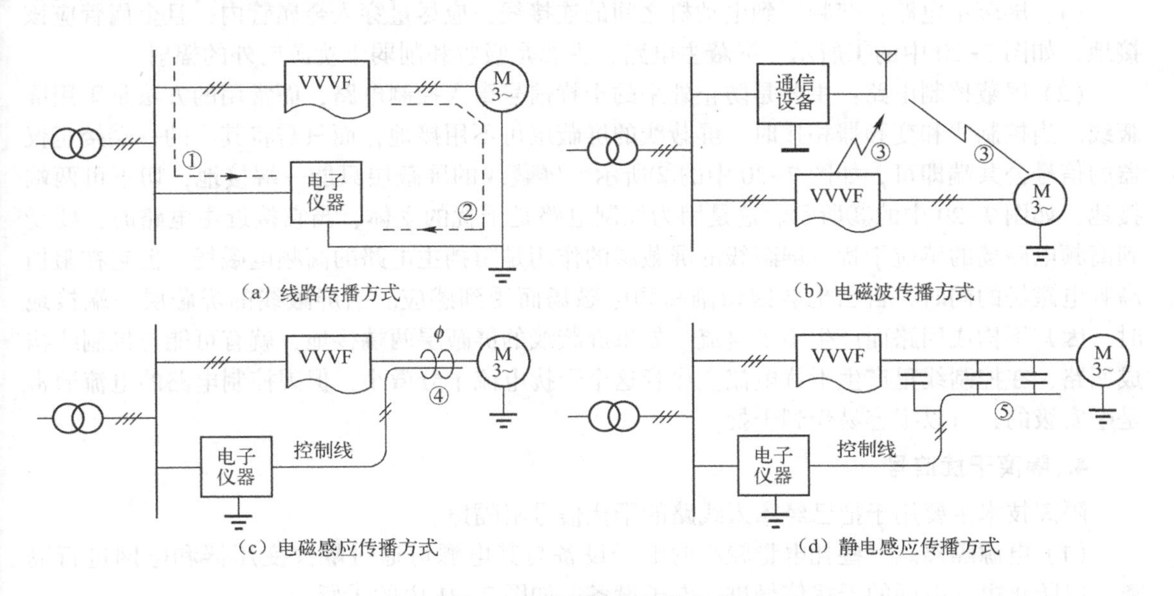

图 7-19　干扰源的传播方式

7.5.2 抑制变频器产生的干扰

1. 合理布线

合理布线能在相当大程度上削弱干扰信号的强度。布线时，应遵循以下几个原则。

（1）远离原则。干扰信号的大小与受干扰的控制线和干扰源之间距离的平方成反比。有数据表明，如果该距离为30cm，则干扰强度将削弱1/2到1/3。因此，各种设备的控制线应尽量远离变频器的输入、输出线。

（2）相绞原则。两根控制线相绞，能够有效地抑制差模干扰信号。这是因为在两根相绞的控制线中，通过电磁感应产生的干扰电动势的方向是相反的。

（3）不平行原则。如果控制线和变频器的输入、输出线平行，则控制线和变频器的输入、输出线之间的互感越大，分布电容越大，电磁感应和静电感应的干扰信号也越大。因此，控制线在空间上应尽量和变频器的输入、输出线交叉，最好是垂直交叉。

2. 削弱干扰

（1）接入电抗器。变频器在电源输入侧接入电抗器（包括交流电抗器和直流电抗器）后，可使变频器输入电流的波形大为改善，即提高了变频器输入电流的功率因数，同时又非常有效地削弱了变频器输入电流中的高频谐波成分对其他设备的干扰。

（2）接入滤波器。滤波器主要用于抑制具有辐射能力的频率很高的谐波电流，串联在变频器的输入和输出电路中。线路滤波器主要是将三相电源线同方向缠绕在高磁铁芯上构成的，且缠绕的圈数越多，削弱高频电流的干扰效果越好。

因为辐射能与频率有关，只有频率较高的电磁场，才具有较强的辐射能，所以线路滤波器的主要作用是削弱高频电流干扰。

3. 对电路进行屏蔽

屏蔽电路的主要作用是吸收和削弱高频电磁场。

（1）屏蔽主电路：变频器到电动机之间的连接线，应尽量穿入金属管内，且金属管应该接地，如图7-20中的①所示。屏蔽主电路，主要是吸收和削弱干扰源向外的辐射。

（2）屏蔽控制电路：主要是防止外来的干扰信号窜入控制电路，而常用的方法是采用屏蔽线。当控制线和变频器相接时，屏蔽线的屏蔽层可不用接地，而只需将其中的一端接至仪器的信号公共端即可，如图7-20中的②所示。屏蔽线的屏蔽层只能一端接地，切不可两端接地，如图7-20中的③所示。这是因为控制电路是干扰的受体，当它接近主电路时，要受到高频电磁场的感应干扰。屏蔽线的屏蔽层的作用是阻挡主电路的高频电磁场，但它在阻挡高频电磁场的同时，自己也会因切割高频电磁场而受到感应。当屏蔽线的屏蔽层一端接地时，因其不构成回路而产生不了电流。如果屏蔽线的屏蔽层两端接地，就有可能与控制线构成回路，在控制线里产生干扰电流。尽管这个干扰电流十分微小，但因控制电路的电流通常是毫安级的，所以很容易受到干扰。

4. 隔离干扰信号

隔离技术主要用于把已经窜入线路的干扰信号阻隔掉。

（1）电源隔离。一些耗电量较小的电子设备与其电源可通过隔离变压器和电网进行隔离，以防止窜入电网的干扰信号进入电子设备，如图7-21中的①所示。

（2）信号隔离。信号隔离是设法使已经窜入控制线的干扰信号不进入电子设备，如图 7-21 中的②所示。信号隔离采用的隔离器件是线性光耦合器。

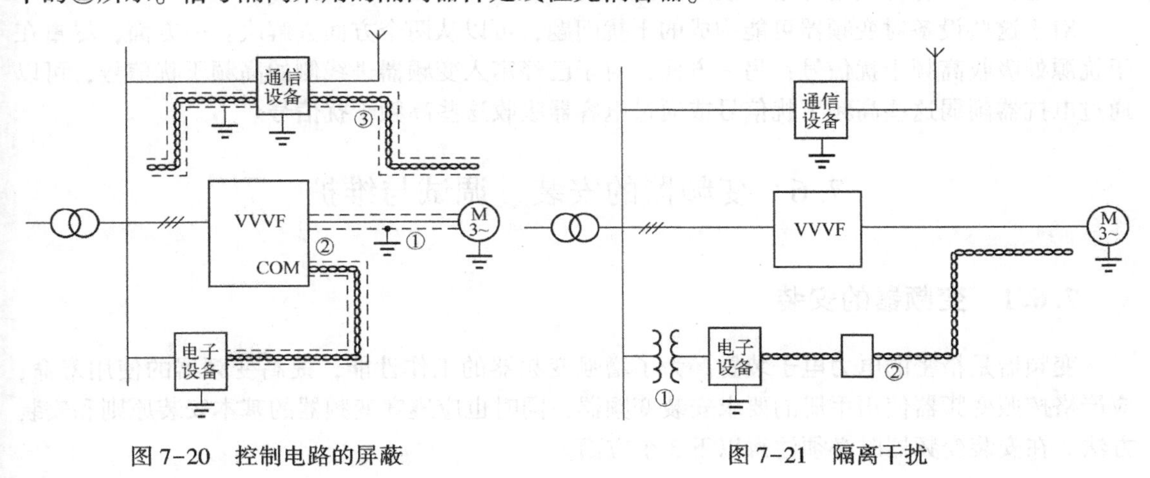

图 7-20　控制电路的屏蔽　　　　图 7-21　隔离干扰

5. 设备接地

设备接地主要是为了安全。但对于一些具有高频干扰信号的设备来说，也具有把高频干扰信号引入大地的功能。设备接地时，应注意以下几点。

（1）接地线应尽量粗一些，接地点应尽量靠近变频器。

（2）接地线应尽量远离电源线。

（3）变频器所用的接地线必须和其他设备的接地线分开，如图 7-22 中的（a）所示。

（4）绝对避免把所有设备的接地线连在一起后再接地，如图 7-22（b）所示。

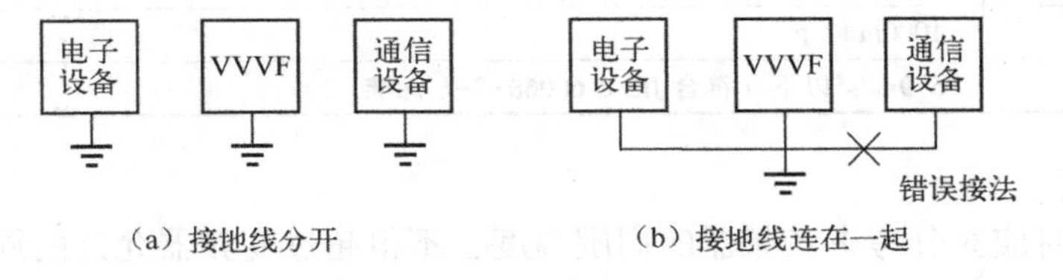

图 7-22　接地

7.5.3　其他设备对变频器的干扰

变频器的外部也存在着许多其他的干扰源，通过辐射或电源线路侵入变频器，使变频器运行不正常或产生保护性的误动作。

1. 开关的闭合与断开

其他设备的空气断路器、接触器及继电器等的触点在闭合和断开的过程中，将产生火花。这些火花将产生频率很高的电磁波，干扰其他设备的正常工作。

2. 电磁铁线圈的断电

电磁铁线圈在断电瞬间，常常会产生很高的自感电动势，从而产生高频电场，干扰其他设备的正常工作。

3. 某些设备产生的高频干扰信号

某些设备在运行过程中，也会产生高频谐波电压或电流，干扰变频器的正常工作。例如，变电所的补偿电容在合闸后的过程中，可以产生很高的冲击电压；大容量的晶闸管设备在运行过程中，容易使电源电压波形产生畸变等。

对于这些设备对变频器可能构成的干扰问题，可以从两个方面去解决：一方面，尽量在干扰源处吸收高频干扰信号；另一方面，对于已经窜入变频器进线侧的高频干扰信号，可以通过电抗器削弱这些高频干扰信号或通过电容器吸收这些高频干扰信号。

7.6 变频器的安装、调试与维护

7.6.1 变频器的安装

变频器是精密的电力电子装置。为了增强变频器的工作性能，提高变频器的使用寿命，应严格按照变频器使用手册的要求安装变频器，同时也应遵守变频器的基本安装原则和安装方法。在安装变频器时必须注意以下 3 个方面。

1. 安装环境

变频器的环境标准如表 7-5 所示。在超过此环境标准的场所使用变频器时，不仅会引起变频器的性能降低、使用寿命缩短，甚至可能引起变频器故障。

表 7-5 变频器的环境标准

项目	标准
周围温度	SLD：-10~40℃（不结冰）
	LD、ND、HD：-10~50℃（不结冰）
周围湿度	90%RH 以下（无凝露）
环境	无腐蚀性气体、可燃性气体、油污、尘埃等
海拔	1000m 以下
振动加速度	5.9m/s² 以下（符合 JIS C 60068-2-6 标准）

1）周围温度

安装变频器时应充分考虑变频器的周围温度，不得超过变频器允许的周围温度范围。通常，变频器允许的周围温度范围为-10~40℃（SLD 设定时）或-10~50℃（SLD 以外设定时）。如果周围温度高于最高允许的周围温度，则周围温度每升高 1℃，变频器应降低 5%的额定功率使用。一般室内温度都在变频器允许的周围温度范围内。图 7-23 所示为变频器周围温度、湿度的测量位置。

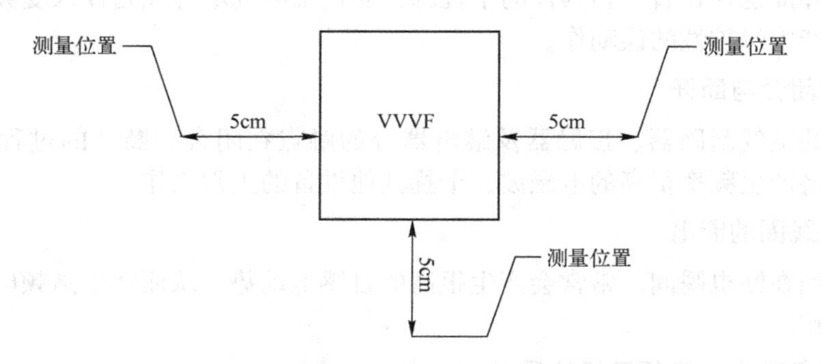

图 7-23 变频器周围温度、湿度的测量位置

当变频器周围温度超过其允许的周围温度范围时，半导体开关器件的使用寿命会缩短。为使变频器周围温度保持在其允许的周围温度范围内，可以采取以下一些对策。

（1）高温的对策。

① 采用强迫换气等冷却方式。

② 将变频器电气柜安装在有空调的电气室内。

③ 避免直射阳光。

④ 设置遮盖板等，避免直接的热源辐射等。

⑤ 保证电气柜周围有良好的通风。

（2）低温的对策。

① 在电气柜内安装加热器。

② 不通过切断变频器的电源来使变频器停机。

（3）剧烈的温度变化的对策。

① 选择没有剧烈温度变化的场所安装变频器。

② 避免安装在空调设备的出风口附近。

③ 当受到门开、关的影响时，要远离门安装变频器。

2）周围湿度

通常变频器的周围湿度范围在45%~90%之间。如果变频器的周围湿度过高，不仅会使变频器的绝缘降低，还容易使变频器的金属部件被腐蚀；如果变频器的周围湿度过低，会使变频器的空间绝缘被破坏。一般来说，变频器的周围湿度以保证变频器内部不出现结露现象为宜。

（1）高湿度的对策。

① 将电气柜设计为密封结构，并将吸湿剂放入其中。

② 从外部将干燥空气吸入盘内。

③ 在电气柜内安装加热器。

（2）低湿度的对策。例如，将合适湿度的空气从外部吹入电气柜内等。在此状态下，应将人体带的电（静电）进行放电后再进行组件单元的安装或检查。

（3）凝露的对策。当变频器频繁的启动、停机引起电气柜内温度急剧变化或变频器的周围温度急剧变化等时会产生凝露。凝露会造成变频器绝缘降低或生锈等。

① 采取（1）中提到的高湿度的对策。

② 不通过切断变频器的电源来使变频器停机。

3）尘埃、油污环境

尘埃会引起变频器的接触部位接触不良。在变频器积尘吸湿后，会引起变频器绝缘降低、冷却效果下降、过滤网孔堵塞，从而引起电气柜内温度上升，在变频器有油污的情况下，也会发生同样的状况，有必要采取以下的对策。

（1）将变频器安装在密封结构的电气柜内使用。

（2）当电气柜内温度上升时采取相应措施。

（3）实施空气净化。将外部洁净空气送入电气柜内，以保持电气柜内的空气压力比外部空气压力大。

4）腐蚀性环境

当将变频器安装在有腐蚀性气体的场所或海岸附近易受盐害影响的场所时，会引起变频器印制电路板和元器件的腐蚀，并造成继电器和开关等部位的接触不良现象。在此类场所使用变频器时，请采用凝露的对策。

5）有易燃易爆性气体的环境

变频器并非是防爆结构设计的。如果将其安装在容易由爆炸性气体、粉尘引起爆炸的场所，则必须将其安装在防爆结构设计的柜内使用，而且这个防爆结构必须符合相关法令中的基准指标并被检验合格。这样，电气柜的价格（包括检查费用）会非常高。所以，最好应避免将变频器安装在上述场所，而应安装在较为安全的场所。

6）海拔

请在海拔 1000m 以下使用变频器。这是因为随着海拔的升高空气会变得稀薄，从而引起冷却效果的降低；气压下降容易引起变频器绝缘承受能力的降低等。

7）振动

基于 JIS C 60068-2-6 标准，变频器应在振动频率为 10~55Hz、振幅为 1mm、振动加速度为 $5.9m/s^2$ 以下时使用；如果变频器的功率为 160kW 以上，则振动加速度应在 $2.9m/s^2$ 以下。如果对变频器长时间施加规定值以下的振动或冲击，会引起其机构部位的松动、连接器的接触不良等。特别是对变频器反复施加冲击后，比较容易产生其部件安装脚折断等事故。针对上述情况，可以采取以下对策。

（1）在电气柜内安装防振橡胶。

（2）强化电气柜的结构，避免产生共振。

（3）变频器在安装时要远离振动源。

2. 安装方向和空间

为了保证变频器良好的散热，应垂直安装变频器，不能上下颠倒或平放安装变频器。

为了散热及维护方便，变频器周围空间至少大于如图 7-24（a）所示的尺寸，以保证其他装置与盘的壁面分开。变频器下部作为布线空间，变频器上部作为散热空间至少应保证以下尺寸。

在同一个电气柜内安装多台变频器，周围温度不超过变频器允许的周围温度时，应横向摆放变频器，如图 7-24（b）所示。当电气柜较小，要纵向摆放变频器，如图 7-24（b）所示时，可在变频器之间安装隔板，防止下部变频器运行时的热量引起上部变频器的温度升高，如图 7-24（c）所示。

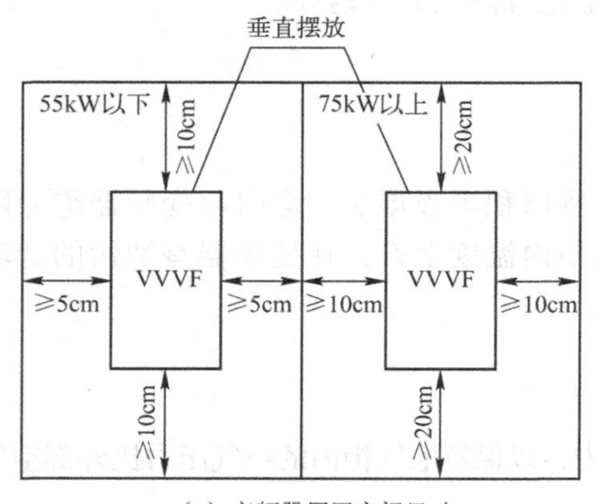

（a）变频器周围空间尺寸

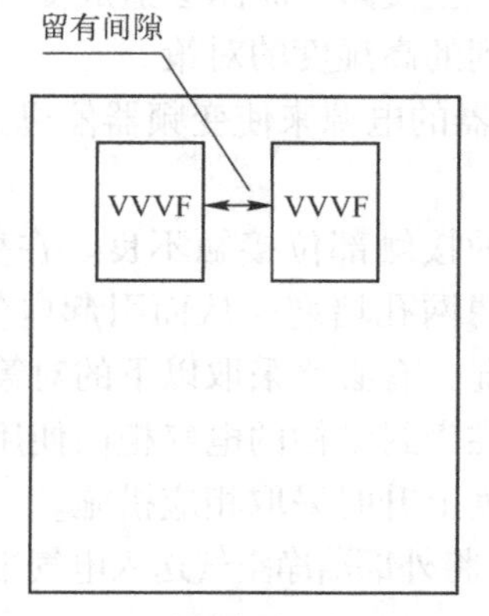

（b）横向摆放变频器

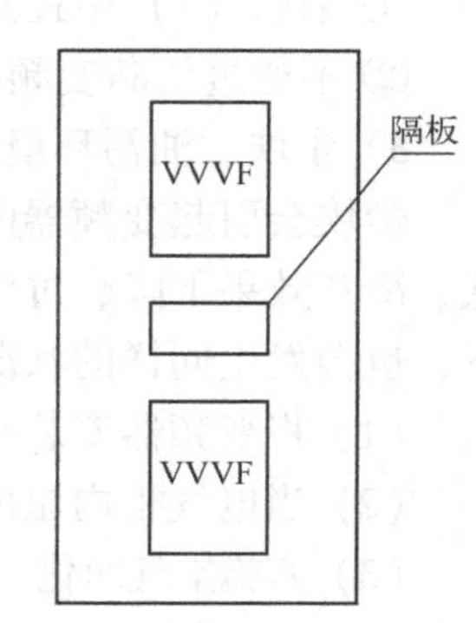

（c）纵向摆放变频器

图 7-24　变频器的安装布局

另外，在同一个电气柜内安装多台变频器时，应注意换气，即在使用时通风或是将电气柜的尺寸做得大一点，以保证变频器周围温度不会超过其允许的周围温度范围。变频器内部产生的热量通过冷却风扇成为暖风。该暖风从单元的下部向上部流动。当安装换气风扇时，应先考虑风的流向，再决定换气风扇的安装位置（风会从阻力较小的地方通过，应制作风道或整流板等以确保冷风从变频器流过）。换气风扇的位置如图 7-25 所示。

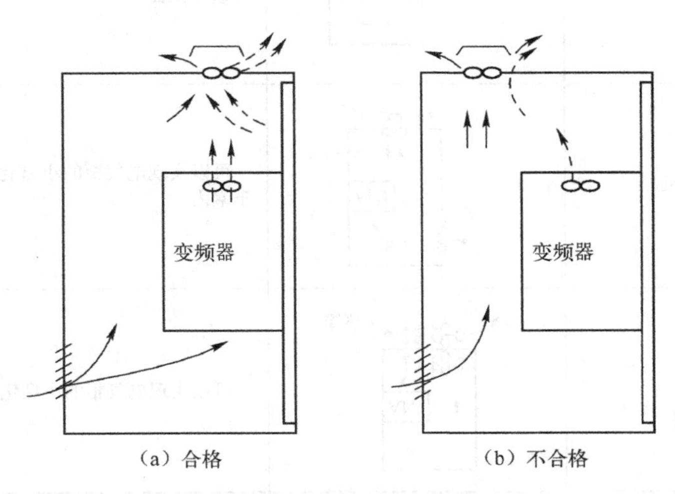

（a）合格　　（b）不合格

图 7-25　换气风扇的位置

3. 散热通风

为了阻挡外界的灰尘、油污、滴水等，通常将变频器安装在电气柜内。当将变频器安装在电气控制柜内时，应保证将变频器与变频器之外的其他装置（变压器、灯、电阻等）的发热，以及阳光直射等外部热量的良好散发，从而将电气柜内的温度维持在包含变频器在内的柜内所有装置允许的周围温度以下。电气柜的冷却方式可以分为自然冷却和强制冷却。几种冷却方式的比较如表 7-6 所示。

表 7-6　几种冷却方式的比较

冷却方式		柜结构	说明
自然冷却	自然换气（开放式）	INV	成本低，普遍采用 变频器容量变大时，电气柜的尺寸也变大 适用于小容量变频器
	自然换气（全封闭式）	INV	最适合在有尘埃、油污等恶劣环境中使用 根据变频器容量的不同，电气柜的尺寸也有所不同

续表

冷却方式		柜结构	说明
强制冷却	散热片冷却	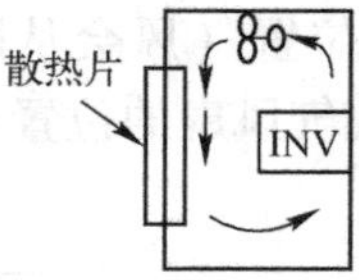 散热片 INV	散热片的安装部位和面积均受限制，适用于小容量变频器
	强迫通风	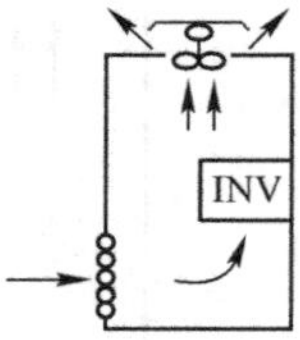 INV	可以实现电气柜的小型化、低成本，一般适用于室内
	热管	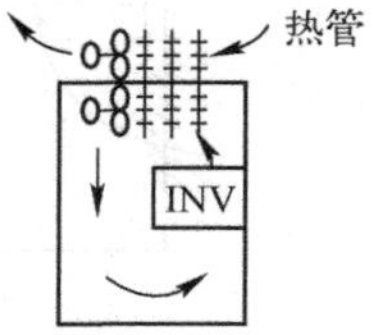 热管 INV	可以实现电气柜的小型化

7.6.2 变频器的接线

变频器的接线包括主电路接线和控制电路接线。

1. 主电路接线

在对主电路进行布线以前，应该首先检查一下电缆的线径是否符合要求。此外，在进行布线时，还应注意将主电路和控制电路分开布线，即分别走线。变频器与电动机之间的连线尽量不要超过50m；若其连线超过50m，必须增加导线的线径和增设线路滤波器。

2. 控制电路接线

主电路处理的是强电信号，而控制电路处理的是弱电信号。因此，在控制电路的布线方面应采取必要的措施，避免主电路中的高频谐波信号进入控制电路，影响变频器的正常工作。控制电路接线有模拟量控制线接线和开关量控制线接线两种。

（1）模拟量控制线主要包括输入侧的频率给定信号线、各种传感器的信号反馈线，输出侧的频率信号线、电流信号线。由于模拟量信号的抗干扰能力较差，因此模拟量控制线必须采用屏蔽线。

在进行屏蔽线接线时，屏蔽层靠近变频器的一端应该接控制电路的公共端（COM），而不要接到变频器的接地端（E）或大地；屏蔽层的另一端应该悬空。屏蔽线的接法如图7-26所示。

模拟量控制线接线要注意3个方面：其一，模拟量控制线尽量远离主电路（其距离至少在10cm以上），不允许与主电路捆绑或放在同一配线槽内；其二，模拟量控制线尽量不和主电路交叉，如果要与主电路交叉必须采用垂直交叉的方式；其三，模拟量控制线一般要求采用双绞线、双屏蔽线。

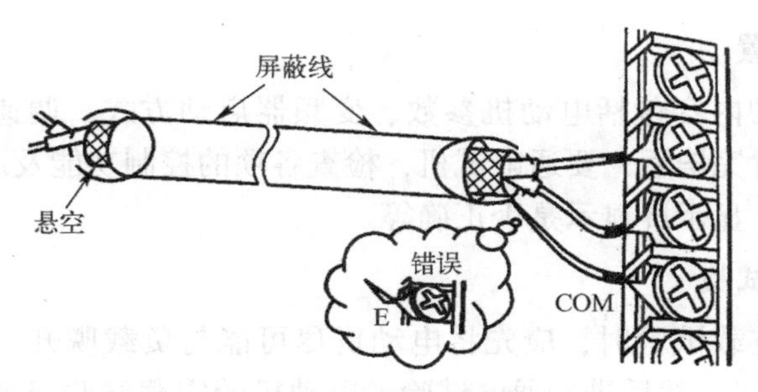

图 7-26　屏蔽线的接法

(2) 开关量控制线主要包括点动、正/反转启动、多挡速控制等控制线。由于开关量信号的抗干扰能力较强，所以在开关量控制线的接线距离较近时，开关量控制线可以不采用屏蔽线，但同一信号的两根开关量控制线必须相绞在一起，以抑制干扰信号。一般来说，模拟量控制线的接线原则也都适用于开关量控制线。低压数字信号开关量控制线采用双层屏蔽线，也可以采用单层屏蔽线或无屏蔽的绞线；频率信号开关量控制线则只能采用屏蔽线。

当操作信号距离控制电路较远、需要的控制电路的控制线较长时，若直接用开关控制变频器，则控制信号损失较大，此时可以采用中间继电器控制变频器，如图 7-27 所示，即由开关 SA 控制继电器的线圈 KA，再由 KA 的触点控制变频器。

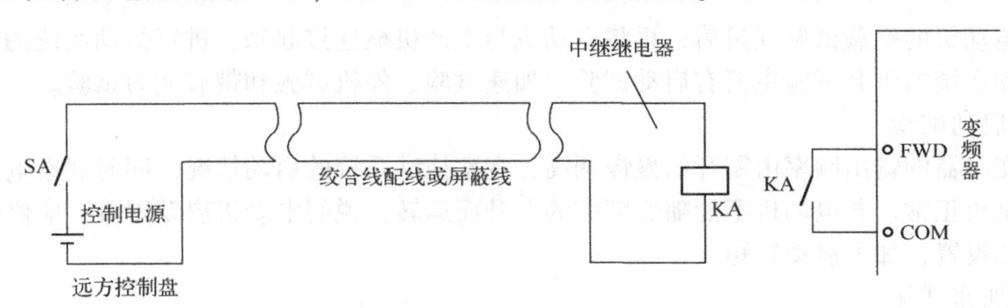

图 7-27　信号较远时采用继电器控制变频器的方法

7.6.3 调试

在变频器安装和接线之后，就要进行变频调速系统的调试。对于变频调速系统的调试，并没有严格的规定和步骤，只是大体上应遵循“先空载、再轻载、后重载”的一般规律进行调试。

1. 检查

变频调速系统通电之前要进行断电检查。首先是外观和结构的检查，主要是检查变频器的型号、安装环境是否符合要求，装置有无损坏和脱落，电缆线径和种类是否合适，电气接线有无松动、错误，接地是否可靠等。其次是绝缘电阻的检查，在测量变频器主电路的绝缘电阻时，要将输入端 R、S、T 和输出端 U、V、W 连接起来，再用 500V 的兆欧表测量这些端子与接地端之间的绝缘电阻是否在 10MΩ 以上；在测量变频器控制电路的绝缘电阻时，应采用万用表“×10kΩ”挡测量各端子与地之间的绝缘电阻，不能使用兆欧表或其他高电压仪表测量这个绝缘电阻，以免损坏控制电路。最后是电源电压的检查，检查主电路的电源电压是否在允许的范围之内，避免变频调速系统在允许的电源电压范围之外工作。

2. 变频器功能预置

变频器功能预置的内容包括电动机参数、变频器启动方式、调速信号给定、输出信号等。变频器在功能预置完毕后，要通电试机，检查各项的控制功能及调速功能是否准确、变频器的输出有无异常、显示屏显示是否正确等。

3. 电动机的空载试验

在进行电动机的空载试验时，应先将电动机尽可能与负载脱开，再将变频器的输出端U、V、W与电动机连接，然后进行通电试验。电动机的空载试验目的是观察变频器拖动电动机的工作情况，以及校准电动机的旋转方向。具体实施过程如下。

（1）将变频器的输出频率设置为零；在变频器运行后，慢慢增大工作频率；观察电动机的启动情况及旋转方向是否正确，如果电动机的旋转方向反了，则予以纠正。

（2）将变频器的输出频率逐步升高至额定频率；让电动机在此频率下运行一段时间；如果电动机运行无异常，再设定若干变频器的输出频率，以检测变频器加速、减速情况有无异常。

（3）将变频器的给定频率突降至零（或按停机按钮），以观察电动机的制动情况是否正确。如果电动机的制动情况正常，空载试验结束。

4. 拖动系统的带载试验

当电动机的空载试验通过后，再将电动机与生产机械连接起来，进行拖动系统的带载试验。拖动系统的带载试验主要有启动试验、加速试验、停机试验和带载能力试验。

1）启动试验

将变频器的输出频率由零开始慢慢调高，观察拖动系统的启动情况，同时观察电动机负载运行是否正常。若电动机不能随着频率的上升而运转，说明电动机启动困难，应修改变频器的功能设置，加大启动转矩。

2）加速试验

将显示屏切换至电流显示，再将频率给定信号调到最大值，让电动机按设定的升速时间上升到最高转速，在此期间观察电动机的电流变化，若在升速过程中变频器出现过电流保护而跳闸，说明升速时间不够，应设置延长升速时间。若在某一速度段电动机的启动电流偏大，可通过改变其启动方式来解决。

3）停机试验

将变频器的输出频率调到最高，然后按下停机键，观察拖动系统在停机过程中是否因出现过电压或过电流而跳闸的现象；若出现此现象，则应适当延长降速时间。当输出频率降到零时，观察此过程中拖动系统是否出现“爬行”现象（电动机停不住）；若出现此现象，则应适当加强直流制动功能。

4）带载能力试验

带载能力试验的主要内容如下。

（1）进行最高频率时带负载能力试验，也就是观察电动机在最高频率下，拖动系统带正常负载是否能带得动。

（2）进行最低频率时带负载能力试验，即当使电动机拖动额定负载长时间运行在系统所要求的最低速时，观察电动机的发热情况。

（3）过载试验，即按负载可能出现的过载情况及持续时间进行试验，以观察拖动系统能否继续工作。

7.6.4 变频器的维护

为了使变频器能长期可靠地、连续地运行，必须对其进行必要的日常检查和定期检查。

1. 日常检查

日常检查基本上是在变频器运行时，通过目测变频器的运行状况，确认是否有异常现象。一般日常检查的内容如下。

(1) 变频器与电动机是否振动、是否有异常声音。

(2) 冷却系统（包括风扇、空气过滤器、散热器及散热通道）是否正常。

(3) 变频器、电动机、变压器、电抗器等是否过热、变色或有异味。

(4) 键盘面板各种显示是否正常，仪表指示是否正确、是否有振动等。

(5) 变频器的运行环境是否符合要求。

(6) 变频器的进线电源是否异常，电源开关是否有电火花等。

(7) 电解电容器是否有异味及液体渗透，其安全塞是否顶出，其端部是否有膨胀迹象。

2. 定期检查

定期检查时要切断电源，停止变频器运行，并卸下变频器的外盖。定期检查的主要内容是检查变频器不停止运转而无法检查的地方或日常检查难以发现问题的地方，以及电气特性的检查、调整等。

变频器断电后，主电路滤波电容器上仍有较高的充电电压。滤波电容器放电需要一定时间，一般为5~10min。必须等待充电指示灯熄灭，并用电压表测试确认滤波电容器上的电压低于安全值（DC 25V）才能开始定期检查。一般定期检查的内容如下。

(1) 检查冷却系统是否正常，并可清扫空气过滤器的积尘。

(2) 变频器在运行过程中的温度上升、振动等常常引起主电路元器件、控制电路各端子及引线松动，以及腐蚀、氧化、接触不良、断线等。所以，要检查变频器的螺钉、螺栓等紧固件是否松动，并对其进行必要的紧固；对于变频器有锡焊的部分、压接端子处，应检查有无腐蚀、变色、裂纹、破损等现象；应检查框架结构件有无松动，导体、导线有无破损等。

(3) 检查控制电路连接有无松动，电容器有无漏液，印刷电路板上线条有无锈蚀、断裂等。

(4) 检查滤波电容器有无漏液，其电容量是否降低。

(5) 检测绝缘电阻是否在正常值范围内。

(6) 在以上检查项目都完成后，应进行保护电路的动作检查，从而使保护电路处于安全工作状态，这是很重要的。

7.6.5 常见故障及其原因

变频器提供了较强的故障诊断功能，并可根据报警信息判断故障原因及修正方案。以下是变频器运行时的几种常见故障及其原因。

1. 过电流

过电流是变频器报警最为频繁的现象，具体表现如下。

（1）电动机重新启动时只要升速，变频器就会跳闸。这是过电流十分严重的现象，其产生的原因有负载短路、机械部件卡死、逆变模块损坏、电动机的转矩过小等。

（2）变频器通电后立即跳闸。这种现象一般不能复位，其主要原因有逆变模块损坏、驱动电路损坏、电流检测电路损坏等。

（3）当电动机重新启动时，变频器并不立即跳闸，而是当电动机加速时，变频器才跳闸。其主要原因有加速时间设置得太短、电流上限设置得太小、转矩补偿设定较高等。

2. 过电压

过电压报警一般出现在变频器停机的时候。其主要原因是减速时间太短或制动电阻及其制动单元有问题。

3. 欠电压

欠电压也是经常碰到的故障。其主要原因有整流桥某一桥臂损坏；主电路中的接触器损坏，导致直流电压损耗在充电电阻上；电压检测电路发生故障。

4. 过热

过热也是一种比较常见的故障。其主要原因有变频器周围温度过高、风机堵转、温度传感器性能不良、电动机过热等。

5. 输出电压不平衡

输出电压不平衡的表现为电动机抖动、转速不稳。其主要原因是驱动电路损坏或电抗器损坏。

6. 过载

过载也是比较频繁的故障之一。当出现过载现象时，应该先分析是电动机过载还是变频器自身过载。一般情况下，由于电动机过载能力较强，所以只要变频器参数中的电动机参数设置得当，电动机不易出现过载；变频器本身由于过载能力较差而很容易出现过载，这时可以检测变频器的输出电压是否正常。

7. 接地故障

接地故障也是比较常见的故障之一。在排除电动机接地存在问题之后，最可能发生故障的部分就是霍尔传感器。当霍尔传感器受温度、湿度等环境因素的影响时，其工作点很容易发生漂移，从而会使变频器产生接地报警。

本章小结

（1）变频调速系统外接电路中必须配置的器件有空气断路器、输入接触器；酌情配置的有快速熔断器、输出接触器、热继电器。

（2）选择变频器容量的最根本原则是变频器的额定电流必须大于电动机在运行过程中的最大电流。

（3）当一台变频器带多台电动机时，必须注意最后启动的电动机是处于直接启动状态的，应充分考虑到它的启动电流。

（4）在选择变频器的型号时，可遵循的原则大致如下。

① 对于没有特殊要求的生产机械，可采用通用型变频器。

② 对于有较硬机械特性或要求有较高动态响应能力的生产机械，应采用具有矢量控制的高性能型变频器。

对于需要有特殊功能的生产机械，应尽量采用专用型变频器。

(5) 变频器的运行应该通过键盘上的运行键，或接通外接端子的正转或反转端子来启动，不应该使变频器通过接通电源而直接“上电启动”。

(6) 在设计变频控制电路时，可以使用多功能输出端的报警继电器。当变频器因发生故障而跳闸时，其报警继电器动作，由报警输出端子输出报警信号。报警继电器的动断触点使主接触器线圈断电，从而使变频器迅速脱离电源；其动合触点则接通声光报警电路。

(7) 变频器的干扰源主要是输入、输出电流中的高频谐波成分，以及输出电压的高频脉冲。

(8) 干扰源的传播途径有以下 3 种方式：线路传播方式、电磁波传播方式和感应耦合传播方式。

(9) 抑制变频器干扰的措施有合理布线、削弱干扰、对电路进行屏蔽、隔离干扰信号和设备接地。

练 习 题

1. 填空题

(1) 变频调速系统外接电路中必须配置的有（　　）、（　　）。

(2) 变频调速系统外接电路中酌情配置的有（　　）、（　　）、（　　）。

(3) 在设计变频控制电路时，可以使用多功能输出端的报警继电器。当变频器因发生故障而跳闸时，其报警继电器动作，由报警输出端子输出报警信号。（　　）使主接触器线圈断电，从而使变频器迅速脱离电源；（　　）则接通声光报警电路。

(4) 变频器的干扰源主要是输入、输出电流中的（　　），以及输出电压的（　　）。

(5) 干扰源的传播途径有以下 3 种方式：（　　）方式、（　　）方式和（　　）方式。

(6) 抑制变频器干扰的措施有合理布线、削弱干扰、（　　）、隔离干扰信号和（　　）。

2. 简答题

简述变频调速系统内各元器件的作用。

3. 设计题

1) 控制要求

(1) 正确设置变频器输出的额定频率、额定电压、额定电流、额定功率、额定转速及变频器控制电动机正转运行的相关参数。

(2) 通过变频器外部端子控制电动机启动/停机。

设计要求：绘制由继电器控制变频器运行的主电路图和控制电路图。

2) 控制要求

(1) 正确设置变频器输出的额定频率、额定电压、额定电流、额定功率、额定转速、加/减速时间等参数。

(2) 通过外部端子控制电动机多段速度运行，运行频率分别为 5Hz、10Hz、20Hz、25Hz、30Hz、40Hz、50Hz。

设计要求：绘制由开关“K1”“K2”“K3”控制的变频器主电路图。

第 8 章　变频器综合应用

8.1　变频器在恒压供水系统中的应用

随着科学技术的进步，人们的生产、生活正趋向于高标准、高质量和现代化。采用传统的水塔、高位水箱、气压增压设备，不但占地面积和设备投资大、维护维修困难，且不能满足高层建筑、工业、消防等高水压、大流量的快速供水需求。通常，供水量是随机变化的，而采用传统供水方法，难以保证供水的实时性，且容易造成浪费。随着交流电动机变频调速技术的日趋完善，通过变频调速能很好地克服传统供水方法的缺点。

8.1.1　恒压供水系统的基本原理

控制供水系统最终是为了满足用户对水流量的需要，因此水流量是供水系统中最根本的控制对象。一般用管道中的水压力作为控制水流量变化的参考变量。若要保持供水系统中某处压力的恒定，则只要保证该处的供水量与用水量处于平衡状态即可，从而实现恒压供水。

在实际恒压供水系统中，一般在管道中安装有压力传感器；由压力传感器实时检测管道中水的压力大小，并将这个压力信号转换为电信号送至含有 PID 调节功能的变频器中。恒定供水的基本原理如图 8-1 所示。

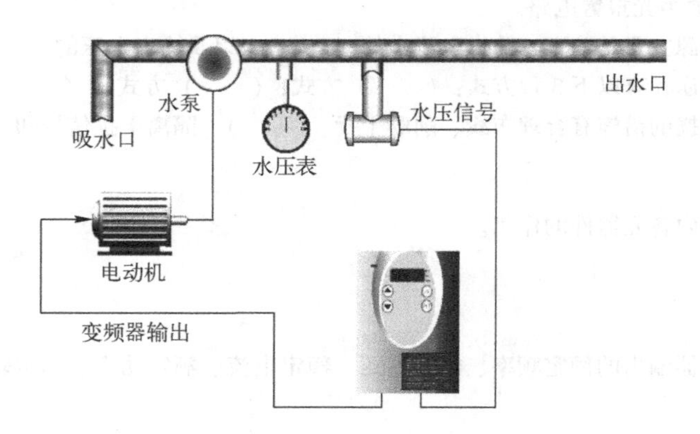

图 8-1　恒压供水的基本原理

含有 PID 调节功能的变频器如图 8-2 所示。从图 8-2 中可以看到，变频器有两个控制信号：一个是目标给定信号 X_T；一个是实际反馈信号 X_F。其中，目标给定信号 X_T 由外接电位器 RP 设定给变频器（通过计算恒定时水流量等效的电压值），通常用百分数表示；实际反馈信号 X_F 则是由压力传感器 SP 反馈回来的，是监测到的实际压力值相对应的模拟信号量。

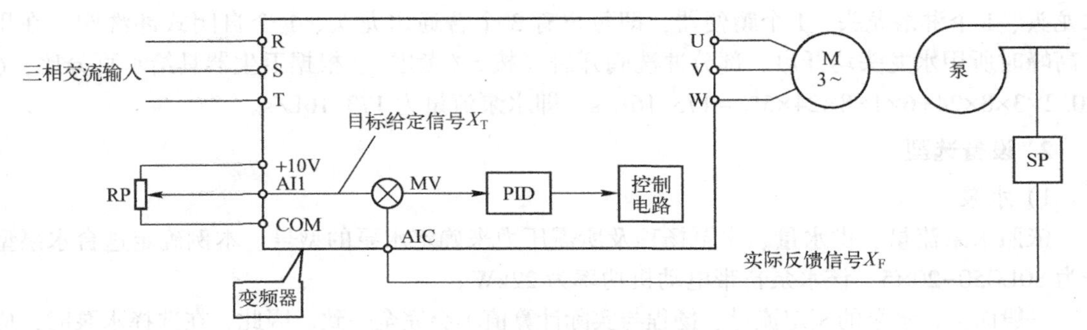

图 8-2　含有 PID 调节功能的变频器

目标给定信号 X_T 与实际反馈信号 X_F 相减即得到比较信号。该比较信号经变频器内部的 PID 调节（目前风机、水泵类专用变频器内部均设置有该项功能）处理后，即可得到频率给定信号，以控制变频器输出频率。

一般来说，当用水量减少，供水量大于用水量时，水压上升，X_F 变大，X_T 与 X_F 的差减小，经 PID 处理后的频率给定信号变小，变频器输出频率下降，水泵电动机 M 转速下降，供水量减少。

当用水量增加，供水量小于用水量时，水压下降，X_F 减小，X_T 与 X_F 的差增大，经 PID 处理后的频率给定信号变大，变频器输出频率上升，水泵电动机 M 转速上升，供水量增加，直到压力大小等于目标值、供水量与用水量之间达到平衡时为止，从而实现恒压供水。

8.1.2　单泵恒压供水系统

对于供水量较小的供水系统，一台水泵就能满足供水量要求，并可由一台变频器来控制这台水泵。这种恒压供水系统的控制简单实用，如图 8-3 所示。其系统组成主要有：输出环节，由水泵电动机执行；转速控制环节，由变频器控制，实现变流量恒压控制；压力检测环节，由压力传感器检测管网的出水压力，把信号传给变频器，通过变频器中的 PID 调节功能来控制水泵的转速，实现闭环控制系统。

当在用水高峰期，用水量较大，水压下降时，水压变送器信号小于设定信号，经变频器内部 PID 调节后，变频器输出频率上升，水泵加速运行，供水量增大，水压回升到设定值；当用水量较小，水压上升时，水压变送器信号大于设定信号，经变频器内部 PID 调节后，变频器输出频率下降，水泵减速运行，供水量减少，水压下降到设定值。这样就使供水系统始终保持恒压供水。

1. 用户需求与分析

有一座 24 层的高楼，每层 8 户，安装一套恒压供水设备。

在恒压供水系统中，选择水泵型号所需的主要参数有以下几项。

实际扬程（HA）：水泵实际能够扬水的高度。这里，HA＝24 层×3m/层＝72m。

损失扬程（HL）：是指管道损失扬程，可以采用估算法计算得出，即管道损失扬程等于实际地形扬水高度的 0.1～0.2 倍。这里，HL＝(0.1～0.2)×72m＝7.2～14.4m，在此选择 10m。

全扬程（HT）：是指总扬程，即水泵可达到的扬程。这里，HT＝HA+HL＝72m+10m＝82m。

水流量（Q）：单位时间流过管道内的水的体积，单位为 L/s 或 L/h。设每户有 2 个洗脸水龙头、1个淋浴龙头、1个蹲便器，即每户有3个普通水龙头、1个自闭式冲洗阀，在用水高峰时所用水龙头均开启，部分冲洗阀开启（按5%考虑）。根据卫生器具给水百分比，$Q=0.2\times3\times8\times24+6\times1\times8\times24\times5\%=173.16L/s$，即水泵流量为173.16L/s。

2. 设备选型

1）水泵

依照水泵流量、供水量、水泵扬程及所需压力来确定水泵的型号。本例确定这台水泵型号为80LG50-20×5，该水泵自带电动机功率为22kW。

一般而言，水泵的额定流量、扬程与实际计算值不会完全一致。因此，在选择水泵时，应按略高于计算值的10%~15%来确定其流量与扬程。水泵运行方式的选择如下。

（1）对于小型系统，尤其是对于逐渐建设的小区，选择一台水泵工作、一台水泵备用为好，即“一备一用”；工作水泵与备用水泵能够切换运行，并要考虑将来联网运行。

（2）对于大、中型供水系统，选择“一备一用”和“2~3台水泵联网运行”的方式为好。

2）水泵电动机

水泵电动机的容量可根据水泵的轴功率来选择，具体型号见有关标准。

3）变频器的选型与控制方式

因为水泵属于二次方律负载，因此变频器的类型可选具有U/f控制方式的西门子MM440变频器（容量为22kW）。

4）空气开关

空气开关要选取有过载、断路瞬时保护功能的空气开关，而其极数、电流都要根据实际需要选取。

5）接触器

接触器的选型主要考虑接触器控制的电压、频率，以及主触点和辅助触点的数量是否满足被控对象的需要。

3. 电路设计

1）主电路设计

如图8-3（a）所示，主电路包括变频器，变频供电接触器KM_1、KM_2的主触点KM_{1-1}、KM_{2-1}，工频供电接触器KM_3的主触点KM_{3-1}及压力传感器等部分。

2）控制电路设计

控制电路由变频器外部控制端子及其外围的继电接触设备构成，如图8-3（b）所示。

（1）控制电路可以实现工频运行与变频运行，通过变频器含有的PID调节功能控制变频器的输出频率，从而控制电动机的转速。通过工频切换控制按钮SB_6与变频运行启动按钮SB_3实现变频与工频的切换。

（2）压力目标值的给定通过外接电位器实现，在此设置的压力目标值用百分数表示为70%。

（3）具有声光报警、短路、过电流和过载等保护功能。

3）控制原理分析

（1）PID控制。

目标信号X_T由模拟量给定端子3通过外接电位器的方式给定，实际反馈信号X_F由模拟量给定端子10通过压力传感器输入。将X_T与X_F在变频器的内部进行相减得到合成信号

(X_T-X_F)。这个合成信号(X_T-X_F)经过变频器含有的PID调节功能处理后得到频率给定信号。该频率给定信号决定了变频器的输出频率f_x。

(2)变频运行控制。

首先，闭合主电路断路器QF，按下变频供电启动按钮SB_1，交流接触器KM_1、KM_2线圈同时得电，变频供电指示灯HL_1亮。当KM_1得电时，其动合辅助触点KM_{1-2}闭合，并实现自锁功能；动合主触点KM_{1-1}闭合，变频器的主电路输入端R、S、T得电。当KM_2得电时，其动断辅助触点KM_{2-2}断开，以防止交流接触器KM_3线圈得电，起到联锁保护作用；动合主触点KM_{2-1}闭合，变频器输出侧与电动机相连，使电动机进入变频运行等待状态。

其次，按下变频运行启动按钮SB_3，中间继电器KA_1线圈得电并自锁，同时变频运行指示灯HL_2亮。这时，触点KA_{1-1}闭合，接通变频器端子5和9，电动机开始加速进入变频运行状态。当并联在变频供电停止按钮SB_2两端的触点KA_{1-3}闭合后，SB_2将失去作用，以防止变频器在运行时，直接通过切断KM_1接触器断开电源而使电动机停机。

(3)工频运行控制。

按下工频切换控制按钮SB_6，中间继电器KA_2线圈得电并自锁，其动断触点KA_{2-1}断开；中间继电器KA_1线圈失电，其触点均复位。其中，KA_{1-1}复位断开，切断变频器运行端子回路，变频器停止输出，同时变频运行指示灯HL_2熄灭。中继电器KA_2的动合触点KA_{2-3}闭合，延时时间继电器KT_1线圈得电，其延时断开触点KT_{1-1}延时一段时间后断开，交流接触器KM_1、KM_2线圈均失电，其所有触点均复位，主电路中变频器与三相交流电源断开；

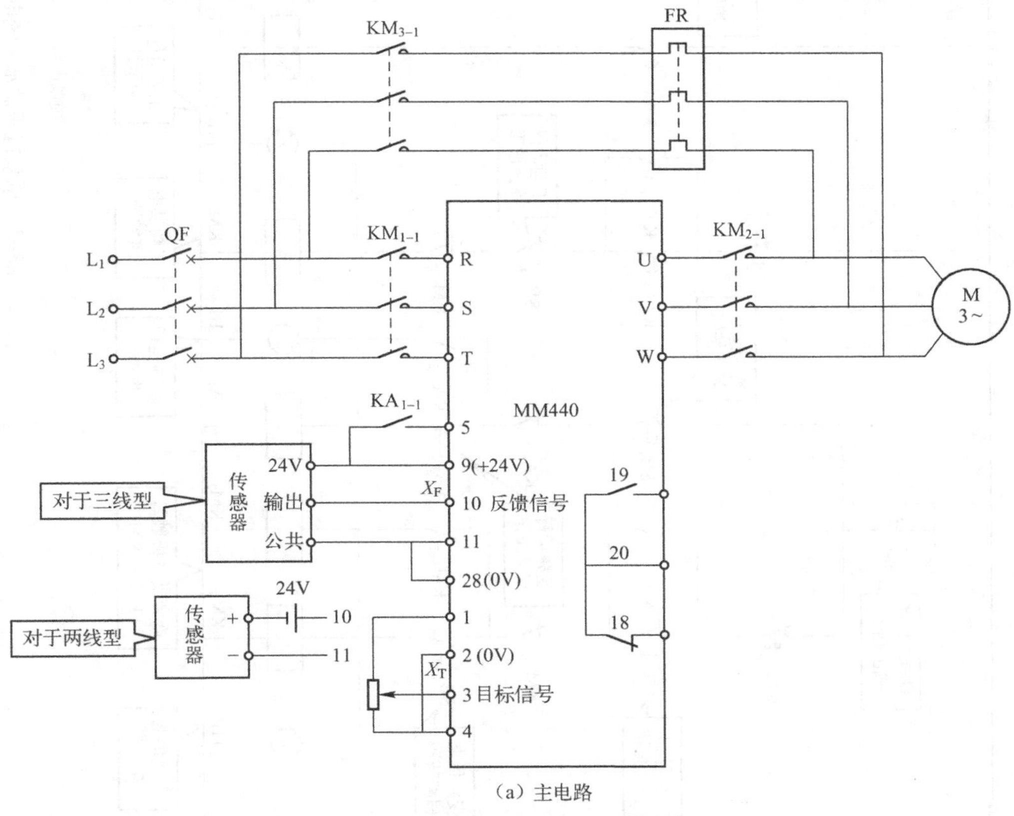

(a) 主电路

图8-3　单泵恒压供水系统电路

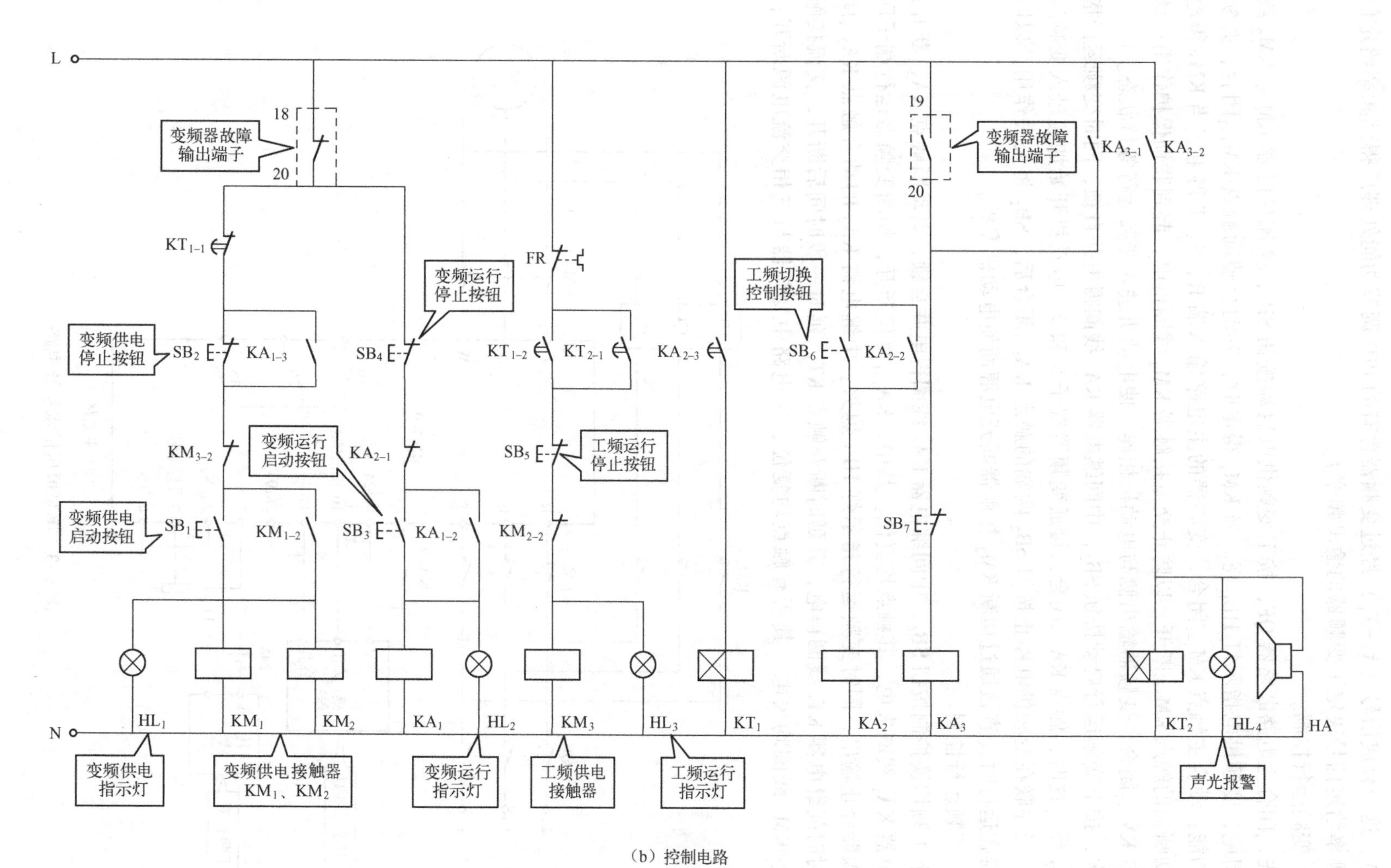

（b）控制电路

图8–3　单泵恒压供水系统电路（续）

同时变频供电指示灯 HL_1 熄灭。时间继电器 KT_1 线圈得电，其延时闭合触点 KT_{1-2} 延时一段时间后闭合，工频供电接触器 KM_3 线圈得电，同时工频运行指示灯 HL_3 亮；动断辅助触点 KM_{3-2} 断开，防止交流接触器 KM_2、KM_1 线圈得电，起联锁保护作用；动合主触点 KM_{3-1} 闭合，水泵电动机 M 接入，开始工频运行。

(4) 故障报警。

在变频器运行中，如果变频器因故障而跳闸，则变频器输出端子 20 与 18 断开，接触器 KM_1 和 KM_2 均断电，电源与变频器之间、变频器与电动机之间都被切断。与此同时，输出端子 19 和 20 闭合，由蜂鸣器 HA 与指示灯 HL_4 进行声光报警；时间继电器 KT_2 线圈得电，其延时闭合触点 KT_{2-1} 延时一段时间后闭合，使工频供电接触器 KM_3 线圈得电，其主触点闭合，电动机进入工频运行状态。当操作员发现报警后，按下报警停止按钮 SB_7，声光报警停止，并使时间继电器 KT_2 断电。

4. 变频器的功能参数设置

1) 变频器的基本功能参数设置

(1) 最高频率。水泵属于二次方律负载，变频器的最高频率是不允许超过其额定频率的。其最高频率只能与其额定频率相等，即 $f_{max}=f_N=50Hz$。

(2) 上限频率。变频器的上限频率是不能超过其最高频率的。所以，可将变频器的上限频率设置为 49Hz 或 49. 5Hz，这是恰当的。

(3) 下限频率。在供水系统中，水泵电动机转速过低，会出现水泵电动机“空转”的现象，即水泵的全扬程小于实际扬程。所以在通常情况下，变频器的下限频率应设置为 30~35Hz。

(4) 启动频率。水泵在启动前，其叶轮全部在水中，启动时存在着一定的阻力。因此，在从零开始启动时的一段频率内，实际上转不起来，应适当设置一定变频器的启动频率，使水泵电动机在启动瞬间有一点冲力，也可采用手动或自动转矩补偿功能。当电动机的启动电流为额定电流 15%时，电动机的启动转矩可达其额定转矩的 20%左右。现场设置应视具体情况而定。

(5) 升速与降速时间。对于水泵这类不属于频繁启动与制动的负载，其升/降速时间的长短并不涉及生产效率问题，因此可将升/降速时间设置得长一些。通常，确定升/降速时间的原则是在启动过程中水泵电动机的最大启动电流接近或等于其额定电流，而升/降速时间相等即可。

2) PID 参数设置

西门子 MM440 变频器含有 PID 调节功能。在使用该功能时，只要根据控制要求设置相应的参数，就可以方便地进行闭环控制。

(1) 反馈量输入通道选择。反馈量输入通道选择是指当应用 PID 调节功能时，反馈量从哪个模拟量通道输入。本例设置 P2264=755. 1，即反馈量从变频器模拟量通道 2 输入。反馈量为直流电流，范围为 4~20mA。其中，4mA 对应于传感器的输出值为 0%，即 P2268=0；20mA 对应于传感器的输出值为 100%，即 P2267=100。

(2) 目标值设置。PID 调节的根本依据是反馈量与目标值进行比较的结果。因此，准确地设置目标值是十分重要的。目标值设置可以通过键盘输入和外接给定两种方法，本例通过模拟量通道 1 外接电位器给定，故设置 P2253=755. 0。

控制运转频率范围为 0~50Hz，实际频率设置为 30Hz 左右。压力为 0~1MPa，实际控制压力设置估算公式为 $P=\rho gh=1000\times9.8\times82=0.8(MPa)$。

给定电压范围是0~10V，目标值设置为0.8MPa，对应的电压为8V，设置为80%。因此，目标值设置为P2240=80。

(3) PID参数的设置。PID的参数设置主要包括比例增益、积分时间常数、微分时间常数的设置，如表8-1所示。

表8-1 PID参数的设置

参数号	设置值	说明
P0003	3	设定用户访问级为专家级
P0004	0	显示全部参数
P0700	2	命令源选择由端子排输入
P0701	1	数字输入端子1为ON时电动机正转；为OFF时电动机停机
P1000	1	频率设定值由电动电位计输入设定
P1080	20	设定电动机最低频率
P1082	50	设定电动机最高频率
P2200	1	PID功能有效
P2253	755.0	由模拟量通道1设定目标值
P2240	80	目标设定值为80%
P2257	1	设定上升时间为1s
P2258	1	设定下降时间为1s
P2264	755.1	反馈量由模拟量通道2输入
P2265	0	反馈无滤波
P2267	100	反馈信号的上限为100%
P2268	0	反馈信号的下限为0%
P2269	100	反馈信号的增益为100%
P2271	0	反馈形式正常
P2280	10	比例增益设置
P2285	5	积分时间设置
P2274	0	微分时间设置（通常微分时间设置被关闭）
P2291	100	PID输出上限为100%
P2292	0	PID输出下限为0%

8.2 变频器在中央空调系统中的应用

中央空调系统是现代大型建筑物不可缺少的配套设施之一，电能的消耗非常大，约占建筑物总电能的50%。中央空调系统都是按最大负载并增加一定裕量设计的，而实际上在一年中，在满负载下运行最多只有十多天，甚至十多个小时，几乎绝大部分时间都在满负载的70%以下运行。

8.2.1 中央空调系统的组成原理及控制要求

1. 控制要求

某中央空调冷却系统有3台水泵，现采用变频调速。整个系统由PLC和变频器配合实现自动恒温控制。具体控制要求如下。

(1) 按设计要求每次运行两台水泵，而另一台水泵备用，10 天轮换一次。

(2) 冷却进回水温差超出上限温度时，一台水泵全速运行，另一台水泵高速运行；冷却进回水温差小于下限温度时，一台水泵低速运行，另一台水泵停机。

(3) 3 台水泵分别由电动机 M_1、M_2、M_3 拖动，全速运行由接触器 KM_1、KM_2、KM_3 控制，变频调速分别由接触器 KM_4、KM_5、KM_6 控制。

(4) 变频器调速通过 7 段速控制来实现。

2. 中央空调系统的组成和原理

典型中央空调系统的组成如图 8-4 所示，主要由冷冻水循环系统、冷却水循环系统及主机等部分组成。

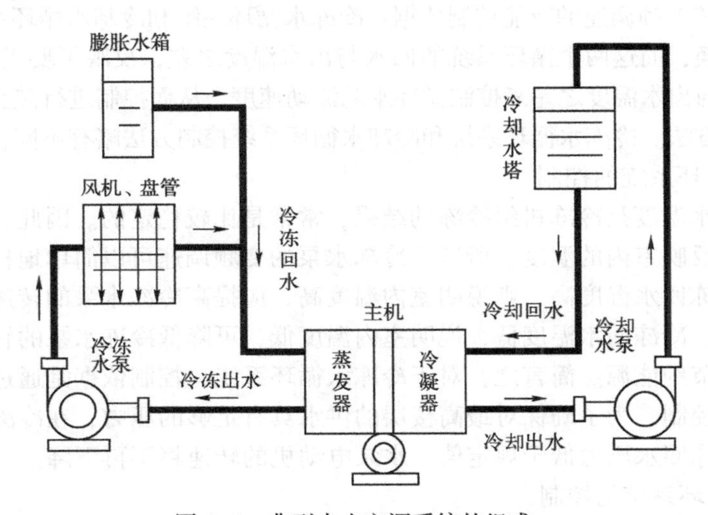

图 8-4 典型中央空调系统的组成

1) 冷冻水循环系统

从主机流出的冷冻出水由冷冻水泵加压送入冷冻水管道，通过各房间的盘管，带走室内的热量，使室内的温度下降；同时，室内的热量被冷冻水吸收，使冷冻水的温度升高成为冷冻回水；温度升高了的冷冻回水经主机后又变成冷冻水，如此循环。室内风机用于将空气吹过盘管，加速室内热交换。

从主机流出（进入房间）的冷冻水称为"冷冻出水"；流经所有的房间后回到主机的冷冻水称为"冷冻回水"。冷冻回水的温度将高于冷冻出水的温度，形成温差。

2) 冷却水循环系统

冷却水循环系统由冷却水泵、冷却水管道及冷却水塔组成。冷冻水循环系统进行室内热交换的同时，必将带走室内大量的热能；该热能通过主机内冷媒传递给冷却回水，使冷却回水温度升高成为冷却出水。冷却水泵将升温后的冷却出水压入冷却水塔，使之在冷却水塔中与大气进行热交换；降温后的冷却水又成为冷却回水回到主机，如此不断循环。

从主机流出的冷却水称为"冷却出水"；从冷却水塔流回主机的冷却水称为"冷却回水"。同样，冷却出水的温度将高于冷却回水的温度，形成温差。

3) 主机

主机由压缩机、蒸发器、冷凝器及冷媒（制冷剂）等组成。其工作循环过程如下。

首先，低压气态冷媒经压缩机加压后被冷凝器中的冷却水吸收，并送到室外的冷却水塔里，最终释放到空气中。

随后，冷凝器中的高压液态冷媒在流经蒸发器前的节流降压装置时，因压力的突变而气化，从而形成气液混合物；该气液混合物进入蒸发器，并在蒸发器中不断气化，同时吸收冷冻水中的热量，从而达到较低温度。

最后，蒸发器中气化后的冷媒又变成了低压气体，重新进入压缩机，如此循环工作。

可以看出，中央空调系统的工作过程是一个不断进行热交换的能量转换过程。在这里，冷冻水和冷却水循环系统是能量的主要传递者。因此，对冷冻水和冷却水循环系统的控制是中央空调控制系统的重要组成部分。

3. 中央空调系统变频调速的节能控制原理

中央空调系统变频调速的节能控制依据：冷冻水循环系统和冷却水循环系统完成中央空调系统的外部热交换，而这两个循环系统的回水与出水温度之差，反映了要进行热交换的热量。因此，根据回水与出水温度之差来控制循环水的流动速度，从而控制进行热交换的速度，这是比较合理的控制方法。冷冻水循环系统和冷却水循环系统控制方法略有不同，具体如下。

1）冷冻水循环系统的控制

由于冷冻出水温度是冷冻机组冷冻的结果，常常是比较稳定的。因此，单是冷冻回水温度的高低就足以反映室内的温度。所以，冷冻水泵的变频调速可以简单地根据冷冻回水温度来进行控制。冷冻回水温度高，则说明室内温度高，应提高冷冻水泵的转速，加快冷冻水的循环速度；反之，冷冻回水温度低，说明室内温度低，可降低冷冻水泵的转速，减缓冷冻水的循环速度，以节约能源。简言之，对于冷冻水循环系统，控制依据是通过变频调速来实现冷冻回水的恒温控制。为了确保对最高楼层的供水具有足够的压力，在冷冻回水管上接一个压力表。如果冷冻回水压力低于规定值，水泵电动机的转速将不再下降。

2）冷却水循环系统的控制

（1）温差控制。由于冷却回水温度就是冷却水塔的水温，是随着环境温度等因素影响而变化的。冷却水塔的水温不能反映冷却机组内产生热量的多少。因此，对于冷却水泵，以冷却出水和冷却回水作为控制依据，实现冷却出水和冷却回水的恒温差控制是比较合理的。该温差大，则说明冷却机组产生的热量大，应提高冷却水泵的转速，增大冷却水的循环速度；反之，则可减缓冷却水的循环速度。实际运行表明，把该温差控制在3~5℃的范围内是比较适宜的。

（2）温差与冷却出水温度的综合控制。由于冷却出水温度是随环境温度而改变的，因此把温差恒定为某值并非上策。当中央空调系统采用变频调速时，所考虑的不仅仅是冷却效果，还必须考虑节能效果。具体地说，就是温差值定低了，冷却水泵的平均转速上升，影响节能效果；温差值定高了，在冷却出水温度偏高时，又会影响冷却效果。实践表明，根据冷却出水温度随时调整温差的大小是可取的。也就是说，在冷却出水温度低时，应主要着眼于节能效果，温差的目标值可适当地高一点；在冷却出水温度高时，则必须保证冷却效果，温差的目标值可以低一些。

（3）控制方案。利用变频器含有的PID调节功能，冷却水循环系统的控制方案如图8-5所示。反馈信号是由温差控制器得到的，是与温差Δt成正比的电流或电压信号。目标信号与冷却出水温度t_A有关并与温差的目标值成正比。冷却水循环系统的控制基本思路：当冷却出水温度高于32℃时，温差的目标值定为3℃；当冷却出水温度低于24℃时，温差的目标值定为5℃；当冷却出水温度在24~32℃之间变化时，温差的目标值按此曲线自动调速。

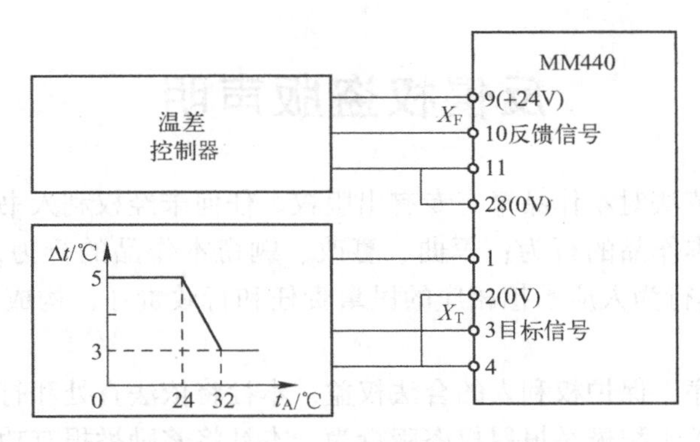

图 8-5　冷却水循环系统的控制方案

8.2.2　中央空调系统变频调速控制方案

中央空调系统的水循环系统一般都由若干台水泵组成，且在采用变频调速时，一般有以下两种方案。

1. 一台变频器方案

若干台水泵由一台变频器控制，各台水泵之间的切换方法如下。

(1) 先启动 1 号水泵，进行恒温度（差）控制。

(2) 当 1 号水泵的工作频率上升到 50Hz 或上限切换频率（如 48Hz）时，将它切换至由工频供电；同时将变频器的给定频率迅速降到 0Hz，使 2 号水泵与变频器相连，并开始启动，进行恒温度（差）控制。

(3) 当 2 号水泵的工作频率上升到 50Hz 或上限切换频率（如 48Hz）时，将它切换至由工频供电；同时将变频器的给定频率迅速降到 0Hz，使 3 号水泵与变频器相连，并开始启动，进行恒温度（差）控制。

(4) 当 3 号水泵的工作频率下降至下限切换频率时，将 1 号水泵停机。

(5) 当 3 号水泵的工作频率再次下降至下限切换频率时，将 2 号水泵停机，因此只有 3 号水泵处于变频调速状态。

这种方案的优点是只用一台变频器，设备投资少；其缺点是节能效果稍差。

2. 全变频方案

全变频方案是指所有的冷冻水泵和冷却水泵都采用变频调速，各台水泵切换方法如下。

(1) 先启动 1 台水泵，进行恒温度（差）控制。

(2) 当 1 号水泵的工作频率上升到 50Hz 或上限切换频率（如 48Hz）时，启动 2 号水泵，1 号水泵和 2 号水泵同时进行变频调速，进行恒温度（差）控制。

(3) 当 2 号水泵的工作频率又上升至上限切换频率时，启动 3 号水泵，3 台水泵同时进行变频器调速，进行恒温度（差）控制。

(4) 当 3 台变频器同时运行，而 3 号水泵的工作频率下降至设置的下限切换频率时，可关闭 3 号水泵，使系统进入两台水泵运行的状态。当 2 号水泵的频率继续下降至下限切换频率时，关闭 2 号水泵，进入单台水泵运行状态。

全变频方案由于每台水泵都要配置变频器，故设备投资较高，但节能效果更明显。

反侵权盗版声明

举报电话：（010）88254396；（010）88258888

传　　真：（010）88254397

E-mail：dbqq@ phei. com. cn

通信地址：北京市海淀区万寿路 173 信箱

电子工业出版社总编办公室

邮　　编：100036